Nina Burton • Notizen aus dem Sommerhaus

Nina Burton

Notizen aus dem Sommerhaus

Vom Leben im Freien

Aus dem Schwedischen
von Paul Berf

btb

In die Natur

Unsichtbar und prächtig, kämpfend und liebend – alles Leben dieser Erde pulsierte um mich herum. Schon als Kind hatte ich mich mit Namen, Adresse und diesem Zusatz »Erde« ins Dasein eingeschrieben. Ich war es, die sich im Zentrum von allem befand. Ich war es, der alle Wege offenstanden. Problematisch wurde es, als ich erkannte, dass auch alle anderen sich als Mittelpunkt der Welt empfanden. Und als wäre das noch nicht genug, galt das nicht nur für Menschen – sondern für die ganze Natur um mich herum.

Und was war die Natur? Es hieß, es ginge in ihrem Fall um eine Umwelt oder ein Draußen, es ginge um Veranlagungen, mit denen wir geboren würden, aber gleichzeitig schien es sich um ein endloses Werden zu handeln, denn »Natur« ist nicht ohne Grund verwandt mit »Nativität«. Kurz gesagt gab es ein fortwährendes Leben mit Milliarden verschiedener Zentren darin, brodelnd vor lauter Bedeutungen. Sie alle bewegten sich mit ihren jeweils eigenen Zeitrhythmen und Perspektiven, so dass sie nie als Ganzes und Gleichzeitiges erfasst werden konnten.

Im sprachlichen Zweig des Gymnasiums belegte ich Biologie als zusätzliches Wahlfach und erkannte, dass wir ein Teil der Natur waren, weil Linné und Darwin uns den Tieren zugeordnet hatten. An der Universität studierte ich anschließend Literatur und Philosophie in dem Glauben, diese Kombination würde mir Antworten über das Leben geben können. In der Literatur ging es jedoch meist um einzelne Menschen, und die Philosophie kreiste mittlerweile hauptsächlich um abstrakte Konstrukte. Ich sehnte mich zurück zu den alten Denkern Griechenlands, die Fragen zur Natur gestellt hatten. Demokrit schrieb über Atome und Sterne, Thales wusste alles über das Wasser, Anaximander vermutete anhand von Fossilien, dass wir entfernt mit den Fischen verwandt seien, und Heraklit sah, dass alles die veränderliche Natur von Flüssen besaß.

Auf sie folgte Aristoteles, der sich mit allen Bereichen des Lebens beschäftigte, von Physik und Meteorologie bis hin zu Sprache und Poesie. Seine Interessen vereinigten sich in zwei griechischen Worten: *bios* für Leben und *logos* für Wort oder Vernunft. Beide konnten mit anderen kombiniert werden, so etwa, wenn sie in »Biologie« vereinigt wurden. Weil Aristoteles nicht nur umgeben von Theorien leben wollte, zog er sich für ein Jahr auf die Insel Lesbos zurück, um die Natur konkreter zu erforschen. Während sein Schüler Theophrast die Beziehung der Pflanzen zur Umwelt untersuchte, widmete er sich den Tieren und erforschte ihre Anatomie und Entwicklung so genau, dass er nicht nur zum Begründer der Zoologie wurde. In vielen Fällen sollten seine Schlussfolgerungen sogar bis in unsere Zeit Bestand haben.

Nachdem er mit »dem Tier, das wir am besten kennen« begonnen hatte, also dem Menschen, ging er zu anderen Arten über, denn unsere Bedeutung sollte die der übrigen

Tiere nicht kleiner machen. Er studierte Singvögel und Tauben, Krähen und Spechte, Ameisen und Bienen, Tintenfische und Wale, Füchse und andere vierpfotige Tiere, beschrieb den Lebenszyklus der Zikade und sah, wie sich Schlangen paarten, indem sie sich umeinanderwickelten. Er sezierte befruchtete Eier, in denen die Embryonen bereits Augen, Adern und pochende Herzen besaßen. Er machte sich Gedanken über Vererbung und glaubte, dass sie mit etwas zusammenhing, das er *eidos* nannte, das griechische Wort für Form. In seinen Augen glich es der Anordnung von Buchstaben in einem Wort, womit er einer Erklärung für die DNA des Erbguts erstaunlich nahe kam.

Was war die treibende Kraft hinter all diesem Leben? Aristoteles glaubte, dass jedes Lebewesen, solange es lebte, eine Art Seele besaß, von der die Materie angeregt wurde und von der die Nährstoffe durch den Körper gelenkt wurden. Die Natur verfügte in seinen Augen über die einzigartige Fähigkeit, immer komplexere Organismen zu formen, und weil sich alle an ihre Umwelt anpassen mussten, war es letztlich die Natur selbst, die bestimmte. Das Ganze glich einem Haushalt, in dem man sich zwar streiten konnte, aber dennoch zusammenarbeitete. Genau wie die Sonne und der Mond und die Sterne hatte jedes Teil seinen Platz im Haus, der nicht verlassen werden sollte. Gemeinsam ergab alles ein zusammenhängendes Gefüge mit festgelegten Proportionen, ähnlich wie die Wände in einem Haus. Aus dem griechischen Wort für Haus, *oikos*, leitete sich dann später das Wort Ökologie ab.

***

Die Natur war mir nicht fremd, obwohl ich ein Stadtkind war. Wir hatten nie ein eigenes Sommerhaus, aber in den Sommerferien mietete meine Mutter immer Ferienhäuser auf dem Land, und später setzte sich die Tradition fort, als meine Schwester sich im Ausland verheiratete. Sie kurierte ihr Heimweh fortan damit, schwedische Sommerhäuser zu mieten, die ich mir dann mit ihr und den Kindern teilte, bis ihr Mann kam, um seinen Urlaub anzutreten.

Ich selbst bin dreißig Jahre lang mit Männern liiert gewesen, die auf dem Land lebten. Meine Interessen deckten sich immer auch mit ihren: Einer wusste als Schriftsteller, wie Worte die Welt zu erweitern vermögen, und einer als Biologe um die Zusammenhänge in der Natur. Wie Doktor Dolittle genoss er das Vertrauen der Tiere und schaffte es sogar, einen Auerhahn zu streicheln, der Gefallen an seiner Veranda gefunden hatte. Ich selbst begegnete Tieren eher in der umfangreichen Bibliothek des Biologen.

Ich war also oft zu Gast in der Natur gewesen. Doch erst nach dem Tod meiner Mutter wurde daraus mehr, denn danach tauschten wir ihre Wohnung gegen ein Sommerhaus ein. Es war wie das Leben selbst: Es war ein Erbe, das etwas Neues bereithielt, und genau wie das Leben beinhaltete es verschiedene Dinge. Für meine Schwester bedeutete es Urlaub mit Kindern und Enkelkindern, und für mich würde es möglicherweise zu einem Ort werden können, an den ich mich mit meinen Manuskripten zurückzog. Schließlich wollte ich über die Natur und das Leben schreiben. Würde das in dem Häuschen gehen?

Das große, naturbelassene Grundstück war voller Leben. An der Südseite kletterte zwischen Kiefern und Eichen ein kleiner, bemooster Hügel empor, und im Westen erahnte man geheimnisvolle Pfade im Blaubeerkraut. An der Nordseite grenzte das Grundstück steil an eine Gemeindewiese mit einem glitzernden Sund im Hintergrund. Es gab keine umzäunten Grenzen, so dass alles abgeschieden und zugleich offen war.

Während das Grundstück groß erschien, wirkte das Häuschen umso kleiner. Es bestand aus einem einzigen Zimmer, das, wie so oft bei solchen Sommerhäusern, auf die Schnelle zusammengeschustert und entsprechend erweitert worden war. Die Verglasung einer Veranda war durch Wände ersetzt worden, um anschließend zwei Etagenbetten Platz zu geben, und in einem kleinen Anbau kamen später Küche und Badezimmer hinzu. Danach verhinderte die Topographie weitere Vergrößerungen.

Stattdessen standen in jeder Ecke des Grundstücks Schuppen. In einem lag das frühere stille Örtchen, verwandelt in einen Geräteschuppen, und wieder in einem anderen gab es eine Schreinerwerkstatt mit einem nach vorn offenen, überdachten Lagerraum. In einer dritten Ecke war eine Hütte Spielzimmer gewesen, und in der vierten lag eine Schlafhütte, die ich insgeheim zu meiner Schreibstube ernannte.

Mit Mängeln am Haus war zu rechnen gewesen, denn beim Kauf war eine Haftungsausschlussklausel in den Vertrag aufgenommen worden. Der Schreiner, der gerufen wurde, murmelte sogar, ein Neubau wäre besser. Das empörte mich. Sah er nicht, wie idyllisch es war? Beziehungsweise: Was sah er?

Jedenfalls waren offenbar einige Reparaturen erforderlich. Ich freute mich regelrecht darauf, mich um die Handwerker zu kümmern, denn ich empfinde das Schreiben meiner Bücher so ähnlich wie das Bauen von Häusern. Da die Planskizzen jedes Mal neu sind, muss ich vieles ausprobieren, und es ist eine knifflige Aufgabe, die richtigen Proportionen zwischen all den unterschiedlichen Materialien zu finden. Auf diese Weise sehe ich mich an meinem Schreibtisch täglich mit handwerklichen Problemen konfrontiert.

Nun mussten noch zwei Buchprojekte abgeschlossen werden, ehe ich mich dem Leben und der Natur widmen konnte. Bei dem einen ging es um die Art und Weise von Flüssen, sich über Gebiete mit sowohl Natur als auch Kultur zu erstrecken, während das zweite von der Vereinigung von Geisteswissenschaften und Naturwissenschaften im Humanismus der Renaissance handelte. Mein Held war Erasmus von Rotterdam, der das Genre des Essays wiederbelebt hatte, aber mich faszinierte auch Conrad Gessner, der große Enzyklopädiker des sechzehnten Jahrhunderts. Wie Aristoteles hatte auch Gessner eine Vielzahl unterschiedlicher Themen im Blick, von der Zoologie bis zur Sprachwissenschaft. Er schrieb über tausende Pflanzen und tausende Schriftsteller, und die Beziehungen zwischen den Tierarten inspirierten ihn dazu, die Verwandtschaft von etwa hundert Sprachen zu untersuchen.

Die Idee der Enzyklopädie ist mir immer sympathisch gewesen. Sie gibt Großem und Kleinem das gleiche Gewicht, da es in ihr keine Hauptpersonen gibt, stattdessen kann die Welt von verschiedenen Seiten aus beleuchtet werden. In meinen Augen reflektierte Gessners Perspektive die Spannweite des Lebens. In meinem Renaissancebuch konnte ich ihm nur ein Kapitel widmen, aber mir gefiel seine Art, Tiere und Sprachen, Pflanzen und Literatur, zu vereinen.

Die Bandbreite seiner siebzig Bücher würde in der kleinen Schreibstube des Grundstücks natürlich niemals Platz finden, und um sie herum gab es wahrscheinlich auch nicht so viele Arten. Und würde ich ihre Kommunikation überhaupt wahrnehmen? Was ich über das Leben auf der Erde wusste, war ja mit Hilfe eines menschlichen Alphabets vermittelt worden. Die Wesen, die um mich herum flogen und schlichen, kletterten und schwammen, mussten eigene Sprachen besitzen, die zur Natur passten. Sie konnten buchstäblich erdnah oder flügelleicht sein, wenn sie sich nicht tastend einen Weg suchten wie Wurzeln. Wie sollte ich also die Tiere und ihre Sprachen finden, die vor dem Alphabet kamen? Unterschiede errichten meist Mauern zwischen verschiedenen Welten.

Aber wie so oft sollte das Leben seine eigene Lösung für die Probleme finden.

Das blaue Dach

Man könnte sagen, dass ich das Haus von oben nach unten kennenlernte. Das Dach war das Erste, was den Handwerkern ins Auge fiel, denn die Dachpappe musste ausgetauscht und die Isolierung verstärkt werden. Als sie im Hausinneren eine Wärmekamera nach oben richteten, wurde das Bild lavendelblau wie eine Februarnacht, was auf massiv eindringende Kälte hindeutete. An manchen Stellen sah man zudem kleine gelbe Wolkenformationen im Blau, und weil Gelb für Wärme stand, gab es dort wahrscheinlich Reste von Isolierung. Die Bilder stimmten mich nachdenklich. Rund um das Haus lagen wie aus kleinen Wolken gefallen hier und da Isolierungsbüschel. Wie waren sie dort gelandet? Sie konnten ja wohl kaum hinausgeweht worden sein?

Die Handwerker würden Ende März wiederkommen, und um mich da draußen mit ihnen treffen zu können, übernachtete ich schließlich, als es so weit war, im Haus. Es sollte das erste Mal sein, und als ich ankam, war es noch winterlich kühl. Während sich die Heizkörper erwärmten, machte ich deshalb einen Abstecher in die nähere Umgebung. Das Licht verlieh jedem noch so kleinen Kieskörnchen Kontur und Schatten im kahlen Erdboden, in dem alles bereitlag, um mit Leben bekleidet zu werden. Eine Kohlmeise flötete über einigen Huflattichen, und vieles andere war mit Sicherheit dabei, sich in Knospen und samengefüllte Zapfen zu formen. Es schien mir, als würden mich tausend Entdeckungen erwarten.

Zurück im Haus heizte ich es zusätzlich, indem ich den Herd anstellte. Während das Nudelwasser kochte, wühlte ich in ein paar Umzugskartons aus Mutters Wohnung. Es blieb noch einiges zu räumen, aber ich hatte vor, mir einen ruhigen Abend zu gönnen und zu lesen. Die Stille war erholsam und passte zu dem Buch, das ich mitgenommen hatte. Es ging darin um den Weltraum.

Da draußen waren die Bestandteile des Lebens ja einst aus einem Kosmos geboren worden, der nicht größer war als eine geballte Faust. Für eine unerhörte Sekunde schloss sie sich fest um zukünftige Galaxien und eine grenzenlose Zukunft. Dann brach das unendliche Crescendo los. Aus einem greifbaren Anfang entstand eine vollgekritzelte Weite aus Sternen, die im Laufe einiger Milliarden Jahre Kohle und Sauerstoff, Silber und Gold und alle anderen Bestandteile produzierten, die das Leben benötigte. Auch die Protonen und Elektronen meines eigenen Körpers waren einst Materie oder Strahlung im Weltraum gewesen. Im Grunde konnte man mich also ein Abfallprodukt toter Sterne nennen, oder vielleicht eher eine Ansammlung von Sternenrohstoffen. Davon gab es reichlich, denn noch immer kommen Millionen Tonnen kosmischer Materie zur Erde.

Ich schloss die Augen und dachte nach. Aus der Perspektive des Buchs war die Erde Teil eines unermesslichen

Kreislaufs aus Elementarpartikeln, die zu Bergen, Wasser, Pflanzen oder Tieren kombiniert werden konnten. Und während unsere flüchtigen Formen vorüberflimmerten, drehte unser Sonnensystem einmal mehr eine Runde um das Zentrum der Milchstraße. Diese Umrundung dauerte zweihundert Millionen Jahre und wurde ein kosmisches Jahr genannt.

Draußen bewegten sich Sterne und Planeten wie die Teile eines gewaltigen Uhrwerks. Wie alle Zeitmesser wurde es gelegentlich reguliert, so dass der Mond sich sachte von uns entfernte. Momentan änderte sich dadurch nicht viel, da es nur um vier Zentimeter pro Jahr ging.

Als nach und nach die Proportionen justiert wurden, weitete das Weltall die Wände des Hauses. Für den Astronomen des Buchs trug noch das Kleinste zur großen Perspektive bei. Hielt man beispielsweise eine Einkronenmünze einen Meter vor die Augen, fanden dahinter hunderttausende Galaxien Platz, und jede Galaxie bestand wiederum aus Milliarden Sternen. In unserer Milchstraße lagen sie über einen derart gewaltigen Raum verteilt, dass das Licht einige Millionen Jahre unterwegs war. In dieser Zeit waren die Sterne selbst bereits gestorben, aber ihr Licht lebte weiter, ähnlich wie alte Plattenaufnahmen die Musik toter Musiker enthielten.

Wohin war das Licht unterwegs? Im Weltraum gab es kein Zentrum. In jeder Richtung schien es ähnlich auszusehen. Wehmütig dachte ich an die Weltraumsonde, die man mit einem Bild von zwei Menschen losgeschickt hatte. War es nicht etwas vermessen, das als die wichtigste Information über die Erde zu betrachten? Und wenn es überhaupt

Sprachen im Weltall gab, hatten sie mit Sicherheit einen völlig anderen Charakter als unsere. Es war eine Welt, der man sich eher mit Mathematik als mit Worten näherte.

Eine bessere Visitenkarte hätte die Aufnahme der NASA von der elektromagnetischen Vibration der Erde sein können. Sie ist zudem in Klänge umgewandelt worden, und als ich diese brausende Harmonie ohne Anfang oder Ende hörte, berührte sie mich auf eigentümliche Weise. Hatte man sich so die Musik der Sphären vorgestellt? Kepler glaubte in seinen Spekulationen, dass Saturn und Jupiter Bässe waren, während Erde und Venus Altstimmen hatten, Mars ein Tenor war und Merkur die Diskantstimme hielt. Wie sie in der Wirklichkeit klangen, wusste ich nicht, aber in der Version der NASA vermittelte der Gesang der Erde mir ein Gefühl von den schönen und zugleich fragilen Lebensvariationen des Planeten.

* * *

Waren draußen Sterne zu sehen? Ich legte das Buch zur Seite und stellte mich mit der Jacke auf den Schultern vor die Haustür. Dem Buch zufolge, in dem ich las, können neunzig Prozent der westeuropäischen Bevölkerung keinen richtigen Sternenhimmel mehr sehen, da der Himmel von unserem künstlichen Licht verdunkelt wird. Sicher, das Weltall wird von Dunkelheit dominiert, aber wenn wir schon aus Sternenstaub bestanden, würde es schon Spaß machen, die Sterne auch zu sehen. Nur der Polarstern war durch die Atmosphäre schwach blinkend zu erkennen.

Dagegen tauchte flüchtig etwas Näheres in den Augenwinkeln auf. Strich da nicht hastig ein Schatten vorbei? Gab es Fledermäuse auf dem Grundstück? Ich hatte ein zwiespältiges Verhältnis zu ihnen. Sie sind die einzigen Säugetiere, die es geschafft haben, die Lüfte zu beherrschen. Im Gegensatz zu Vögeln haben sie keine Federn, sondern Flügel aus nackter Haut, aufgespannt zwischen dem Daumen und den vier Fingern ihrer Hände. Sie zieht sich darüber hinaus bis zum Fußknochen hinunter, um eine große Spannweite zu bieten. Und die ist nicht nur riesig. Ihre geflügelten Hände manövrieren außerdem schneller in der Luft, als sich meine Finger auf einer Computertastatur bewegen können.

Sie kommunizieren mit blitzschnellen Ultraschalllauten, die das Dunkel ausloten, in dem sich die Nachtfalter verbergen. Der eher private Kontakt ist dagegen sowohl körpernah als auch schnatternd. So hat man beispielsweise ein Fledermausweibchen dabei beobachtet, wie sie einer gebärenden Verwandten handgreiflich assistierte, indem sie ihr zunächst zeigte, wie der Körper gedreht werden musste, damit das Junge leichter herauskommen konnte, und indem sie es anschließend selbst in Empfang nahm. Es glich einer menschlichen Entbindung. Und warum empfindet man diese zotteligen, warmen Fledermäuse dann als fremd? Weil wir sie mit der Nacht verknüpfen, in der wir uns zurückziehen und unsere Sinne schlafen?

Nach einer Weile ging ich hinein und legte mich in eines der Etagenbetten. Obwohl es eng war, fühlte ich mich geborgen; fast so, als läge ein anderer im oberen Bett. Warme Körper schützen einen vor der verlassenen Weite und Stille des Weltraums.

Plötzlich hörte ich jedoch ganz in der Nähe ein Geräusch. Bewegte sich jemand über mir in der Decke? Ich glaubte eher nicht, dass es eine Fledermaus war, aber was war es dann? Weil es zu dunkel war, um draußen etwas sehen zu können, versuchte ich einzuschlafen, sehnte mich aber nach dem Morgenlicht.

Und als es hereinschien, erwachte nicht nur ich. Jetzt waren die Geräusche von der Decke erneut als leichte Schritte zu hören. Konnte das ein Vogel sein? Als ich mich hinausschlich und nachsah, war das Dach leer. Dafür entdeckte ich etwas auf der Rückseite des Hauses. In dem Netz zwischen Dach und Wand war ein großes Loch. Es glich einem Eingang.

Danach beschäftigte dieser Eingang meine Fantasie, während ich versuchte, die Umzugskartons mit Küchenutensilien auszuräumen. Gegen Mittag drehte ich eine Runde um das Haus und bekam das unbekannte Deckenwesen endlich zu Gesicht. Ausgestreckt auf dem Netzstreifen zwischen Wand und Decke lag es da und döste in einem Zustand, der an eine Siesta erinnerte. Die Zähne zeigten, dass es ein Nager war, und auf den ersten Blick hätte man es wohl auch für eine Ratte halten können, aber der buschige Schwanz sagte etwas anderes.

Auf einmal passte alles zusammen. Dieses Eichhörnchen hatte die Dachisolierung hinausbefördert, um mehr Raum für sich selbst zu bekommen, was ihm wahrlich gelungen war. Wenn man das Bild der Wärmebildkamera bedachte, musste es da oben eine großzügig bemessene Eichhörnchenwohnung geben.

Meine Gefühle gerieten völlig durcheinander. Da lag

ein Eindringling, der mit meinem Haus sehr eigenmächtig umgegangen war. Andererseits habe ich Eichhörnchen immer gemocht und hatte einiges über sie gelesen, und nun konnte ich sowohl die Tasthaare der Handgelenke als auch die rudimentären Daumen sehen, die ihre Vorderpfoten so sehr wie Hände aussehen lassen. Ich betrachtete den buschigen Schwanz, der bei den Sprüngen zwischen den Bäumen zu einem Steuer und nachts zu einer Decke werden kann. Er hatte eine Weichheit, die einen auch ohne Berührung berührte.

Dem Geschlecht unter dem Schwanz nach zu urteilen, handelte es sich um ein Weibchen, und das Leben einzelgängerischer Eichhörnchenweibchen kann hart sein. Nach der frühjährlichen Paarungsjagd in den Bäumen vertreiben sie die Männchen aus ihrem Revier und müssen sich anschließend allein um alle Jungen kümmern. Wie stressig das manchmal ist, hatte ich begriffen, als mein Freund, der Biologe, ein Eichhörnchenjunges gefunden hatte, das aus dem Nest gefallen war. Schnell las ich nach, was Eichhörnchenmütter tun müssen, und das war so einiges. Alle drei Stunden mussten die Jungtiere gefüttert werden, und hinterher sollten ihre kleinen Bäuche geleckt oder massiert werden, um die Verdauung anzuregen. Danach mussten alle nacheinander eine Weile außerhalb des Nests gehalten werden, damit es nicht zu einer Toilette wurde. Das klang nach einem Vollzeitjob, und umso erleichterter war ich, als die Eichhörnchenmutter ihr Junges fand. Vielleicht war es aus dem Nest gefallen, als sie versuchte, sich zwischen ihren vielen Pflichten selbst etwas Essbares zu beschaffen. Es würde für sie bestimmt nicht leichter werden, wenn die Jungtiere anfingen, als leichte Beute für Habichte und Katzen herumzulaufen, aber Eichhörnchenweibchen sind so verantwortungsbewusst, dass sie sich sogar elternloser Jungtiere annehmen, wenn sie mit ihnen verwandt sind.

Mein Mitgefühl war geweckt. Eichhörnchen waren in fast allen Epochen gejagt worden. Sie wurden bei germanischen Frühlingsfesten und beim Mittwinterritual geopfert, und mit ihren kleinen Körpern lieferten sie armen Menschen sowohl Nahrung als auch Einnahmen durch ihre Felle. Im sechzehnten Jahrhundert wurden von Stockholm aus in einem einzigen Jahr dreißigtausend Eichhörnchenfelle exportiert, und die Stadt war nur einer von vielen Stapelplätzen. In letzter Zeit hatten die roten Eichhörnchen Europas außerdem Konkurrenz von ihren grauen Verwandten bekommen, die im Laufe des zwanzigsten Jahrhunderts aus den USA hierhergebracht worden waren. Die grauen tragen ein Virus in sich, gegen das nur sie immun sind, und können darüber hinaus ziemlich dreiste kleine Gangs bilden, die sogar schon Hunde und Kinder gebissen haben.

Das rote Kerlchen auf dem Netz hatte es sicherlich verdient, geschützt zu werden. Vorsichtig schlich ich mich davon, und als ich irgendwann hineinging, saß ich ganz still und las.

***

Es fiel mir schwer, mich auf mein Buch zu konzentrieren, denn die Gedanken wollten um meinen Nachbarn im Dachstuhl kreisen. Wie war es, mit Eichhörnchen zusammenzuleben? In früheren Zeiten hatte man das tatsächlich getan. In der Antike und der Renaissance hielten Damen sie gern als dekorative Haustiere. Am aristokratischen Gesellschaftsleben nahmen sie wohl eher nicht teil, aber im achtzehnten Jahrhundert prahlte ein englischer Gentleman mit der Musikalität seiner zahmen Eichhörnchen. Vokalmusik interessierte sie nicht, aber zu Kammermusik stampften sie in ihren Käfigen energisch den Takt. Ein Eichhörnchen hatte zehn Minuten lang einen Allegrorhythmus gehalten, um nach einer Pause zu einem anderen Takt überzugehen. Ansonsten war ihr inhäusiges Leben wohl weniger stimulierend, wenn man die Hamsterräder bedachte, die man in ihre Käfige setzte.

Schließlich wurde es wieder Abend, und nun kam ich wirklich nicht umhin, an das Eichhörnchen zu denken, denn es bewegte sich unablässig im Dachstuhl. Zunächst staunte ich darüber, dass es nur durch ein paar Bretter von mir getrennt war. Seine Bewegungen zu hören, vermittelte mir ein Gefühl von Nähe, und ich begriff, wie Fledermäuse Dinge erleben können, ohne zu sehen.

Nach einer Weile bedeutete die Tatsache, dass es da oben zu hören war, jedoch, dass ich mich gestört fühlte. Als ich gerade eingeschlafen war, legte es wieder los. Offensichtlich konnte es nicht schlafen, was nun auch für mich galt. Als hätte man ein schwieriges Kind im Zimmer. Jede Bewegung gab eindeutig Zeichen, dass etwas nicht in Ordnung oder es vielleicht zu warm war. »Schlaf jetzt!«, zischte ich, während es da oben lärmte. Eichhörnchen stehen nicht gerade in dem Ruf, in ihren Nestern großes Einrichtungstalent zu beweisen, aber dieses hier war vielleicht mit dem wenigen Isolierungsmaterial beschäftigt, das noch übrig war. Hatte es sich darauf gebettet, war es ihm jetzt garantiert zu warm. Eichhörnchennester werden in der Regel mit Gras und Moos gepolstert, Mineralwolle konnte da sicherlich die Atemwege reizen. War sie nicht regelrecht ungesund?

Das Eichhörnchen kratzte sich lautstark. Vermutlich wurde es auch von Flöhen gestört. In Eichhörnchennestern lebt ja immer recht viel Ungeziefer. Mit so etwas hatte ich schlechte Erfahrungen gemacht, denn in meiner Wohnung verbreiteten sich einmal über die Lüftung über meinem Bett Vogelflöhe. Sie kamen von Tauben auf dem Dachboden, und mit Eichhörnchenflöhen konnte wahrscheinlich etwas Ähnliches passieren. Jetzt trabte es da oben wieder herum. Eichhörnchen markieren ihr Revier, indem sie durch ihren eigenen Urin trippeln, um anschließend mit nassen Pfoten die Reviergrenze zu stempeln. Ging da oben etwas in der Art vor? Und klang das nicht, als würde es an etwas knabbern? Wie andere Nager müssen auch Eichhörnchen täglich ihre nachwachsenden Schneidezähne nutzen.

Nach unruhigem Schlaf hörte ich gegen sieben Uhr von der Decke ein Rascheln. Aha, das Eichhörnchen war aufgewacht. Als ich in die Küche ging, sah ich es zum Fenster hineinschauen, wahrscheinlich war es auf dem Weg zu seinem Frühstück.

Während ich meinen Kaffee trank, suchte ich aus den Umzugskartons ein Fernglas heraus, um ihm aus der Distanz Gesellschaft zu leisten. Dies von Nahem zu tun, war unmöglich, denn jetzt begann eine Zirkusvorstellung. Während ihm die kängurugleichen Beine große Sprungkraft verliehen, bündelte es wie ein Sonnenreflex alle Richtungen, sprang hierhin und dorthin und auf und ab. Meine Augen folgten ihm mit einem Anflug von Schwindel. Es ist schon vorgekommen, dass Eichhörnchen fünf Meter weit springen, und es ist auch vorgekommen, dass sie herunterfallen. Aber in seinen Sätzen gab es weder Furcht noch Kühnheit. Sie wurden ansatzlos in einem einzigen beweglichen Jetzt gemacht.

Schließlich verweilte es in einer Fichte, auf die ich das Fernglas scharf stellen konnte. Es hatte einen Frühstückszapfen gefunden. Während die Pfoten ihn in Spiralen drehten, wurde er so systematisch geschält, dass alle vier Sekunden eine Samenschuppe zur Erde fiel. Für den ganzen Zapfen benötigte es nicht mehr als sieben Minuten.

Danach verschwand es für eine Weile außer Sichtweite, während ich mich anzog und aufräumte. Als unsere Wege sich später an der Hausecke kreuzten, grüßte es mich mit einem gereizten Schwanzrucken. Ich war ein wenig verletzt, immerhin hatte ich Rücksicht auf es genommen, aber es hatte sich offensichtlich daran gewöhnt, völlig ungestört zu sein. Das würde es jedoch nicht mehr lange sein. In der Nacht hatte ich beschlossen, ein lästiger Nachbar zu werden. Das Weibchen musste wie alle Eichhörnchen mehrere Nester haben, und nun würde ich es zwingen, ein anderes zu wählen. Als ich es das nächste Mal im Haus über mir hörte, hämmerte ich fest gegen die Decke. Daraufhin wurde es über mir still, wahrscheinlich hatte es meinen Wink verstanden.

* * *

Letztlich wollte ich dem Leben der Natur natürlich nicht im Haus begegnen. Bei einer Runde auf dem Grundstück hatte ich das Trommeln eines Spechts gehört, und das klang vielversprechend. Man sagt, dass Spechte sich in Wäldern mit biologischer Vielfalt wohlfühlen.

Nicht, dass ich auf irgendwelche Raritäten aus war. Bemerkenswertes gibt es sogar an einer singenden Kohlmeise. Sie bloß als einen süßen kleinen Piepmatz zu sehen, ist heute unmöglich, denn seit sich herausgestellt hat, dass Kohlmeisen sowohl Werkzeuge benutzen als auch Pläne schmieden, hat man ihre Intelligenz auf eine Stufe mit der von Schimpansen gestellt. Mit Hilfe von Tannennadeln, die sie im Schnabel halten, kratzen sie Larven aus den Spalten der Bäume, und sie achten genau darauf, wo andere Vögel Futter verstecken, um es anschließend stehlen zu können. Manchmal warnen sie bewusst falsch vor Raubvögeln, um Konkurrenten von Vogelhäuschen zu vertreiben, und wenn sie richtig hungrig sind, können sie sogar andere kleine Vögel oder schlafende Fledermäuse töten. Aber es gibt natürlich auch friedliebende Exemplare, so dass die Kohlmeise wohl nicht nur durch ihre Verschlagenheit zu einem der weitverbreitetsten Vögel Schwedens geworden ist.

Aber dann erklang ein eher unerwarteter Laut. War das hier draußen möglich? Ja, in der Tat, zu hören war der Vogel, von dem es mehr als genug auf der Welt gab, dreimal so viele, wie Menschen auf der Erde leben. Ich hatte soeben einen krähenden Hahn gehört, irgendjemand in der Nachbarschaft musste also freilaufende Hühner halten. Das kam mir fast schon bilderbuchidyllisch behaglich vor.

Schließlich leben die meisten Hühner heute weit entfernt

von der Natur. Die Eier legenden Industriehühner werden für sich gehalten, während diejenigen, die in Maschinen ausgebrütet werden, mit fünfzigtausend anderen Küken zusammengepfercht sind und vorsichtshalber mit Antibiotika gefüttert werden. Tief im Inneren der südostasiatischen Dschungel streifen ihre wilden Vorfahren noch in scheuen, kleinen Schwärmen umher, so sensibel, dass sie manchmal vor Schreck sterben, wenn sie gefangen werden, genau wie es tatsächlich Hunderttausenden von Industriehühnern auf ihrem Weg zur Schlachtung ergeht.

Dschungelhühner waren in Indien schon seit Langem domestiziert worden, als Alexander der Große auf seinen Kriegszügen eine Reihe von ihnen von dort mitnahm. Für ihn waren sie praktischer Proviant im Feld, da sie nicht nur Eier und Fleisch lieferten, sondern sich auch vermehrten. In Griechenland und Rom wurden Hühner dagegen vor allem für Weissagungen genutzt, weil man in ihrer Art zu fressen und aufzufliegen Zeichen zu erkennen meinte, die sich deuten ließen. Die Hähne wurden wiederum ganz anders gesehen. Setzte man zwei aggressive Exemplare in eine sogenannte Arena, in der sich keiner von ihnen zurückziehen konnte, waren sie gezwungen, sich einen Kampf auf Leben und Tod zu liefern. Solche populären Hahnenkämpfe fanden in England bis weit in das neunzehnte Jahrhundert hinein statt, und die Artnamen der Hähne lebten danach im Boxsport in Begriffen wie »Bantamgewicht« weiter.

Auch Hühner konnten außerhalb der Legebatterien imposant sein. Das hatte ich in jenem Sommer gesehen, in dem ich eine Schreibstube neben einem Hühnerhaus gemietet hatte, denn tagsüber stolzierten dessen Bewohner frei umher. Während ich darauf achtete, nicht in ihre brötchengroßen Mistkleckse zu treten, begriff ich nach und nach ihr hierarchisches Gefüge – vom größten Tier bis zu dem, auf dem alle herumhackten. Das Muster kam einem durchaus bekannt vor. Später begriff ich, dass ihr Gackern annähernd dreißig verschiedene Laute umfasste, zu denen unter anderem unterschiedliche Warnrufe für Bedrohungen aus der Luft und vom Erdboden gehörten.

Es waren riesige Hühner, die sogar den Angriff eines Fuchses überlebten, obwohl der Hahn dabei umkam. Danach schaffte man einen jungen Hahn für sie an, der anfangs panische Angst vor seinem ausufernden Harem zu haben schien. Auch der jüngste Sohn der Besitzer fürchtete sich vor den Hühnern, denn er hatte gehört, dass Vögel von den Dinosauriern abstammen. Durchaus verständlich angesichts dieser Riesenhühner.

Als Erster geahnt hatte es der Biologe Thomas Henry Huxley. Während er 1868 an einem Dinosaurierskelett arbeitete, wurde ihm eines Abends ein Truthahnbraten aufgetischt, woraufhin ihm die Ähnlichkeit zwischen dem Schenkelknochen auf seinem Teller und den Knochen im Labor auffiel. Genetische Analysen haben ihm später recht gegeben. Hühner und Truthähne sind tatsächlich die engsten Verwandten der Dinosaurier. Möglicherweise begann die Verwandlung, als sich kleingewachsene Dinosaurier in die Bäume hinaufbegaben, um größeren Raubtieren zu entfliehen. Hühner wollen ja bis heute auf eine Stange fliegen, wenn es Nacht wird.

* * *

Der krähende Hahn verstummte bald, und danach hörte man nur eine Taube von der unterhalb gelegenen Gemeindewiese und eine Krähe in einem Fichtenwipfel. Ich muss gestehen, dass ich von keinem dieser Vögel eine allzu hohe Meinung gehabt habe. Tauben sind zu einem Emblem für Frieden und Liebe und den Heiligen Geist geworden, aber in Wirklichkeit vermitteln sie nicht selten einen anderen Eindruck. Schließlich hatten sie einst die Vogelflöhe bei mir verbreitet. Und wie steht es eigentlich um ihr Verhältnis zum Heiligen Geist? Es heißt, sie seien verwandt mit der ausgestorbenen Dronte, die auf Portugiesisch *doudo* genannt wurde, was dumm bedeutet, denn ein kleiner Kopf auf einem üppigen Körper machte eher keinen geistreichen Eindruck. Das gilt auch für Tauben, die selbst die Eier in ihren zusammengeschluderten Nestern kaum wahrzunehmen scheinen. Mein Bild hat sich jedoch durch neue Forschungsergebnisse verändert. So hat etwa Jennifer Ackerman eine umfangreiche Dokumentation über geflügelte Intelligenz zusammengestellt.

Wie die Hühner haben auch Tauben länger als andere Vögel in der Nähe des Menschen gelebt, und durch uns haben sie sich verbreitet. Zarte Jungtauben sind eine Delikatesse, so dass Felsentauben schon vor zehntausend Jahren domestiziert wurden, ungefähr zur selben Zeit wie die Dschungelhühner. Weil man wollte, dass sie sich schnell vermehrten, züchtete man Männchen, die ständig paarungsbereit waren, und Weibchen, die viele Küken bekamen. Sie hatten keine Probleme, in der Nähe von Menschen zu leben, und Städte waren ideal für sie, weil Gesimse und Balkone den Felsabsätzen in ihrem ursprünglichen Lebensraum ähnelten.

Im sechzehnten Jahrhundert besaß der indische Großmogul Akbar der Große über zwanzigtausend Tauben, die er kreuzte, um bevorzugte Eigenschaften zu verstärken. Diese Art der Zucht wurde später an verschiedenen Orten in Europa betrieben und inspirierte darüber hinaus Darwins Evolutionstheorie. Wenn die Genetik so anpassungsfähig war, dass man bei Tauben verschiedene Züge heranzüchten konnte, sollte auch die Natur insgesamt zum Gleichen fähig sein.

Den Taubenbesitzern im neunzehnten Jahrhundert ging es dann nicht mehr um das Fleisch der Vögel, sondern um ihr phänomenales Orientierungsvermögen. Schon im alten Ägypten und in Rom hatte es sie zu Briefträgern gemacht, und sie durften ihre Übermittlung von Nachrichten weiterführen, bis der Telegraph entwickelt wurde. Netzwerke aus Taubenschlägen gab es nicht nur bei den ganz Großen wie Reuters Nachrichtenagentur und Rothschilds Bank. Tauben durften auch im kleineren Maßstab Aktuelles weiterbefördern, so wurden die Ergebnisse der schwedischen Segelregatten im neunzehnten Jahrhundert dadurch übermittelt, dass eine Brieftaube sie zur Druckerei der Zeitung *Stockholms Dagblad* flog, wo sie in einem Fenster ausgehängt wurden.

Man vertraute Tauben auch bedeutsamere Informationen an. Entdecker, Spione und das Militär übertrugen ihnen Aufgaben, aus denen spannende Romane mit geflügelten Helden hätten werden können. So legte 1850 eine Taube viertausend Kilometer zurück, um eine Botschaft von einer Polarexpedition zu überbringen, aber die Nachricht verschwand unglücklicherweise unterwegs. Im Ersten und im Zweiten Weltkrieg nutzten alle kämpfenden Parteien Brieftauben, und da man sie in den Krieg hineingezogen hatte, erhielten manche von ihnen sogar Tapferkeitsmedaillen. Eine englische Taube führte stoisch ihren Auftrag aus, obwohl ihr ein Stück des Flügels abgeschossen worden war. Deutschen Brieftauben erging es auch nicht besser, denn sie wurden mit Gewehren und Wanderfalken bekämpft.

Tauben können aber nicht nur mutig sein, sie sind auch schnell und aufmerksam. Mit einer Geschwindigkeit von achtzig Stundenkilometern haben sie Tausende Kilometer über unbekannten Landschaften zurückgelegt und ihren Weg gefunden, und als Beobachter sind sie unübertroffen. Als man Tauben eine Reihe von nacheinander aufgenommenen Landschafsfotos zeigte, bemerkten sie auch Unterschiede, die den Menschen entgangen waren. Die amerikanische Küstenwache richtete sie deshalb darauf ab, Punkte in der Farbe zu suchen, die Schwimmwesten normalerweise haben, woraufhin Hubschrauber sie über Gebiete mit gekenterten Booten flogen. Es gelang ihnen daraufhin, Menschen auch inmitten hoher Wellen ausfindig zu machen.

Ihr visuelles Talent war in eher künstlerisch orientierten Experimenten genauso offensichtlich. Mit etwas Übung hielten sie Werke von Picasso und Monet auseinander und waren außerdem in der Lage, Kubisten wie Braque von Impressionisten wie Renoir zu unterscheiden. Durch Signale für Farbe, Muster und Textur brachte man sie dazu, Gemälde als schön oder hässlich einzustufen.

Die Liste ihrer Fertigkeiten war damit nicht beendet. Es stellte sich nämlich heraus, dass sie wirklich gut mit

Zahlen umgehen und Bilder mit neun Gegenständen in der richtigen Reihenfolge platzieren konnten. Auch ihr Gedächtnis war so außerordentlich, dass sie fähig waren, sich in einem Jahr tausend Bilder zu merken, wobei die Tauben sie sogar erkannten, wenn es Negative von ihnen waren oder sie auf dem Kopf standen.

Nach diesem Tableau über eine geflügelte Intelligenz fand ich es beschämend, Tauben zu verachten. Schließlich war es unsere Schuld, dass sie sich so schnell vermehrten und so sehr zu uns hingezogen fühlten, denn das waren Züge, die wir ihnen angezüchtet hatten. Und man merkte deutlich, dass sie lange in unserer Nähe gelebt hatten. Sie erkannten nicht nur Individuen in ihrem eigenen Schwarm – es stellte sich heraus, dass sie auch Menschen unterscheiden und auf Fotos emotionale Gesichtsausdrücke wie Wut und Trauer identifizieren konnten.

Die Erklärung dafür lag wohl nicht so sehr in ihrer Fähigkeit zur Empathie. Es scheint vielmehr einen Überlebenswert zu haben, Gefühle lesen zu können. Vögel sind dadurch sowohl in der Lage, drohende Angriffe zu erahnen, als auch mit fast unmerklichen Zeichen Kontakt zueinander herzustellen. Ein Blick, eine Körperhaltung oder eine bestimmte Art, sich aufzuplustern, reicht. Auch wir lesen unbewusst andere, weil Tonfall und Gesichtsausdruck ehrlicher sein können als Worte, außerdem heißt es, dass die Worte nur für etwa sieben Prozent von allem stehen, was wir vermitteln. Ist die Kunst, zwischen den Zeilen zu lesen, dann vielleicht die Basis für jede Kommunikation?

* * *

Darin sah ich natürlich auch ein Problem. Es ist leicht, Gefühle in andere hineinzulesen oder sie zu Schablonen zu machen. So haben die Tauben zum Beispiel ausschließlich Milde symbolisieren dürfen, während die scharfen Augen den Falken vorbehalten blieben. Die krächzende Krähe ist wiederum zum Gegenpol der gurrenden Taube geworden, und als Ted Hughes sie endlich in ein Gedicht aufnahm, wurde sie zum Antihelden. Wo die Schwalbe durch den Duft des Veilchens flog, verschlang die Krähe inmitten von Strandabfall ein weggeworfenes Eis am Stiel.

Denn wie sollen kreischende Krähen jemanden zu Lyrik inspirieren können? Dass sie der gleichen Ordnung wie die Singvögel angehören, erschien mir ebenso schwer verständlich wie die Tatsache, dass dies mit der Form ihrer Füße zusammenhängt. Ihre Verwandtschaft mit Paradiesvögeln war weniger rätselhaft. Dieses schwarzgraue Jackett hätte einem Bestatter gut zu Gesicht gestanden, und ihr Krächzen war auch nicht sonderlich aufmunternd.

Aber solche Eindrücke können wie gesagt trügerisch sein. Die Römer verstanden sich auf die Schönheiten des Krähengesangs, denn sie deuteten ihr »kra kra« als *cras*, was auf Latein »morgen« bedeutet. In ihren Augen drückte das Krähen also eine ewige Hoffnung aus. Und ich selbst wusste, dass Krähen im Grunde nicht besonders finster sind.

Ich durfte einmal mit einer kleinen Segelyacht über das Wochenende in die äußeren Schären vor Stockholm hinausfahren. Ich nahm meine beiden Neffen mit, und die Skipperin der Yacht nahm ihre zahme Krähe mit. Sie hatte sich vorher erkundigt, ob wir uns vor Krähen fürchteten, weil sie es offenbar gewohnt war, dass die Leute ihnen misstrauten.

Während des Segeltörns stand die Krähe die meiste Zeit auf Deck, stabil breitbeinig wie ein Seemann. Während die Skipperin die Yacht steuerte, schien die Krähe es als ihre Aufgabe zu betrachten, die Passagiere zu überwachen, wenngleich auf die diskrete Art von Spionen. Meine Neffen waren damals Raucher, und weil sie ständig mit ihren Zigaretten beschäftigt waren, zogen sie das Interesse der Krähe auf sich.

An der Insel, auf der wir übernachten wollten, durften wir uns die Unterkunft aussuchen. Die eine Alternative lautete, uns ein Häuschen mit der Skipperin und der Krähe zu teilen, die andere bestand darin, es uns in den Kojen der Yacht gemütlich zu machen. Wir entschieden uns für die Yacht, um uns von den Wellen wiegen zu lassen, außerdem hatten wir wenig Routine darin, in Gesellschaft einer Krähe zu schlafen. Offenbar pflegte sie die Nacht auf einer offenen Tür hockend zu verbringen, um alles im Auge behalten zu können.

Nach einer Nacht ohne ihre Aufsicht ging einer meiner Neffen an Deck, um seine erste Zigarette zu rauchen. Er war jedoch kaum dort angekommen, als die Krähe auch schon wie ein geölter Blitz vom Haus heranschoss. Sie landete mit einem Plumps auf seiner Schulter, um ihn eingehend beim Rauchen zu beobachten, das inzwischen zu einer ernsteren Angelegenheit geworden war, da beiden Neffen allmählich die Zigaretten ausgingen.

Gegen Mittag verlosten die Raucher brüderlich die letzte Zigarette und zündeten sie andächtig an. Da tauchte auf einmal wie aus dem Nichts erneut die Krähe auf. Sie kam direkt auf uns zu und schaffte es in einem akrobatischen

Manöver, sich die Zigarette zu schnappen, mit der sie auf das Dach des Häuschens flog. Dort saß sie anschließend neckisch mit dem begehrten Glimmstängel im Schnabel. Eins war klar. Sie war kein Unglücksrabe, sie war ein Spaßvogel.

Später hatte ich zahlreiche Berichte über die Einfälle von Krähen gelesen. Untereinander spielten sie Verstecken und mit Hunden Fangen. Sie ärgerten Katzen. Sie fingen Stöckchen in der Luft. Sie fuhren auf verschneiten Hausdächern auf Konservendeckeln Schlitten, und wenn sie unten angekommen waren, nahmen sie den Deckel in den Schnabel, um sich wieder nach oben zu begeben und gleich noch mal zu rutschen.

Verspieltheit kann die Schwester der Kreativität sein, und die Krähen gaben ihr Bestes, um es unter Beweis zu stellen. Äsop erzählt in einer seiner alten Fabeln, wie es einer durstigen Krähe gelang, an das Wasser auf dem Boden eines Krugs zu gelangen. Sie ließ einfach kleine Steinchen hineinfallen, die den Wasserspiegel anhoben. Genauso verhielten sich Krähen in Experimenten, in denen sie auch eine Reihe anderer Probleme lösten, die Werkzeuge erforderten.

Tatsächlich scheinen Krähen viele der Eigenschaften zu besitzen, die man mit Intelligenz verknüpft. Sie haben offensichtlich Humor, sie können planen, sie sind neugierig und anpassungsfähig und gleichzeitig individualistisch. Schon in der Antike zog es sie zu den vielfältigen Möglichkeiten der Städte, aber ohne sich domestizieren zu lassen. Es heißt zudem, Intelligenz werde von einer langen Kindheit mit lehrenden Eltern und einem ausgeprägten Sozialleben gefördert. Auch das haben Krähen. Aristoteles fiel auf, dass sie ihre Jungen länger umsorgten als andere Vögel und anschließend Kontakt zu den Familienmitgliedern hielten. Heute weiß man, dass sie mit Hilfe zahlreicher Laute kommunizieren, die nicht nur Arten, sondern auch Individuen unterscheiden können. Alle scheinen außerdem eigene Identitätslaute zu besitzen, die von den anderen in der Gruppe erkannt werden. Auch menschliche Körpersprache verstehen sie, denn wenn man irgendwohin zeigt, schauen sie in die richtige Richtung. Schimpansen können das nicht.

Wie Elstern versammeln sie sich häufig um tote Verwandte, wenngleich man nicht weiß, ob es nur geschieht, um den Tod zu bezeugen oder um ihre Trauer zu zeigen. Jedenfalls haben sie ein gutes Gedächtnis. Lässt man sie Memory spielen, legen sie elegant identische Bilder zusammen. Ihr Blick für menschliche Gesichter ist so sicher, dass die amerikanische Armee versucht hat, sie in die Jagd auf Osama bin Laden einzubinden. Besonders gut erkennen sie Personen, von denen sie schlecht behandelt worden sind, und bringen auch anderen Krähen bei, diese Schurken von Weitem zu erkennen. Überhaupt behalten sie alles im Auge, was um sie herum geschieht, wenn also jemand wusste, was auf meinem Grundstück vorging, dann sie.

***

Es war mir ein wenig peinlich, dass die scharfäugigen Wesen so viel mehr von mir wahrnahmen als ich von ihnen. Aber so war es wohl gedacht. In den Bäumen konnten sie mit der Natur verschmelzen.

Das Eichhörnchen bildete eine Ausnahme. Auch wenn es am einmal ausgewählten Nest seine Ruhe haben wollte, war es alles andere als scheu. Als ich es von Neuem heranhoppeln sah, aß ich gerade einen Apfel und warf ihm ein Stück davon zu. Obwohl es wie üblich in Eile war, hielt es inne, um mich zu betrachten. Nicht, dass es sich dazu herabgelassen hätte, sich füttern zu lassen, aber es richtete sich auf den Hinterbeinen auf, um mich besser sehen zu können. Seine Augen waren so groß wie die eines Kindes, und der weiße Bauch leuchtete ungeschützt. Diesmal sah man kein gereiztes Schwanzrucken. Auf der Stelle beschloss ich, als Entschädigung für seine Dachwohnung eine Eichhörnchenfutterstation mit Nüssen aufzustellen.

Außermenschliche Kontakte können eigentümlich erholsam sein. Aus psychologischer Perspektive ist das Beziehungspuzzle nicht besonders kompliziert. Es ist frei von Begriffen wie »Warum«, »Schuld« und »Vergebung«. Ich hätte lange Erklärungen über Dachpappe und Isoliermaterial und über das Dach als wichtigsten Teil eines Hauses vorbringen können. Ich hätte mich auch ausführlich darüber auslassen können, was möglicherweise passiert wäre, wenn es im Dachraum geblieben wäre. Aber das hätte alles keinen Sinn gehabt. In der Welt des Eichhörnchens war die Grammatik einfacher als in meiner, ohne solche komplizierten Dinge wie den Konjunktiv »hätte sein können«. Es vertiefte sich nicht in die Frage von Ursache und Wirkung. Die Vergangenheit, das waren Erinnerungen an konkrete Samen, verbunden mit bestimmten Orten, und auch das vergaß es manchmal. Bei den Possessivpronomen reichte ihm »meins«.

Als das Eichhörnchen seinen Rauswurf akzeptierte,

hatte ich das Gefühl, das eines der Probleme bei den Dacharbeiten bereits aus dem Weg geräumt war. Und das war schön, denn nach dem Mittagessen tauchten der Schreiner und seine Helfer auf. Um sich ein Bild davon zu machen, wie es unter der Dachpappe aussah, wollten sie unverzüglich einen Teil aufreißen. Eine Leiter wurde geholt und stabil verankert, dann enterten zwei Männer das Dach.

Das war der Moment, in dem deutlich wurde, dass das Eichhörnchen damit überhaupt nicht einverstanden war. Im Gegenteil – es sah darin einen empörenden Eingriff in sein Revier, und Revierkämpfe können heftige Gefühle auslösen. Es rauschte in den Kiefern heran wie Tarzan auf dem Kriegspfad und ließ sich nach mehreren Zwischenlandungen auf das Dach fallen. Dort stellte es sich auf die Hinterbeine, um in seiner vollen Länge einen Schwall schnatternder Beschimpfungen auszustoßen. Wie ernst es ihm war, wurde durch mehrfaches Aufstampfen mit dem Fuß unterstrichen. Die Schreiner betrachteten es mit Faszination und einem Hauch von Furcht, duckten sich und rissen das Dach auf.

Ich muss zugeben, dass es mich beeindruckte. Was für eine Integrität und was für ein Mut! Trotzdem hatte es den Revierkampf verloren, denn die Zwangsräumung war unausweichlich. Seine Dachwohnung würde jetzt saniert werden und das Haus für eine Weile den Schreinern gehören. Als ich meine Sachen gepackt und eine letzte Runde durch die Zimmer gedreht hatte, übergab ich ihnen den Schlüssel.

* * *

Als die neue Dachpappe und die Isolierung an Ort und Stelle waren, war der Frühling schon etwas weiter fortgeschritten, und die Dacharbeiten hatten ein neues Stadium erreicht. Es sollten Dachrinnen mit Fallrohren montiert werden, und einer der Dachdecker wollte wissen, ob sie für Regentonnen angepasst werden sollten.

Die sollte das Haus natürlich bekommen, denn Regentonnen erfüllen eine praktische Funktion und haben etwas Gemütliches. Im Internet fand ich zwei gebrauchte Blechtonnen mit der richtigen grünen Farbe und einen Verkäufer, der sie zu meinem Haus transportieren konnte. Ich musste nur da sein, um sie in Empfang zu nehmen. Um diese Zeit hoffte ich zudem, auch die Zugvögel vorzufinden, die auf meinem Grundstück ihr Sommerparadies hatten. Als kleines Begrüßungsgeschenk hatte ich bereits einen Nistkasten gekauft und bei derselben Gelegenheit einen Regenmesser für kleinere Wassermengen besorgt.

In der Woche, die ich dort verbrachte, hatten die Handwerker frei, aber vom Grundstück kommend drang dennoch eifriges Hämmern an mein Ohr. Der Specht hatte sich offenbar von den Schreinern und der Frühjahrssonne inspirieren lassen. Spechte wollen anscheinend jedes Frühjahr neue Nisthöhlen bauen, in denen sie sich beim Brüten und Füttern der Jungvögel abwechseln können. Obwohl sie sich die elterlichen Pflichten gerecht teilen, sind sie nicht besonders gesellig, aber die Trommelwirbel halten sie zusammen und vermitteln sicher notwendige Informationen. In Experimenten haben Spechte sogar gelernt, um verschiedene Dinge zu bitten, indem sie die Zahl der Schläge mit dem Schnabel variieren. Als Schlagzeuger sind sie grandios, und die Tonhöhe wird gern auf unterschiedlichen Untergründen variiert.

Außer Trommelstock ist der Schnabel Hammer, Hebel, Meißel und Insektendetektor, alles kombiniert im Nullkommanichts. Der Specht illustrierte dies nur zu gern. Sobald leichtes, sondierendes Klopfen die Larven in einem Baum lokalisiert hatte, wurde die Rinde abgehoben, um die Leckereien herauszuholen, und danach konnte der Schnabel als Bohrer für neue Nisthöhlen weitermachen. Ich fragte mich, wie viele Höhlen er bereits auf dem Grundstück gebohrt hatte. In einer von ihnen wohnte zum Beispiel ein Kleiber. Er hatte den Eingang vorsichtshalber mit Lehm verkleinert, damit der Specht keine Miete verlangte, indem er die Küken fraß.

Wie andere Behausungen auch, können Vogelnester einem etwas über ihre Bewohner sagen. So benutzte der Kleiber Rindenstücke, während der Specht es mit Sägespänen einrichtete. Ein Amselnest, heruntergefallen an dem offenen Lagerraum, war ein Kunstwerk. An der Außenseite waren geflochtene Fichtenzweige mit Moos und Birkenrinde abgedichtet worden, und danach war die Innenseite mit Lehm geglättet worden, ehe es ein weiches Grasfutter bekam. Und warum sollten Vögel nicht auch Schönheit und gutes Handwerk zu schätzen wissen? Es gibt exotische Arten, die ihre Nester mit immer neuen Blumen schmücken, und andere sammeln Gegenstände in einer bestimmten Farbe zu Installationen und tanzen dort für ihre Dame.

Der Nistkasten, den ich ihnen mitgebracht hatte, flößte mir ein wenig das Gefühl ein, an den Nistarbeiten der Vögel beteiligt zu sein. Weil ich nicht gern klettere, entschied ich mich für ein Modell, das man an einen Ast hängen konnte. Es war ein kleines rotes Haus, das tatsächlich meinem Sommerhaus ähnelte, aber die Aufhängung war nicht besonders gut, so dass es in seinem Inneren bei Wind zu Wellengang kommen konnte. Vielleicht würde das schwankende kleine Haus ja im Winter zumindest als Futterstelle geschätzt werden.

Nachdem ich den Nistkasten aufgehängt hatte, widmete ich mich eine Weile dem Hausinneren. Dort musste nicht viel Raum gefüllt werden, aber ich hängte eine Lampe und Mutters Vorhänge mit Wiesenblumen auf. Anschließend ging ich wieder hinaus und sah zu meinem Erstaunen eine Blaumeise, die schnurstracks in den missglückten Nistkasten flog, ohne das hin- und herschwingende Loch zu verpassen. Man hörte nur ein Plopp, als der Vogelkörper die Öffnung durchquerte.

Dass Blaumeisen bei der Wahl ihrer Nester nicht besonders wählerisch sind, wusste ich, denn in Stockholm wohnte eine im Luftabzug meiner Küche. Lehnte ich mich zum Fenster hinaus, sah ich manchmal ein Paar dunkle Augen, die durch die Lüftungslamellen hinausschauten. Wir waren ein bisschen neugierig aufeinander. Als sie zum ersten Mal heranflog und mich im Küchenfenster entdeckte, kehrte sie schnell zur Ulme des Nachbarhofs zurück, in der sie Larven gesucht hatte. Wenn ich mich weiter in das Zimmer zurückzog, kehrte sie in ihrem schaukelnden Flug zurück, aber sobald ich mich dem Fenster näherte, wiederholte sich die Prozedur. So machten wir einige Male weiter. Die Blaumeise kam angeflogen und schreckte vor meiner Silhouette im Fenster zurück, ich entfernte mich, und sie kam wieder. Es war wie bei einem Tanz, in dessen Verlauf sie immer mutiger wurde. Aus dem Zimmer heraus sah ich mit der Zeit, wie sie sich auf das Fensterblech setzte, um nach mir zu spähen. Dass sie die Welt – wie alle Vögel – etwas anders wahrnahm als ich, trug sicherlich zu ihrer Neugier bei. Für sie ließen sich Formen und Abstände teilweise durch Schatten bestimmen, und um Insekten auszumachen, war ihr Blick leicht vergrößernd. Wahrscheinlich war ich eine schwer einzuschätzende Gestalt.

Die Begegnung wurde wahrscheinlich sowohl sicherer als auch eigenartiger, weil sie durch eine Fensterscheibe stattfand. Der Schriftsteller Björn von Rosen hat beschrieben, wie sich ein Kleiber von Fenster zu Fenster bewegte, um seinen Bewegungen im Haus zu folgen. Ihr Kontakt begann damit, dass der Kleiber auf dem Fensterblech gefüttert wurde, und im Laufe der Zeit kam ihm der Vogel auch im Freien entgegen. Eine solche Beziehung baute ich zu der Blaumeise nicht auf, aber ich war einem Blick begegnet, der ein neugieriges und zugleich scheues Individuum spiegelte.

Sie gehörte zu denen, die ihren schrumpfenden Laubwald gegen eine Stadt mit anderen Lebensbedingungen eingetauscht hatten. Für Vögel hieß das nicht nur, dass sie ihre Nester in Häusern statt Bäumen bauen mussten. Kohlmeisen mussten darüber hinaus mit höherer Frequenz singen, um den Lärm zu übertönen, und Amseln bekamen ein schnelleres Lebenstempo. In der lichtgesättigten Stadt erwachten sie früher, außerdem tickte ihre biologische Uhr schneller, so dass sie frühzeitig geschlechtsreif wurden. Es war fast so, als hätten sie sich vom Stress der Stadt anstecken lassen. Im Laufe der stetig wachsenden Urbanisierung wurden viele Tiere in sie hineingezogen, so dass ich von meinem Balkon aus ein Dutzend Vogelarten beobachten konnte. Eines Tages regnete es auf dem Bürgersteig Federn auf mich herab. Ein Habicht hatte ein Taubennest gefunden, denn die eine Art zog die andere nach sich.

* * *

Trotzdem wollte ich die Vögel nicht mit den Wänden der Städte, sondern mit den Flügeln der Freiheit in Verbindung bringen. Immer, wenn ich an meinem Schreibtisch eine ähnliche Leichtigkeit empfunden hatte, dachte ich an all die Federkiele, die in Tinte getaucht worden waren. Jahrtausendelang hatten sie den alten Traum beflügelt, sich frei bewegen zu können wie Ikarus und die Engel, denn auch wenn der Körper schwer war, konnten Worte und Gedanken abheben.

Leonardo da Vinci füllte ganze Bücher mit seinen Beobachtungen zum Flug der Vögel. Er erkannte, dass Luft sich ähnlich wie Wasser bewegt, und begriff, dass sie über und unter den Flügeln strömte. Mit Hilfe seiner Studien konnten die Gebrüder Wright später eine Flugmaschine konstruieren. So verstanden sie beispielsweise, dass die Schwanzfedern der Vögel wichtig für die Manövrierfähigkeit waren.

Aber kein Pilot hat sich jemals mit den Vögeln messen können. Alles an ihrem Flug verblüffte mich. Manche können bei einer Geschwindigkeit von sechzig Stundenkilometern abrupt auf einem schaukelnden Ast abbremsen, und einige schlafen im Wind oder paaren sich im Flug. Ihre Federn sind fast schon zu zusätzlichen Sinnesorganen geworden, weil sie an ihrer Basis den Hautnerven den Druck der Windgeschwindigkeit übermitteln. In der Aufwärtsbewegung der Flügel werden die Federn gespreizt, während sie von Haken zusammengehalten werden, wenn die Flügel die Luft verdrängen. Keine Feder ist völlig identisch mit einer anderen, und keine von ihnen kann im Flug auf die anderen verzichten.

Ähnlich halten Zugvögel auf ihren langen Reisen zusammen. Wie so vieles unter der Sonne unterliegen sie denselben Gesetzen, denn wenn die Erde sich um diese bewegt, wird davon sämtliches Leben auf dem Planeten beeinflusst. Dass die Geschwindigkeit bei 108 000 Kilometern in der Stunde liegt, spürt man zum Glück nicht, aber in dieser Bewegung zieht das Netz der Meridiane fünfzig Milliarden Zugvögel über die Erde. Um der Sonne nahe sein zu dürfen, fliegen einige zehntausend Kilometer ohne Pause, und manche überfliegen sogar die Gipfel des Himalaya. Dabei nehmen sie etwa Samen mit, die in den Federn hängengeblieben sind und Gesellschaft von Insekten bekommen, die ebenfalls auf dem Weg sind. Die Flügel lassen die Luft vibrieren wie in einem Rausch. Da oben pochen Millionen Vogelherzen zehnmal schneller als mein eigenes Herz, um Intensität und Wärme in Vogelkörper zu pumpen.

Was trieb all diese Zugvögel an? Es war offensichtlich, dass sie Temperaturunterschiede spürten, denn Millionen Zugvögel haben ihre Reisen auf Grund der Klimaveränderungen verkürzt, und viele bleiben einfach in einem immer wärmeren Norden. Sogar Eichhörnchen reagieren manchmal auf eine veränderte Temperatur. In Finnland wurde schon seit dem Mittelalter berichtet, dass extrem harte Winter sie nach Osten trieben. Sie rückten in kilometerbreiter Front vor, auch wenn alle ihre Selbstständigkeit markierten, indem sie Abstand zueinander hielten. In Schweden beobachtete man eine vergleichbare Eichhörnchenwanderung im kalten, schneereichen Winter 1955. Am dramatischsten waren allerdings die Geschichten, die man sich aus Sibirien erzählte. Dort waren Scharen von Eichhörnchen zu wahnwitzigen Wanderungen aufgebrochen, die weder von Bergen, noch von Flüssen gestoppt wurden. Viele wurden erschöpft und mit eiternden Wunden an ihren Pfoten und manchmal gelähmt gefunden, aber alle, die konnten, machten weiter. Im Kältejahr 1847 schwammen tausende Eichhörnchen durch den Fluss Jenissei, um am anderen Ufer in die Stadt Krasnojarsk einzudringen, wo sie in großen Mengen getötet wurden.

Das Phänomen brachte mich dazu, weiter über Eichhörnchen nachzudenken. Sie sind revierbehauptende Einzelgänger, was also hatte sie so einhellig nach Osten treiben können? Beeinflussten sie sich trotz allem gegenseitig, oder spürte ein inneres Barometer, dass sich ein jäher Temperaturumschwung ankündigte?

Zugvögel haben ihrerseits offensichtlich sowohl ein Barometer als auch einen Lichtmesser in ihrem Inneren. Sobald in einer herbstlichen Umgebung das Licht nach und nach gelöscht wird, ziehen plötzlich Milliarden Vögel südwärts wie ein gewaltiger Schwarm von Pauschaltouristen. Wie alle Flugreisenden müssen sie Übergewicht vermeiden, weshalb es darauf ankommt, aufs Gramm genau zu wissen, wie viel Essen sie im Körper haben können. In vielen Fällen muss der Kaloriengehalt einer Nuss für die Reise nach Afrika reichen. Es sind ja auch andere Dinge mit Gewicht im Körper erforderlich. Brustmuskeln, die für die Flügelschläge benötigt werden, wachsen schnell, und Gleiches gilt für die Gehirnzellen, die ihnen helfen sollen, sich zu orientieren. Harnblasen sind dagegen ein Ballast, den die Entwicklung eingeschränkt hat, denn die Erde kann alles aufnehmen, was sie während ihres Flugs ausscheiden.

Der Fahrplan ist seit Langem eingeprägt, und keiner will sich verspäten. Ein Storch mit verletztem Flügel, den man 1933 in einer deutschen Vogelstation gepflegt hatte, wurde von einer solchen Unruhe erfasst, dass er ausbrach. Fliegen konnte er nicht, aber in sechs Herbstwochen ging er einhundertfünfzig Kilometer zu Fuß in die Richtung, in die seine Verwandten geflogen waren. Den Kurs hatte er wahrscheinlich seit seiner Kindheit in sich getragen, weil auch Vögel, die zum ersten Mal ziehen, den richtigen Weg finden müssen. Von einer ähnlichen Unruhe wurden einige Stare erfasst, die man in einen Käfig gesetzt hatte. Nach Süden gewandt flatterten sie während der gesamten Zeit des Vogelzugs beharrlich gegen das Gitter.

Zugvögel verfügen außerdem über innere Karten, die ihnen nicht nur ein Bild von der Erde, sondern auch von der Konstellation der Sterne vermitteln. Die Küken von Seeschwalben starren schon im Nest in den Himmel hinauf, und nach zwei Wochen haben sie sich die Positionen der Sonne und verschiedener Sterne gemerkt. Der Polarstern wird zu ihrem Bild für Norden. Bevor sie ziehen, drehen sie eine zusätzliche Runde um das Nest, um sich die Geographie des Erdbodens dort einzuprägen. Während ihrer Reise wird sich diese unendlich erweitern.

***

In *Nils Holgerssons wunderbare Reise durch Schweden* war es diese Reise der Zugvögel, durch die der Text die Geographie lebendig werden ließ. Es sollte ein Lesebuch für die Volksschule werden, und Selma Lagerlöf war von den Herausgebern großzügig mit den knochentrockenen Faktenwälzern der Oberstudienräte ausgestattet worden. Sie las alles mit schwindender Inspiration. Wie konnten die Fakten zum Leben erweckt werden? Wie konnte sie grüngelbe topographische Flächen und Notizen zu Klima und Flora zum Pulsieren bringen? Die Lösung lautete, Tiere in die Landschaft zu senden, und auf einmal bewegten sich die Dickichte, während in den Bäumen gesungen wurde.

Die Idee, Tiere zu Trägern der Handlung zu machen, übernahm sie von Kiplings *Dschungelbuch*, in dem ein Junge die Sprache und Moral der Tiere lernte. Kiplings Leitwolf Akela fand seine Entsprechung in ihrer Leitgans Akka, und Kiplings Tiger Shir Khan war verwandt mit ihrem Fuchs Smirre. Da die Natur des Dschungels nicht der schwedischen ähnelte, wurde die Landschaft von Elchen, Stockenten, Schwänen und Adlern repräsentiert. Sie verhielten sich ungefähr so, wie sie es in ihrer natürlichen Umgebung taten, und obwohl sie sprechen durften, waren sie nicht vermenschlicht wie in den alten Fabeln oder in der zukünftigen Disneywelt. Sie zeigten nur, dass der Mensch nicht das Maß aller Dinge ist.

Dass ihr Fuchs Smirre den Gänseschwarm durch ganz Schweden verfolgte, war natürlich abwegig, aber er wurde zu dem roten Faden, durch den die ziemlich wirre Reise der Wildgänse einen Grund und Spannung bekam. Selma Lagerlöf war nicht gänzlich unbewandert in Naturkunde. So wusste sie aus ihrem Elternhaus, dass eine zahme Gans manchmal mit den Wildgänsen entflog und später mit eigenen Jungen zurückkehrte, und für das Verhalten der Wildgänse hatte sie einen Zugvogelexperten hinzugezogen. Gleichzeitig war es die Sprache, in der sie die Natur lebendig werden ließ, so dass der Schriftsteller Michel Tournier *Nils Holgerssons wunderbare Reise* später in eine Reihe mit Klassikern wie den Fabeln Fontaines und Saint-Exupérys *Der kleine Prinz* stellte.

Ich selbst fand, dass Nils Holgerssons geflügelte Freunde noch die unwahrscheinlichsten Einfälle der Saga in den Schatten stellten. Sie waren auch im wahren Leben sagenhaft. Leicht wie Briefe konnten sie dank unglaublicher Sinne stürmische Meere und weitgestreckte Kontinente überqueren und fanden ihr Ziel auf den Punkt genau.

Einst wollte ich ihren Flug aus der Nähe verfolgen und nahm an einem lauen Septemberabend den letzten Bus aus der Gegend von Vemmenhög im Süden Schwedens, wo Nils Holgersson seine Reise begonnen hatte. Ich hatte ein kleines Gebirgszelt und einen Regenschirm dabei, um bei der Orientierung der Vögel dabei sein zu können. Mein Ziel war die Küste bei Falsterbo, wo sie vorbeikommen würden. An der Endhaltestelle war es bereits dunkel, aber geleitet vom Leuchtturm fand ich einen Platz, wo das Gras kurz und der Horizont nah war. Als ich zur Ruhe gekommen war, hörte ich ein leises Rauschen über dem Zelt. Ich hatte Bilder davon gesehen, wie Millionen Zugvögel die ganze Küstenlinie auf einem Radarschirm bedeckten, so dass sie zu erblühen und ins Meer zu gleiten schien. Jetzt befand sich diese fliegende Küstenlinie über mir.

Unter dem Rauschen lag ich in den Daunen meines Schlafsacks wie in einem Wildgansflügel. Ich sah vor mir, wie Seen, Flüsse und Erhebungen schneller in die Erinnerungen der fliegenden Vögel flossen als bei Schulkindern. Schließlich mussten sie in der Lage sein, Breiten- und Längengrade zu verknüpfen, wo immer sie waren. Die Sinne standen ihnen bei, und weil ihre Augen an den Seiten saßen, verfügten sie über ein breites Gesichtsfeld. Über dem Meer drangen von den Bewegungen der Wellen außerdem Infraschalllaute zu ihnen, aber am wichtigsten war das Gefühl für die Erde. Tief in ihrem Inneren fließt glühendes Eisen und erzeugt magnetische Strömungen, nach denen sich die Vögel wie Eisenspäne orientierten. Das gab ihrem Flug eine selbstverständliche Richtung, nur gestört vom Elektromagnetismus der zahllosen elektrischen Geräte in den Städten. Sie lebten viel intensiver mit den Bewegungen von Erde und Sonne als wir.

Als ich im Morgengrauen aus dem Zelt schaute, befand ich mich noch in der Grenzregion zwischen der Flucht des Traums und den Fakten der Wirklichkeit. Im Gras leuchtete ein Märchenei. Bei näherer Betrachtung unterstrich es, wie weit die Orientierungsfähigkeit der Vögel meine eigene übertraf, denn das Ei war ein Ball und mein nächtliches Revier ein Golfplatz. Als ich das Zelt zusammenpackte, ertappte ich mich jedoch bei dem Gedanken, dass ein Ei schon alles enthielt, was sich zu einer weltweiten Reise entwickeln konnte.

* * *

Das Ei ist die Ursprungswelt eines Vogels, will man eine Verbindung zu dem kleinen Leben innerhalb der Schale herstellen, muss man deshalb dort anfangen. So hatte es Konrad Lorenz bei den Graugänsen gemacht, die er studierte. Sie hatten ihn seit seiner Kindheit fasziniert, als er an der Donau einmal gehört hatte, wie ein Schwarm Wildgänse vorbeizog. Ohne zu wissen, wohin sie unterwegs waren, wollte er ihnen in jugendlicher Sehnsucht folgen. Hinterher versuchte er, seine Gefühle in Bildern auszudrücken, und alle stellten Gänse dar.

Als Zoologe folgte er ihrem Leben später auf andere Weise. Sein Haus war damals schon voller Zierfische, Hunde, Affen, Nager, Papageien und Dohlen, aber ein besonderes Verhältnis entwickelte er zu den Graugänsen, die er aufzog. Um zu sehen, wie sie aus ihren Eiern kamen, hatte er eine zahme Gans einige bebrüten lassen, bis sie schlüpfen würden. Daraufhin legte er sie in einen Brutkasten, um bei der Geburt dabei sein zu dürfen. Legte er sein Ohr an das Ei, war ein Piepsen, Klopfen und Wühlen darin. Dann bekam die Schale ein Loch, aus dem ein Schnabel lugte, und kurz darauf begegnete ein Auge seinem Blick. Danach kam der Kontaktlaut der Graugans als ein leises Flüstern, und er beantwortete ihn auf die gleiche Art. Durch diese kleine Begrüßungszeremonie war er zum Graugansvater geworden, denn das Küken war nun auf ihn fixiert.

Das war nicht seine Absicht gewesen, aber von dem Moment an war es unmöglich, das Küken auch nur für einen Augenblick zu verlassen. Versuchte er es, gab es jedes Mal ein herzzerreißendes Piepsen von sich, so dass er es tagsüber in einem Korb mit sich tragen und nachts mit in sein Bett nehmen musste. In regelmäßigen Abständen ertönte der Kontaktlaut, ein leises, fragendes *Vivivivi*? Selma Lagerlöf hatte ihn in *Nils Holgerssons wunderbare Reise* als »Hier bin ich, wo bist du?« gedeutet, und Lorenz war der Meinung, dass dies mit seiner Bedeutung übereinstimmte. Während der Jungvogel aufwuchs, musste er die kleine Konversation unaufhörlich fortsetzen, weil hilflose Vogeljunge konstanten Kontakt brauchen. Als die junge Gans und ihre Geschwister größer geworden waren, konnte er mit ihnen zu Wiesen spazieren, wo sie grüne Blätter fressen durften, oder zu Seen, in denen sie gemeinsam schwammen, und wenn die Vögel flogen, lief er mit ausgebreiteten Armen unter ihnen. Um sie zum Landen zu bringen, brauchte er nur in die Hocke zu gehen.

***

Aber Gänse müssen auch miteinander kommunizieren, nicht zuletzt während längerer Flüge. Dabei halten sie in einer lauten Konversation Kontakt, während sie eng zusammenbleiben wie Radfahrer bei einem Rennen. Wie

Kraniche fliegen sie in einer V-Formation, damit das Flügelpaar jedes Vogels eine Luftspirale erzeugt, die hilft, die Vögel schräg dahinter zu tragen.

Andere Vögel gruppieren sich bei ihrem Flug anders. Weiter südlich hatte ich zehntausende Stare gesehen, Wolken bildend, die traumgleich auseinander- und ineinanderflossen wie abstrakte Figuren mit einem sich fortwährend verändernden Leben. Wie in einer Atmung stiegen und sanken sie vom Horizont aus, wo sie sich verdichteten, dann wieder ausdünnten. In dem einen Moment schienen sie einen Fingerabdruck in der Luft zu bilden, im nächsten ein flüchtiges Gas. Auf Englisch nannte man solche Schwärme *murmurations*. Mir gefiel das Wort. Es war verwandt mit Murmeln, Rieseln und Rauschen, denn dort verschmolzen einzelne Stimmen miteinander. Aber wie entstanden solche Vogelschwärme? Man begann zumindest zu verstehen, wie alle Individuen in ihnen aufeinander achtgaben. Weil Vögel ein weiteres Gesichtsfeld und eine schnellere Auffassungsgabe haben als wir, konnte jeder einzelne sieben andere im Blick behalten. Trotzdem blieb ihre blitzschnelle Koordination ein Mysterium. Selbst wenn sie Hunderttausende waren und sehr dicht gedrängt flogen, stießen sie doch niemals zusammen. Sie konnten bei unvermindertem Tempo binnen einer Siebzigstelsekunde die Richtung ändern, und bei solchen Geschwindigkeiten ist keine normale Kommunikation möglich. Jeder Vogel für sich hatte außerdem langsamere Reaktionen. Standen sie in einem unsichtbaren Direktkontakt?

Ja, so war es. In den neunziger Jahren wurden spezielle Nervenzellen entdeckt, die im Gehirn Impulse für Verhalten geben können, das man bei anderen sieht. Sie wurden Spiegelneuronen genannt und sind dafür verantwortlich, dass unser Lachen, unsere Gesten und unser Gähnen ansteckend sind. Sie sorgen außerdem dafür, dass sich halb unmerkliche Bewegungen in Vogelschwärmen fortpflanzen, denn in sozialen Gruppen muss man sich schnell in andere einleben können.

Verstärkten die Reaktionen aller sich sogar gegenseitig? Ich dachte an ein Phänomen, das auf Grund einer Studie zu Affen in der Inselwelt Japans den Namen »der hundertste Affe« bekam. Die Forscher fütterten die Affen mit Süßkartoffeln, und eines Tages hatte ein junges Weibchen eine Idee. Um den Schmutz zu entfernen, begann es, die Kartoffeln im Meer zu waschen, und nach und nach äfften die anderen es nach. Dann ereignete sich plötzlich etwas Seltsames. Sagen wir, dass es geschah, als hundert Affen ihr Verhalten übernommen hatten. Daraufhin begannen auch Affen auf nahegelegenen Inseln, Süßkartoffeln zu waschen.

Ungefähr zur selben Zeit hatte man etwas Vergleichbares bei Vögeln festgestellt. In den fünfziger Jahren wurden die Milchflaschen in England mit dünnen Aluminiumkappen verschlossen. Die Milch wurde morgens vor jedes Haus gestellt, und schon bald entdeckten die Blaumeisen Londons, dass sie ein Loch in den Deckel picken konnten, um die obere Sahneschicht der Milch zu erreichen. Kurze Zeit später hatten alle Blaumeisen Englands den Trick gelernt.

Anscheinend können Gruppen ab einem gewissen Niveau sowohl schneller wachsen als auch ihren Charakter verändern, fast so, als wäre eine kritische Masse erreicht worden. In seinem Buch *Masse und Macht* beschrieb Elias Canetti, wie sich Menschen in einer Menge plötzlich in einen Mob verwandeln können. Auf ähnliche Weise können sie sich von Ideen und kulturellen Bewegungen mitreißen lassen. Ich hatte selbst gesehen, dass Dichter einhellig wie Stare den Kurs wechseln konnten, obwohl es in der Dichtung doch um Einzelheiten ging. Ich hatte sogar ein Buch darüber geschrieben.

Etwas an dieser Gruppenpsychologie faszinierte und störte mich zugleich. Ich fühlte mich an zwei Träume aus meiner Kindheit erinnert. In dem einen flog ich frei, mit ausgestreckten Armen und angezogenen Beinen wie in einer archetypischen Fluchtfantasie. Im zweiten sah ich dagegen eine Art von Weltraumwesen, die Menschen ein Gleichheitsserum spritzten. Alle, die es bekommen hatten, wollten mir einreden, dass die Verwandlung schön sei, aber die hervorströmende Gleichförmigkeit war für mich ein Albtraum. Ich wusste nicht, ob mich die Gleichschaltung oder der Kontrollverlust ängstigte. Ich wusste nur, dass ich wie das Eichhörnchen meine Selbstbestimmung behalten und wie die Vögel frei fliegen dürfen wollte.

Obwohl sich natürlich die Frage stellte, wie frei sie sein konnten.

***

Zwischen Freiheit und Vereinigung, Einsamkeit und Gemeinschaft, besteht eine Dynamik, die bei Vögeln ganz deutlich zu erkennen ist. Mitten in ihrem geflügelten Dasein werden sie vom Wechsel der Jahreszeiten, dem Einfluss der Umwelt und den Genen von Generationen geprägt. Außerdem suchen sie einander als Wegweiser und als Schutz. Auf dem Vogelberg der Insel Stora Karlsö vor der Westküste Gotlands hatte ich tausende Trottellummen gesehen, die sich dicht nebeneinanderdrängten, denn das Risiko, Opfer von Raubvögeln zu werden, wurde dadurch verringert, und Nachbarn, die ins Meer hinabstießen, zeigten, wo es Fische gab.

Gleichzeitig waren sie alle einmalig, und jeder einzelne Vogel fand sein eigenes Ei zwischen vierzehntausend anderen. Jedes neugeschlüpfte Küken erkannte zudem die Stimmen seiner Eltern inmitten des ohrenbetäubenden Geschreis. Es hatte sie bereits im Ei durch die Schale hindurch vernommen und hörte sie nun unter tausenden anderen heraus.

Es war überall das Gleiche. Kaum merkliche Nuancen unterschieden einzigartige Eier, einzigartige Vögel und einzigartige Gesänge, denn das Leben wird von Milliarden Existenzen mit einem Schicksal jenseits jeglicher Klassifizierung getragen. Das sah man nicht in den herbstlichen Formationen der Zugvögel am Himmel, aber man merkte es umso mehr, wenn sie im Frühjahr zurückkehrten. Da war das Gruppengefühl der Reisen wie weggeblasen, und die Kommunikation bekam einen anderen Charakter. Die Luft, die Vogelschwärme getragen hatte, trug nun Reviergesänge, mit denen Männchen derselben Art auf Distanz gehalten werden sollten.

Denn beim Gesang ging es nicht nur um eine Art. Er kombinierte ein Ich und ein Wir wie ein Vor- und ein

Nachname es tun, und dieses Ich würde nun in kleinen Nuancen erblühen, die ein Weibchen veranlassten, den einen Sänger einem anderen vorzuziehen. Anschließend konnte seine Eigenart der ganzen Art mehr Variationen zuführen.

Ich fand diesen Vogelchor, in dem alle ihr zartes Ego hinausposaunten, ein wenig rührend. Selbst das taktvolle Trillern der Blaumeise verkündete, ein Mittelpunkt zu sein. Aber warum eigentlich nicht? Das unendliche Crescendo des Big Bangs begann schließlich auch nur als ein faustgroßes Zentrum aller daraus sich ergebender Möglichkeiten. Dann konnten ja wohl auch ein paar simple Töne bedeutsam sein.

***

Sagte der Gesang mehr als »Hier bin ich«? Ich hatte die Vogelrufe mit Hilfe von Wortphrasen gelernt. In diesen Vogelsprachführern sagte der Fitis »Kleine, süße, liebe Mama, kann ich bitte ins Kino gehen?« und die Goldammer sprach Englisch: *A bit of bread and no cheese.* Die Floskeln gaben den Rhythmus an, aber wohl kaum die Bedeutung, und die Laute wurden auch nicht von den Buchstabenkombinationen eingefangen, mit denen man sie zu zitieren suchte. Der Gesang der Amsel war definitiv etwas anderes als *Tru trudelu tru titt titt.*

Vögel kommunizieren mit Tönen, und wir Menschen gehören einer Art an, die vergleichsweise wenige Töne hört. Wir nehmen weder Obertöne noch die siebenhundertfünfzig Töne wahr, die ein Zaunkönig in einer Minute hervorbringen kann. Selbst der Gesang des Buchfinken birgt Raffinessen, die wir nur hören, wenn sie in Aufnahmen einen zehnmal langsameren Rhythmus bekommen haben.

Außerdem haben Vögel eine andere Art von Kehlkopf als wir, eine Syrinx, die mehrere Töne gleichzeitig erzeugen kann. Syrinx war in der griechischen Mythologie eine Nymphe, die sich dem lüsternen Pan entzog, indem sie sich in Schilfrohr verwandelte. Als er frustriert darauf pustete, sang es, und er schnitt es daraufhin zurecht und schuf so die Panflöte, auf der mehrere Töne gleichzeitig erzeugt werden konnten. In den Syringen der Vögel werden in einer Atmung ohne hörbare Pause blitzschnelle, komplexe Klänge geformt, denn ihr Luftsack füllt ein Drittel des Körpers und jede Sekunde wird zwanzigmal geatmet.

Auch die Schönheit scheint für Vögel wichtig zu sein. Wenn ihnen die Töne gelingen, kann der Körper sogar eine chemische Belohnung in Gestalt von Dopamin und Oxytocin bekommen. Das passiert vor allem während des Herbstgesangs, der weder ein Revier markieren noch Weibchen anlocken soll, sondern nur um seiner selbst willen existiert.

Und nicht nur sie genießen ja die Töne. Als meine Vorfahren vor etwa hunderttausend Jahren Kehlköpfe entwickelten, die die Stimme formen konnten, war es der Gesang der Vögel, dem sie nacheifern wollten. Die ältesten Musikinstrumente, die man gefunden hat, waren Flöten, die häufig aus Vogelknochen gefertigt wurden. Als dann die Worte kamen, konnte nur die Poesie etwas hervorbringen, das mit dem Tonfall, dem Rhythmus und den Klängen des Gesangs verwandt war, denn die Lyrik hat ihre Wurzeln in der Musik. Die griechische Dichtung wurde ursprünglich laut vorgetragen, weshalb Aristoteles fand, dass der aufsteigende Tonfall von Jamben wie gemacht für Tanz war.

Was dachte Aristoteles, als er auf Lesbos umherging und den Vögeln lauschte? Fand er, dass sie etwas von dem erfassten, worüber er selbst geschrieben hatte, wie etwa die Poesie, der Himmel, die Seele und die Kürze des Lebens? Verglich er den Gesang der Vögel mit seiner eigenen Poetik wie in einer Grammatik aus Tönen?

Darüber hätte ich gern mit ihm gesprochen. Es hätte ihn sicher interessiert, was Forscher über die Wirkung von Tönen herausgefunden haben. So können die Rufe, die man sowohl von Hundebesitzern als auch von Eltern kleiner Kinder hört, in zwei Tönen unterschiedliche Dinge ausdrücken. Kurze Töne können warnen und ermahnend werden, wenn sie fallen (*Pfui, pfui!*), aber aufsteigend werden sie befehlend (*Komm her!*). Lange Töne, die weicher klingen, sind beruhigend, wenn sie fallen (*So ja, so ja!*), sind sie dagegen aufsteigend, werden sie ermunternd (*Das machst du toll!*). Das Gefühl wird vom Tonfall getragen, und das kann sogar die ansprechen, die gar keine Worte verstehen. Erinnert der Rhythmus vielleicht auch unbewusst daran, wie die Herzschläge der Mutter in der Gebärmutter klangen? War sie ruhig, waren die Herzschläge langsam, und wenn sie erregt oder angespannt war, wurden sie schnell.

***

Aristoteles wollte die Welt der Vögel wirklich verstehen. Während sein Schüler Theophrast sich in Majoran und Lilien versenkte, ging er selbst einhundertvierzig Vogelarten durch, von der Form und Funktion der Schnäbel bis zu den Farbnuancen des Eis und des Eigelbs. Aber vor allem wollte er das Leben der Vögel ergründen. So versuchte er als Erster, ihren jährlichen Vogelzug zu erklären, und begriff verblüffend viel vom Vogelgesang.

So stellte er beispielsweise fest, dass diese Fertigkeit nicht bereits im Ei angelegt war, sondern erst erlernt werden musste. Das hat sich inzwischen bestätigt. Während die Küken im Nest ihrem singenden Vater lauschen, erblühen in ihren Gehirnen ganze Netzwerke von Nervenzellen. Haben sie keinen Lehrer, lässt sich ihr Gesang nicht wiedererkennen. Die Melodien müssen zudem Tausende Male geübt und dabei mit der Erinnerung an den Gesang des Vaters verglichen werden. Trotzdem kann das Ergebnis kleine individuelle Züge enthalten.

Auch Menschen haben Jungvögeln das Singen beigebracht. Im neunzehnten Jahrhundert stahlen deutsche Waldhüter Küken aus den Nestern von Dompfaffen und flöteten beharrlich Melodien, während sie die Küken fütterten. Und seltsamerweise griffen die Küken die geflöteten Strophen auf, obwohl es sich bei ihnen um Fragmente aus Volksliedern oder einem klassischen Musikstück handeln mochte, und obwohl Dompfaffen eigentlich keine großen Sänger sind. Stare waren noch besser darin, Melodien nachzuahmen, so besaß etwa Mozart seinerzeit einen zahmen Star, der gelernt hatte, ein kleines Thema aus einer seiner Klaviersonaten zu pfeifen.

Aber die besten Imitatoren sind natürlich Papageien. Wildlebend sind sie sehr gesellig und mitteilsam, und unter Menschen können sie sowohl Melodien und Musikinstrumente als auch Tonfälle und Sätze nachahmen. Aristoteles schien tatsächlich ein wenig mit ihnen kommuniziert zu haben, denn er wies darauf hin, dass sie von Alkohol ungewöhnlich schnippisch wurden. Hatte er sich auf Lesbos ein Glas Retsina mit einem Papagei geteilt? Auch wenn es zu keinem Gedankenaustausch wie in der Athener Akademie kam, hatte er doch ein Ohr dafür, dass andere Arten ebenfalls Sprachen haben konnten. Auch darin war er seiner Zeit voraus.

Am deutlichsten ausgeprägt ist die Sprachbegabung übrigens bei Graupapageien, denn einer von ihnen hat laut *Guiness Buch der Rekorde* bis zu achthundert Wörter beherrscht. Am berühmtesten wurde jedoch der Graupapagei, der den Namen Alex erhielt. Die Forscherin Irene Pepperberg hatte ihm aus einem ganz besonderen Grund ein elementares Englisch beigebracht. Sie wollte zeigen, dass Vögel abstrakte Begriffe und komplexe Fragen verstanden.

Da Vögel keine Lippen haben, fiel es Alex schwer, »p« auszusprechen, aber mit der Zeit bewältigte er etwa hundert Wörter und konnte mit ihrer Hilfe getestet werden. Es bereitete ihm keine Probleme, fünfzig Gegenstände, sieben Farben, fünf Formen und verschiedene Materialien zu identifizieren. Zahlen verstand er bis sechs, außerdem »null« oder »nichts«. Er konnte Begriffe wie »größer« und »kleiner«, »das Gleiche wie« und »verschieden« unterscheiden. Er drückte auch Gefühle aus, und wenn er etwas nicht wollte, kam ein entschiedenes »nein«. Wünschte er sich etwas, konnte er Worte auf eigene, kreative Weise benutzen. »Apfel« nannte er *banerry*, denn er schmeckte wie eine Banane und sah aus wie eine Kirsche, auf Englisch *cherry*. Für eine Torte erfand er das Wort *jummy-bread*, Lecker-Brot.

Er hatte die Worte gelernt, indem er zwei Forschungsassistenten beobachtete, die vor ihm saßen und einander um verschiedene Gegenstände baten. Damit er sich leichter mit ihnen identifizieren konnte, nahmen sie vogelartige Positionen ein, aber Alex griff zusätzlich die internen Bemerkungen der Forscher auf und benutzte sie korrekt. Obwohl menschliche Wörter nicht die Spezialität von Vögeln sind, gewährten sie einen Einblick in Alex' aufmerksames Gehirn. Er bewies, dass Vögel sowohl Begriffe als auch komplexe Fragen verstehen konnten.

***

Es war offensichtlich, dass einem in der mentalen Welt der Vögel eine Menge entgangen war. Man hatte ihre Intelligenz genauso unterschätzt wie ihre Fähigkeit zur Kommunikation. Nicht genug damit, dass viele ihrer Töne unserem Gehör entgehen. Auch die Anordnung der Töne scheint bedeutsam zu sein. Amerikanische Schwarzkopfmeisen können sechs Töne auf unterschiedliche Weise kombinieren, ähnlich wie Silben zu unterschiedlichen Wörtern kombiniert werden.

Ließ sich der Vogelgesang also mit unserem Sprechen vergleichen? Der Gedanke war Aristoteles und Darwin nicht fremd. Und es stellte sich heraus, dass es tatsächlich einen Zusammenhang gab, auch wenn er sich im tiefsten Inneren des Vogelgehirns verborgen hatte. Als Forscher noch besessen davon waren, Schädel zu vermessen, landeten Vögel weit unten auf der Intelligenzskala. Als man sich dagegen in die Nervenzellen des Gehirns vertiefte, stellte man fest, dass sie bei den Vögeln und uns Menschen auf ähnliche Weise verbunden waren und das Lernen darüber hinaus in ungefähr den gleichen Gehirnregionen geschah. Der Unterschied bestand darin, dass die Neuronen der Vögel eng und mit schnellen Verbindungen zusammengedrängt lagen, weil es weniger Platz für das Gehirn gab.

Damit nicht genug. Hinter den Ähnlichkeiten fand man auch gemeinsame Erbanlagen. 1998 wurde ein Gen entdeckt, das den komplizierten Namen *Forkhead box protein P2* erhielt, meistens abgekürzt zu FOXP2. Im Allgemeinen sprach man jedoch vom Sprachgen, weil Mutationen zu Sprachstörungen und vielleicht auch zu Autismus führen konnten. Doch dieses Sprachgen war nicht allein uns vorbehalten. Man fand es auch in anderen Tieren, bei denen Mutationen mit ähnlichen Problemen einhergingen wie bei uns, so führten sie bei Vögeln zu Stottern oder zu Schwierigkeiten bei der Imitation.

Hoch über mir sang in einer Kiefer eine Amsel ohne den kleinsten Anflug eines Stotterns. Die Neuronen verbanden sich blitzschnell, und wenn der Gesang eine Sprache war, musste die Amsel ein linguistisches Genie sein. Generell war sie sicherlich nicht schlauer als die monotone Taube oder die unartikulierte Krähe, denn es gibt auch eine stille Intelligenz, und Sprachen gibt es in unzähligen Varianten. Aber vielleicht ist der Vogelgesang die schönste unter ihnen. Weil er im Frühling beginnt und danach verstummt, ist ihm die Intensität des Flüchtigen eigen. Genau wie unsere Lieder handelt er wohl von der immer gleichen alten Liebe, und dennoch gelingt es allen Vögeln, ihre Version ein wenig persönlich zu machen, so wie das Leben und die Poesie ihre uralten Themen weiterspinnen.

***

Es waren gar nicht so viele Zugvögel, die ich willkommen heißen durfte, denn auf meinem Grundstück schienen die meisten Vögel überwintert zu haben. Aber am Ende kamen immerhin die Blechtonnen, die das Regenwasser vom Dach sammeln sollten. Nachdem sie lärmend zur Hausecke gerollt worden waren, lud ich den Verkäufer zu einem Einweihungskaffee ein, und als ich ihm für den Transport dankte, erzählte er mir, dass die Tonnen weit gereist waren. Früher hatten sie Saft aus einem exotischen Land in den Hafen von Rotterdam gebracht, und von dort hatten sie ihre Reise zu einem Großhändler im südschwedischen Småland fortgesetzt. In Gedanken assoziierte ich ihre Reise mit den Flügen der Zugvögel. Sie waren der leuchtenden Sonne gefolgt, und die Tonnen hatten die Gesellschaft eines gelben Saftes gehabt. Als in der Ferne, vom Sund her, einige Möwen zu hören waren, meinte ich sogar, die Hafenatmosphäre bei der Zwischenlandung der Tonnen zu spüren.

In dieser Stimmung wollte ich etwas essen, als ich wieder allein war. Während ein Fischgratin, das ich mitgebracht hatte, erwärmt wurde, wischte ich den geerbten Gartentisch ab. Ein Vogel ohne Sinn für Tischmanieren hatte dort kürzlich seine Visitenkarte hinterlassen, so dass ich auch eine Decke auflegte, bevor ich das Gratin daraufstellte. Es duftete verführerisch, und um das Ganze perfekt zu machen, fehlte nur noch ein kaltes Bier. Es zu holen, dauerte eine halbe Minute, was einem aufmerksamen Vogel reichte. Als ich wieder hinauskam, stand mitten im Gratin eine Sturmmöwe.

Es war eine blitzschnelle Attacke aus heiterem Himmel. Jedenfalls hatte ich keine Möwen gesehen, aber den Fischgeruch hatten sie offenbar noch draußen am Sund wahrgenommen. Jetzt hob die Möwe zufrieden und mit Sauce an den Füßen ab. Die Fischfilets hatte sie bereits verspeist.

Als Kind liebte ich Möwen wegen ihres schwebenden Flugs über dem Meer. Damals wusste ich nicht besonders viel über sie und teilte meine naive Liebe wahrscheinlich mit vielen, denn in den siebziger Jahren verkaufte sich die Geschichte von der Möwe Jonathan eine Million Mal und wurde verfilmt. Das Buch handelte von einem philosophischen Flugkünstler, der sich einsam hoch oben über den materiellen Streitigkeiten der Gruppe bewegte. Mit wirklichen Möwen hatte er nicht viel gemeinsam, da diese sehr gesellig sind. Als der Zoologe Niko Tinbergen sie in den fünfziger Jahren studierte, entstand vor seinen Augen eine ganze Gesellschaft. Alle Bewegungen des Körpers und alle Laute der Stimme erzählten von Futter und Gefahren, Wut und Unterwerfung, Zusammenarbeit und Paarbildung, Jungvögeln und geeigneten Nistplätzen.

Wie so viele Vögel zieht es auch die Möwe heute zu bebauten Gegenden, wo ihr Mülldeponien und Gaststätten immer etwas zu fressen bieten. Hausdächer sind sicherere Wohnorte als Küstenstriche, so dass ich von meiner Wohnung in Stockholm aus sämtliche Geschicke einer Möwenfamilie auf dem Nachbardach verfolgen konnte. Ich sah, wie die Jüngsten fliegen lernten, und als ein Jungvogel herabfiel, stürzte die Möwenmutter auf alle herab, die sich ihm auf dem Bürgersteig näherten.

Ebenso leicht, wie Möwen sich in der Luft bewegen, bewegen sie sich auch in den unterschiedlichen Lebenswelten. Sie können sowohl Salz- als auch Süßwasser trinken, und ihr Speiseplan erstreckt sich von Fischen über kleine Nager bis hin zu allem Essbaren, was Menschen um sich verstreuen. Außerdem sind sie erfinderisch und locken beispielsweise Würmer aus der Erde, indem sie eifrig trampelnd das Geräusch von Regen imitieren. Man hat sogar beobachtet, wie sie die Goldfische in Teichen anlocken, indem sie Brotstücke im Schnabel halten. Für eine aufgeweckte Möwe gibt es tausend Möglichkeiten für eine Mahlzeit. Und warum sollte sie einen Unterschied zwischen den Fischen im Wasser und einem industriell produzierten Fischauflauf machen? Mir war immerhin noch das Bier geblieben, und das konnte mit einem belegten Brot ergänzt werden.

Der Abend war noch immer hell. Über mir verwandelte die Amsel die Luft in Lieder mit endlosen Variationen, denn im Himmel gibt es keine Grenzen. Hoch über der Erde ist er voller Leben, und während mein Abendessen halb verdaut zwischen schwebenden Flügeln lag, spürte ich, dass ich die Luft in jedem Atemzug mit Tausenden anderen teilte.

Ja, auch mit dem Eichhörnchen, das gerade über das Dach hüpfte, auf dem es neulich eine solche Szene gemacht hatte. Jetzt machte es wieder einen zufriedenen

Eindruck, und das freute mich. Aber es war seltsam, dass es so plötzlich vom Dach verschwand. Als ich zum Haus ging, hatte ich das Gefühl, etwas aufs Neue zu erleben. Das Dach war leer, und das neue Netz, das die Schreiner zwischen Dach und Wand montiert hatten, war frühlingshaft grün und frisch. Aber es gab darin ein vertrautes Muster. In der Ecke, wo das Eichhörnchen seinen alten Eingang gehabt hatte, war gerade ein neues Loch genagt worden.

Flügelsurren an der Tür

Das Frühjahr war nicht nur für die Vögel eine arbeitsame Zeit. Bevor es Sommer wurde, hatten die Handwerker und ich einiges zu tun im Haus, so dass ich immer öfter hinfuhr. Davon fühlte das Eichhörnchen sich so sehr gestört, dass es sich im Haus nicht mehr wohlfühlte, was mir ehrlich gesagt ganz recht war. Doch es gefiel mir auch, zu einer Zeit in mein Haus und auf meinen Grund zu kommen, in der das Jahr sich fürs Leben öffnete. Die Vögel sangen, und während die Knospen anschwollen, erwachten die Insekten. Das Licht in den kleinen Flügeln war nicht grandios oder besonders auffällig, aber dennoch intensiv.

Schon im März taumelte eine schlaftrunkene Fliege an einem der Fenster umher. Als ich sie hinauswedelte, dachte ich an die großen Mengen von Insekten, die eine Kohlmeisenfamilie benötigte. Fand die Fliege einen Partner, bevor sie gefressen wurde, konnten daraus innerhalb eines Monats hunderttausend neue Fliegen werden, also raus mit ihr zu Paarungsabenteuern!

Etwas später musste ich einem frisch erwachten Zitronenfalter aus dem Regenmesser helfen. Es war ein sonnengelbes Männchen, das es wohl eilig hatte, aus seinem Winterlager zu kommen, um bereit zu sein, wenn die Weibchen aufwachten. Frühlingsgefühle schienen sich nicht nur bei den Vögeln bemerkbar zu machen. Auch Schmetterlinge haben Herzen, die beim Duft einer möglichen Partnerin schneller schlagen, und bei Zitronenfaltern schien mir das Begehren besonders ausgeprägt zu sein. Ihre Paarung kann bis zu einer Woche währen, weil das Männchen seinem Weibchen wirklich alles geben will, auch Nährstoffe und Hormone, die das Tempo ihrer Eiablage erhöhen. Vielleicht würde man also bald auf ausgewählten Blättern ihre kleinen Eier sehen dürfen.

Bis ich begriff, dass durstige Insekten eine flache Schale mit Wasser benötigen, wurde der schmale Regenmesser unbeabsichtigt zu einer Insektenfalle. Das nächste Bad darin nahm eine große Hummel. Sie war so zerzaust und müde, als ich sie herausfischte, dass ich ins Haus ging, um einen Löffel Zuckerwasser zu holen. Mein Rettungseinsatz wurde sichtlich geschätzt. Während sie ihren rüsselähnlichen Mund in den Löffel tauchte, schien ihre missmutige Haltung von ihr abzufallen. Der Pelz wurde mit akrobatischem Beistand der Beine aufgeplustert, und als er anfing, in der Sonne zu leuchten, bekam ich Lust, ihn mit dem Finger zu streicheln.

Ich wusste, wie weich ein Hummelpelz sein kann, denn ich hatte ihn auf meiner Haut gespürt. Während einer hochsommerlich heißen Busfahrt hatte mich einmal hartnäckig eine Hummel umschwärmt. Möglicherweise hatte ich ein blütenträchtiges Parfüm aufgelegt, aber sie machte mir derart aufdringlich den Hof, dass ein Mann auf dem Nebensitz sie ritterlich verscheuchen wollte. Stattdessen gelang es ihm, sie in meinen Ausschnitt zu wedeln. Die Hummel von dort zu entfernen, wäre nicht ritterlich gewesen, deshalb durfte sie bleiben.

Wo sie umherkrabbelte, kitzelte es sanft. Sie stach mich nicht, weil ich vorgebeugt saß, so dass sie nicht eingeklemmt wurde, und vielleicht war sie außerdem ein Männchen. Weil sich der Stachel aus einer Legeröhre entwickelt, gibt es ihn nur bei Weibchen, die ihn aber auch nicht ohne Not einsetzen. Sie heben lieber zunächst ein warnendes Bein oder stoßen einen unangenehmen Buttersäureduft aus.

Diese Hummel fand sich mit meiner Gesellschaft ab, also musste ich das ebenfalls tun. Ich hätte anders reagiert, wenn es sich um einen Ohrenkneifer gehandelt hätte. Das war ungerecht, aber das Insektenskelett sitzt außen am Körper, und nackte Skelette erwecken unschöne Assoziationen. Wenn sie bunte Deckflügel haben wie Marienkäfer oder behaart sind wie Hummeln, ist das etwas anderes. Und Hummeln sind wirklich zottelig – amerikanische Forscher sagen, sie hätten bis zu drei Millionen kleine dünne Härchen gezählt, was genauso viele sind wie bei einem Eichhörnchen. Das schienen mir unwahrscheinlich viele zu sein, aber ich spürte sie jedenfalls dicht an mir in vertrauensvoller Samtigkeit. Im Laufe der langen Fahrt, während der die Hummel auf meiner Haut ruhte, beschloss ich, alles über meinen Reisegefährten herauszufinden.

***

Mein amateurhaftes Interesse an Biologie hatte sich mit der Zeit verändert. Als Kind faszinierten mich exotische Säugetiere wie das scheue Okapi. Es ist eine merkwürdige Mischung aus Giraffe, Zebra und Antilope, und passenderweise gibt es darüber hinaus eine Ähnlichkeit mit dem Chamäleon: Seine Augen können sich unabhängig voneinander bewegen. Dieses lebende Fabelwesen war der Wissenschaft bis ins neunzehnte Jahrhundert hinein unbekannt, da es sich in den Urwäldern des Kongo verbarg.

Irgendwann erkannte ich jedoch, dass die Abenteuer nicht weit entfernt sein mussten. Es gab sie auch nicht ausschließlich bei den Säugetieren, auch wenn man sich mit ihnen am leichtesten identifizieren konnte. Eine andere Tiergruppe war die größte und erste, und über sie zu lesen, war reine Science-Fiction.

Da gab es Wesen, die fünftausend Augen, das Gehör in der Kniebeuge, den Geschmackssinn in den Füßen und einen dreidimensionalen Geruchssinn hatten. Ihre Sprache konnte aus Chemie oder Vibrationen bestehen und wirklich ausgefeilt sein. Schon vor zweihundert Millionen Jahren hatten sie einer hochstehenden Tiergruppe angehört, die im Laufe der Zeit äußerst erfolgreich geworden war. Heute betrug ihr Gewicht insgesamt dreimal mehr als die Summe aller Säugetiere, Fische, Reptilien und Vögel zusammen. Sie umfasste außerdem mehr Arten als alle anderen Tiere zusammen, und was die Zahl der Individuen betraf, so waren sie buchstäblich hundert Millionen Mal mehr als alle Menschen.

Kurzum, Insekten sind Tiere in der Normalgröße des Lebens.

Sie hatten den Luftraum erobert, lange bevor ein paar kleine Dinosaurier ihre neuen Flügel erprobten. Libellen flogen bereits vor dreihundert Millionen Jahren und das älteste Schmetterlingsfossil, das man gefunden hat, ist zweihundertfünfzig Millionen Jahre alt. Da Insekten klein und zahlreich sind, schnell wachsen und sich frühzeitig paaren, gelingt es ihnen rasch, viele Variationen hervorzubringen, und weil sie mit weniger Nahrung auskommen, haben sie die Katastrophen auf der Erde besser gemeistert als andere. Während die großen Dinosaurier untergingen, erholten sich Bienen, Ameisen, Käfer, Heuschrecken und Läuse relativ schnell. Gleichzeitig wurden andere Arten abhängig von ihnen, nicht zuletzt die Vögel, die sich aus den Dinosauriern entwickelten, und die Blumen, die aus den Samen der verbrannten Erde sprossen. Am Ende waren die Insekten so mit der Lebensumwelt der Erde verwoben, dass diese nicht mehr ohne sie auskäme.

Leider haben sie bei uns einen ziemlich schlechten Ruf. Sie wirken so anders, und es ist nicht leicht, sich auf die Perspektive flüchtiger, winziger Lebewesen herabzulassen. Und von denen, die einem wirklich nahe kommen, zum Beispiel Mücken und Läuse, will man erst recht nichts wissen. Insekten sind deshalb zu einer Welt für passionierte Experten geworden. Ich selbst gehöre nicht zu ihnen, lausche jedoch gern den Menschen, die ihren Enthusiasmus vermitteln wollen. Und ich habe begriffen, dass es letztlich den Insekten zu verdanken ist, dass der Frühling mit Vogelgesang und Blumen gefüllt werden kann.

* * *

Vorerst war die Erde vor allem von altem Laub und Ästen bedeckt, die bei den Frühjahrsstürmen herabgefallen waren. Damit die Vegetation gedeihen konnte, würde man auf dem Grundstück ein wenig roden müssen. Im Schuppen gab es zurückgelassene Werkzeuge für jede Jahreszeit, von Astscheren bis hin zu einem Eisbohrer, so dass ich diese Schätze nun sichten und bei der Gelegenheit einen Rechen heraussuchen konnte.

Dabei entdeckte ich allerdings auch etwas von ganz anderer Art. Neben einem Vorschlaghammer lagen einige verlassene Wespennester. Als ich sie aufhob, waren sie so leicht, dass sie aus Staub und hauchdünnen Flügeln hätten gefertigt sein können, obwohl sie einer immer größer werdenden Familie Platz hatten bieten müssen. Wie konnten derart schwerelose Nester so stabil sein?

Um mir die Konstruktion näher anzuschauen, brachte ich sie ins Haus, das im Übrigen seinen Beitrag zum Baumaterial geleistet haben dürfte. Vielleicht war es an der Tür in der südlichen Wand zusammengekaut worden, von der die Farbe abblätterte. Allerdings konnte das im Grunde nicht als Beschädigung gesehen werden, denn der Materialverbrauch war minimal und das Ergebnis ein Meisterwerk. Man merkte durchaus, dass Wespen die ersten Papierproduzenten der Erde waren. Hier hatten sie das dünnste Papier hergestellt, das ich jemals gesehen hatte, gewölbt wie für runde Laternen. Behutsam legte ich die Nester auf den Küchentisch und entfernte die äußere Schicht. Im Inneren des Globus hing ein fein geschreinerter Plafond voller sechseckiger Zellen. Manche waren leer, aber in anderen ruhten noch tote Wespenkinder. Sie alle hätten als Erwachsene persönlich wiedererkennbare Züge bekommen und wären alle mit dem Talent geboren worden, Papier herzustellen, das sie mit eigenem Leben füllten. War das nicht eine Art Poesie?

Die halb erwachsenen Wespen sahen so unschuldig und jung aus, wie sie da in den Zellen nebeneinanderlagen. Konnten sie die Enkelkinder meiner Schwester in die Sache mit den Blumen und den Bienen einweihen? Auch wenn sie selbst nicht direkt damit zu tun hatten, gehörten sie zur langen Ahnenreihe. Denn vor ungefähr einhundertvierzig Millionen Jahren waren es einige ihrer insektenfressenden Vorfahren leid, fliegende Beute zu jagen, und beschafften sich das benötigte Protein stattdessen durch Pollen. Und das sollte sowohl sie als auch die Blumen verwandeln.

Verwurzelte Pflanzen mussten ihre Erotik ja mit Hilfe von Boten regeln, und bis dahin hatte der Wind Blütenstaub zu weiblichen Stempeln getragen. Der aber war unberechenbar und ausschweifend, und damit etwas ankam, waren gewaltige Mengen von Pollen erforderlich. Pollen sammelnde Insekten waren wesentlich bessere Postboten. Da es schwierig sein konnte, die Blüten unter all den Dinosauriern zu finden, begannen Magnolien und Seerosen zu helfen, indem sie sich in Röcke aus Blütenblättern kleideten. Andere Blumen folgten, und gleichzeitig erhöhten sie ihre Anziehungskraft durch unwiderstehlichen Nektar.

Daraufhin passierte auch etwas mit den frischgebackenen Vegetariern der Wespenvorfahren. Oberlippe und Unterkiefer wurden zu einem Saugrohr umgebildet, das den Nektar leichter aufnehmen konnte, und auf diese Weise verwandelten sie sich in Bienen. Anschließend sollten Blumen und Bienen einhundertdreißig Millionen Jahre lang tastend versuchen, gegenseitig ihre Bedürfnisse zu befriedigen, die Blumen mit ihrer Süße und die Bienen mit ihrem Flug. Ich fand, dass dies Liebe glich, und es erschuf jedenfalls den Garten Eden, in dem später wir entstanden.

Der Beitrag der Wespen zu diesem Garten Eden war vielleicht weniger greifbar, aber ohne sie hätte es möglicherweise überhaupt keine Bienen gegeben. Da Wespen ebenfalls Nektar mögen, tragen sie mit zur Bestäubung bei, außerdem füttern sie ihre Larven mit Insekten, die für uns Schädlinge sind. Ihr Gift scheint sogar weniger stark zu sein als das der Bienen. Warum sind sie also nie beliebt gewesen? Lag es daran, dass sie weniger Haare hatten?

Vieles im Leben kann an einem Haar hängen, was insbesondere für Bienen gilt, da die Pollen in den Haaren aufgefangen werden. Außerdem tragen sie auf hübsche Weise zum Zusammenspiel mit den Blumen bei. Während des Flugs erhält jedes verzweigte Haar eine positive elektrische Ladung, während die Blumen auf der Erde schwach negativ geladen sind. Zwischen ihnen entsteht somit ein kleines Kraftfeld, das ihre Begegnung verdichtet. Zwischen ihnen funkt es im wahrsten Sinne des Wortes.

Dass die Haare auch wärmen, gereichte Honigbienen in tropischem Klima nicht zum Vorteil, aber bei Hummeln sah das anders aus. Als sie sich vor vierzig Millionen Jahren in der Himalaya-Region entwickelten, sanken die Temperaturen drastisch, so dass man einen Pelz gut gebrauchen konnte. Dank ihm wurden Hummeln so widerstandsfähig, dass sie bis heute an Gletschern zu sehen sind. Und während Honigbienen bei Temperaturen unter sechzehn Grad am liebsten drinnen bleiben, fliegen Hummeln schon bei wenigen Plusgraden. Eine Hummelkönigin kann sogar im Erdreich unter dem Schnee überwintern, was sie ihrem Pelz und dem Glycerin in ihrem Blut zu verdanken hat, mit dessen Hilfe es nicht zu Eis gefriert.

Sie gräbt sich in der Regel in einen nördlichen Hang ein, damit sie nicht zu früh erwacht. Wenn die Frühlingssonne auch die Erde an der Nordseite erwärmt, wachsen nämlich bereits einige Blumen. Das erste Frühstück des Jahres wird traditionell in einigen Sal-Weiden eingenommen, deren wollige Blüten eine gewisse Ähnlichkeit mit der Hummel aufweisen. Die weibliche Blüte gibt energiereichen Nektar, und die männliche Blüte liefert nährende Pollen, was auch notwendig ist, wenn sich die Eier, die sie nach der Paarung im Vorjahr in sich trägt, entwickeln sollen. Aber vorher muss sie ein sicheres Nest für sie finden.

* * *

Mir war natürlich nicht entgangen, dass Hummelköniginnen schon erwacht waren. Nach der Begegnung mit dem Exemplar, das in den Regenmesser geraten war, sah ich mehrere Hummeln, die sich spähend auf dem Grundstück bewegten und mit Sicherheit auf der Suche nach einem Nest waren.

Es zog sie zu unterschiedlichen Gebieten. Eine Erdhummel träumt von einem leeren Mäusenest mit übrig gebliebener Grasisolierung, und wenn sie eines findet, ist sie bereit, es mit einer eventuell verbliebenen Maus aufzunehmen. Eine Baumhummel sucht sich dagegen höher gelegene Behausungen, zum Beispiel eine alte Hauswand mit luftiger Isolierung.

In der Tat. Als ich einige vertrocknete Stängel Zitronenmelisse an der Hausecke abschnitt, war neben mir ein Summen zu hören. Dann wurde es still. Zwei Minuten später war es wieder da, und eine Hummel tauchte an der Unterkante der Wand auf. Sie war ein wenig rötlich, genau wie die Hummel, die ich aus dem Regenmesser gerettet hatte, so dass es sich um dasselbe Exemplar handeln mochte.

Erinnerte sie sich an mich? Erstaunlicherweise können Hummeln einen Menschen wiedererkennen. Oder kam ihr der Ort vage bekannt vor? Weil es eine Baumhummel war, konnte sie im Prinzip im Vorjahr dort geboren worden sein. Nun krabbelte sie von Neuem unter die Bretterverkleidung der Wand, um dort eine Weile zu bleiben. Das geschah gleich neben einer Bank, auf der ich mit meinen Papieren sitzen wollte, denn während des Sommerhalbjahrs arbeite ich mit Vorliebe draußen. Das Licht lädt mich auf wie eine Solarzellenlampe, während die Insekten wie ein Dynamo surren. Wenn die Hummel beabsichtigte, ihre Wohnung an der Hausecke zu beziehen, konnten wir uns still und leise Gesellschaft leisten.

Jedenfalls würde sie offensichtlich Wand an Wand mit meiner Familie leben, so dass es ein gutes Gefühl war, etwas über sie zu wissen. Den Forschern, die das Verhalten von Hummeln untersucht hatten, war ich jetzt doppelt dankbar. Der enthusiastische Dave Goulson hatte sie sogar mit winzigen Sendern ausgestattet, die genau registrierten, was in ihren Nestern passierte. Dadurch hatte ich eine Ahnung davon, wie das Leben in der Wand während des Frühjahrs aussehen würde.

Im Unterschied zu gewissen Eichhörnchen braucht eine Hummel nicht viel Platz. Eine Handvoll Isoliermaterial reicht. Der einzige Hausrat besteht aus kleinen Krügen, die sie aus Wachs von einer Bauchdrüse fertigt. Nachdem sie diese mit ihren Kiefern und Vorderbeinen modelliert hat, füllt sie sie Schicht für Schicht mit der Ernte von verschiedenen Blumen. Ein Krug enthält Nektar – gut zu gebrauchen an Tagen, an denen sie nicht ausfliegen kann. In die anderen Krüge werden Pollen, verknetet mit Nektar, gestopft, und darüber werden einige der vielen Eier gelegt, die sie im Körper trägt. Wenn sie die Krüge kontrolliert und verschlossen hat, legt sie sich selbst darauf wie ein brütender Vogel.

Am Bauch ist ihre Behaarung dünn, damit er wie der Brutfleck von Vögeln einen engen Kontakt zu den Eiern bekommt. Sie benötigen eine Wärme von dreißig Grad, und sie hat ein Gespür für die Temperatur. Sollte der Pelz nicht ausreichen, erhöht sie die Körperwärme, indem sie ihre Flügelmuskeln vibrieren lässt. Das erhöht die Temperatur, auch wenn sie fliegt, sie ist im Prinzip also warmblütig.

Nach einigen Tagen des Brütens schlüpfen Larven aus den Eiern, und nachdem sie sich am Pollenvorrat der Wachskrüge satt gegessen haben, spinnen sie sich in Kokons ein, in denen sie sich im Laufe von zwei Wochen in blasse Hummeln verwandeln. Sobald sie sich aus dem Kokon gekämpft haben, krabbeln sie zum Nektarkrug des

Nests, um Energie zu schöpfen, und danach geht es weiter zur warmen Hummelmutter, wo sie ihre schlaffen Flügel trocknen. Die ersten Hummelkinder sind wenige, und sie sind klein, weil die Vorräte noch minimal sind, aber die Hummelmutter benötigt schnell Gehilfen. Ab jetzt wird sie nur noch Eier legen, so dass innerhalb weniger Wochen hunderte Hummelkinder gezählt werden können.

***

Auch ich musste für eine Familie planen, denn obwohl man sich im Sommerhaus abwechseln konnte, musste es zwei Generationen Platz bieten. Die Etagenbetten wurden deshalb um eine Bettcouch ergänzt, die ein Schreiner aufbaute, und ich selbst sammelte Äste, um damit kleine Barrieren vor den steil abschüssigen Partien des Grundstücks zu errichten. Sie würden die Jüngsten hoffentlich von gefährlichen Spontanausflügen abhalten.

Die Hummelkinder in der Wand würden dagegen vollkommen ungeschützt sein, sobald sie das Nest verließen. Sie mussten ein paar Tage darin bleiben, um sich um neue Puppen zu kümmern und den Eingang zu bewachen, aber danach mussten sie unerbittlich hinaus und Nahrung beschaffen. Für eine junge Hummel war das eine gigantische Aufgabe. Da draußen warteten Kohlmeisen, die gelernt hatten, Hummelstacheln an Ästen abzuschrubben, und die Blumen, die sie besuchen sollten, waren im Frühjahr noch spärlich gesät. Bei trockenem Wetter lieferten sie unter Umständen auch nur wenig Nektar, und sie überhaupt zu finden, war ein Kapitel für sich.

Der erste Flug muss mit kleinen orientierenden Kreisen rund um das Nest eingeleitet werden. So prägen sie sich sorgfältig alle Kennzeichen in der Umgebung ein, damit sie später wieder zurück nach Hause finden. Wird in der Nähe des Nests etwas verändert, sind sie verblüfft. Stellt man beispielsweise einen Stuhl dorthin, müssen sie neue Sondierungsflüge unternehmen, um ihre innere Karte anzupassen, und wenn der Stuhl danach wieder weggenommen wird, sind sie aufs Neue verwirrt und müssen die ganze Prozedur wiederholen. Ich musste also daran denken, an der Hausecke nicht allzu viel umzumöblieren.

Überhaupt achten Hummeln auf alles. Es ist für sie am besten, wenn sie Pollen verschiedener Blumenarten einsammeln, damit die Larven im Nest mit einem abwechslungsreichen Speiseplan versorgt werden, und es gilt, den Weg zu diesen und wieder zurück zu finden. Die tausenden Facetten in ihren Augen haben leicht unterschiedliche Bildwinkel, so dass sie während des Flugs zusammengenommen Entfernung, Geschwindigkeit und Route vermitteln. Gleichzeitig liefern Straßen, Wasserläufe und Felder Orientierungspunkte. Unablässig nehmen die Fühler das elektromagnetische Feld der Erde wahr und reagieren auf jede kleinste Veränderung von Feuchtigkeit, Temperatur und Wind. Außerdem fangen sie alle Düfte auf und spüren, ob sie von rechts oder links kommen. Wenn der Moment gekommen ist, millimetergenau in einer Blüte zu landen, registrieren die Fühler stattdessen das Oberflächenmuster der Blütenblätter.

Wie kann man Hummeln nur als ruhige Lebenskünstler sehen? Sind sie doch effektive Superpiloten mit Navigationsraffinessen, über die nicht einmal ein modernes Flugzeug verfügt. Dank dieser können sie auch bei starkem Seitenwind einen geraden Kurs mit fünfundzwanzig Stundenkilometern halten. Außerdem sind sie die fleißigsten aller Bienen und bringen es auf sieben Flüge am Tag mit vierhundert Blüten bei jeder Runde. Da sie auch in den kühlen Morgen- und Abendstunden fliegen, kommen sie auf achtzehn Arbeitsstunden pro Tag.

Ihre Effektivität basiert auf bewährten Methoden. Sie erinnern sich an die Lage eines halben Dutzends verschiedener Pflanzensorten und an die Zeit, in der die Blüten den meisten Nektar abgeben. Deshalb legen sie ihre Besuche genau dahin und verbinden ihre Lieblingsstellen rationell miteinander. Sollte ein anderer gerade eine Blume besucht haben, fliegen sie vorbei, sobald sie Spuren davon spüren. Jede Landung erfolgt nach dem gleichen Muster. Der Nektar wird in einen besonderen Körperbehälter gesaugt, und der Pollenstaub im Haarkleid wird von Zeit zu Zeit zu den Pollenhöschen an den Hinterbeinen gekämmt. Es ist wichtig, dass der Inhalt gleichmäßig verteilt wird, damit sie nicht im Kreis fliegen, denn die Ladungen entsprechen annähernd ihrem eigenen Körpergewicht.

Erst wenn das Tageslicht schwindet, beenden sie ihren Arbeitstag. Schon als sie am Morgen das Nest verließen, lasen die drei Punktaugen des Scheitels mit Hilfe der Lichtintensität die Position der Sonne ab, und bei der Heimreise wird diese nun erneut kontrolliert. So wissen sie, wie viel Zeit vergangen ist und welchen Winkel sie jetzt zur Sonne haben sollen. Es ist sogar vorgekommen, dass eine Hummel zehn Kilometer vom Nest entfernt den

Weg nach Hause gefunden hat, auch wenn ihre Rückreise zwei Tage gedauert hat. Im Verhältnis zu ihrer Körpergröße entspricht das einer menschlichen Hin- und Rückreise zum Mond.

Aber woher kommt dann die eigentümliche Behauptung, Hummeln könnten eigentlich gar nicht fliegen? Wahrscheinlich weil man sie mit Libellen oder Flugzeugen im Gleitflug vergleicht. Hummelflügel bewegen sich jedoch eher wie Hubschrauberblätter oder Ruder. Wenn die Ränder der Vorderflügel während des Flugs hochgefaltet werden, bildet sich ein Luftwirbel, der die Hummel trägt. Der Nachteil besteht darin, dass die Flügelgeschwindigkeit dabei fast der Drehzahl eines rasenden Motorrads entspricht, es ist mit anderen Worten eine Technik, die viel Energie erfordert. Einen Teil des eingesammelten Nektars müssen sie deshalb häufig schon während der Flugrunde als Treibstoff nutzen, weshalb sie viel Nektar benötigen.

***

Die Blumen rund um das Haus sollten hervorragend für sie geeignet sein, und das wussten sie sicher auch. Sie liebten Heidelbeerblüten, Preiselbeerblüten und Kräuterpflanzen wie Zitronenmelisse – die neben dem Nest der Baumhummel wuchs. Und Löwenzahn. Die Hummeln saßen gern in dem gelben Körbchen, wo die Sonne den Nektar erwärmte, woraufhin ich mich gern neben ihnen niederließ, um ihrem Flügelsurren zu lauschen.

Der ganze Hummelkörper kann zu einem Instrument werden. Dann vibrieren die Flügelmuskeln wie Gitarrensaiten, und bei jedem ihrer Impulse schwingen die Flügel zwanzigmal. Insgesamt ergibt das zweihundert Flügelschläge in der Sekunde. Wenn sich das Flügelsurren mit Vibrationen vom Rückenpanzer und von den Membranen der Atemöffnungen vermischt, hört man einen singenden Ton.

Ich merkte, wie dieser auch einen Rhythmus bekam, der eine Bewegung beschrieb. Der Ton wurde leiser, wenn die Hummel an einer Blüte abbremste, und dann folgte eine kurze Pause am Nektar. Anschließend waren besonders viele Flügelschläge erforderlich, um wieder abzuheben, wodurch der Ton sich erneut veränderte.

Es faszinierte mich, dass die Bewegungen des Lebens Töne erschaffen konnten. Alle Insekten haben ihre Frequenzen, vom Bass der Hummeln bis zum sirrenden Diskant der Mücken. Die Tonhöhe wird von der schwindelerregenden Geschwindigkeit der Flügel bestimmt. Wespenflügel schlagen hundertmal in der Sekunde, Bienen zweihundert Mal, Fliegenflügel schlagen dreihundert und Mückenflügel sechshundert Mal pro Sekunde. Als die Sängerin Gaby Stenberg Insektenlaute aufnahm, kam eine C-Dur-Tonleiter zusammen. Eine Bremse – ein *C.* Eine Wespe – ein *cis* und ein *D.* Eine große Hummel – ein *dis* und ein *E.* Eine Biene – ein *F.* Eine andere Wespe – ein *fis.* Eine kleine Hummel – ein *G,* ein *gis* und ein *A.* Eine Schwebfliege – ein *B* und ein *H.* Eine kleine Biene – ein *C.* Insgesamt entstand ein musikalisches Alphabet aus Flügelschlägen.

Die Hummeln hörten die Flügelmusik besser als ich, obwohl sie keine Ohren haben. Wieder einmal war dies auf die Haare zurückzuführen, denn haarähnliche Organe nahmen noch die kleinsten Vibrationen in der Luft wahr. Mit ihrer Hilfe spüren Insekten weit höhere Tonfrequenzen als wir und können fühlen, wie die Luft vor Bewegungen erbebt. Ja, auch aus Sehnsucht. Durch den Ton ihrer Flügelschläge locken Mückenweibchen Männchen an, zu diesem Zweck haben ihre Flügel sicherheitshalber Klangverstärker. Kein Wunder, dass man sie in der Sommernacht hört. Zumindest für Mückenmännchen ist es eine liebreizende Musik, und sie geben ihren eigenen Flügeltönen sofort die gleiche Frequenz. Ist eine männliche Mücke gleichgestimmt mit einer weiblichen, können sie sich nämlich paaren.

***

Das Geräusch von Hummelflügeln erschien schon bald vertraut, aber Flügelsurren war auch an eher überraschenden Stellen zu hören. Als ich eines Tages im Tischlerschuppen rote Farbe fand, kam mir die Idee, die südliche Wand des Hauses, von der Farbe abblätterte, nachzustreichen. Als ich gerade loslegen wollte, tauchten vor mir ein paar Bienen auf. Ich wich ein wenig zurück, um zu sehen, woher sie kamen, und es zog sie zur Tür, als wollten sie hinein. Merkwürdig. Kurz darauf begriff ich jedoch, dass wir verschiedene Eingänge benutzten. Sie wohnten im Türfutter.

So, so, in dieser Südwand lebten also sowohl Hummeln als auch Bienen. Stand ich im Begriff, eine Art Bienenkorb zu streichen? Ich hatte Fotos von slowenischen Bienenstöcken gesehen, die im Stil alter Bauernschränke bemalt waren. Die Bilder waren farbenprächtig, um durch einen Bienenschwarm hindurch sichtbar zu sein, und stellten häufig Imkerarbeit oder einen biblischen Garten Eden dar. Solche Gemälde konnten gleichzeitig den Besitz zeigen und mit einem Reichtum an Bienen prahlen. Doch das hier war letztlich kein Bienenstock, da die Bewohner des Türfutters Wildbienen waren. Sie wurden Rote Mauerbienen genannt und hatten wie die Baumhummeln ein leicht rötliches Haarkleid. Farblich passten sie also alle zum Haus.

Die Roten Mauerbienen mussten schon seit dem vorigen Sommer dort gewesen sein, als ein einsames Weibchen den Weg in die Wand genommen hatte, um in Frieden Eier zu legen, genau wie die Baumhummel. Aber danach hatte sie ihre Mutterschaft anders ausgeübt. Sie hinterließ sämtliche Eier in separaten Waben, jede mit einem ordentlichen Pollenproviant ausgestattet, der vor allem von Ahornbäumen und Eichen stammte. Dann verschloss sie die Kinderstube und flog davon. Auch wenn sie selbst den Winter nicht überleben würde, konnten ihre Kinder es in der warmen Südwand schaffen, und das hatten sie offensichtlich auch getan. Wie kleine Kommazeichen hatten sie gewartet, während die Monate vergingen, und die Handwerker durch die Tür ein und aus gingen und sie selbst sich mit Hilfe der Vorjahrspollen langsam entwickelten. Für mich fütterten sie das Haus mit einem eigenen Leben.

Es hieß, sie seien eine friedliebende, sogar kinderfreundliche Bienenart, außerdem sind Wildbienen in der Regel weniger aggressiv als Bienen, die einen gemeinsamen Bienenstock verteidigen wollen. Vielleicht waren einige der Bienen im Türfutter schon herausgekommen, als die Sal-Weiden blühten, denn auf mysteriöse Weise waren sie aufeinander abgestimmt. Die Männchen lagen ganz außen, damit sie schnell hinauskamen. Sollte es im nächsten Jahr neue Bienen geben, kam es darauf an, sich möglichst schnell zu paaren. Trotzdem waren sie nicht ungehobelt, denn Wildbienen können sehr einfühlsam miteinander umgehen. Die Männchen streichelten behutsam die Fühler der Weibchen, bis sie ein lebhaftes Ja bekamen, und hinterher ruhten sie lange nebeneinander. Anschließend durfte das Türfutter dann vielleicht wieder zur Kinderstube werden, obwohl keiner im Haus die wachsenden Kinder bemerken würde, bis sie im Frühjahr wieder ausflogen.

Im Hummelnest stand während des Sommers dagegen ein intensives Familienleben bevor, Wand an Wand mit dem kombinierten Schlaf- und Wohnzimmer des Hauses. Allerdings würde es sich bei ihnen um relativ ruhige Nachbarn handeln. Gutmütige Hummeln werden ja von Kinderbuchautoren und Dichtern geliebt, und ihr Leben ist von weiblicher Fürsorge geprägt. Brutale Alphamännchen sind in der Insektenwelt ohnehin selten, in der eiergefüllte Weibchen meistens am größten sind, und Hummelnester bilden außerdem ein Matriarchat. Allerdings werden sie von keiner alten Matriarchin geführt, wie es bei den Elefanten üblich ist, denn eine Hummelmutter ist vollauf damit beschäftigt, Eier zu legen. Deshalb müssen ihre Töchter sich um sich selbst und ihre kleinen Geschwister kümmern, und würden das harmonisch und geschwisterlich bis zum Ende des Sommers tun. Dann kündigte sich jedoch eine Dramatik an, die einer griechischen Tragödie in nichts nachstand.

Im Hochsommer würde alles noch idyllisch sein. An heißen Tagen macht man gemeinsam einen Mittagsschlaf, und wenn die Temperatur des Nests über dreißig Grad steigt, stellen sich einige Hummeln an den Eingang, um mit ihren Flügeln Luft hineinzufächern. Zwischen ihnen liegt die Hummelmutter auf neuen Eiern, gefüttert von ihren braven Töchtern.

Gleichzeitig stellt die Zeit nach und nach etwas mit den Hormonen aller an. Die Hummelmutter altert, für die Zukunft werden folglich jüngere Kräfte benötigt. Deshalb kümmern sich die Töchter besonders intensiv um einige Eier, die zu neuen Königinnen heranreifen sollen. Aber diese müssen auch von einem Männchen befruchtet werden.

Bisher wurden alle Eier von den Spermien befruchtet, die die Königin nach der Paarung im Vorjahr gelagert hatte. Mit dem Chromosom von einer Drohne werden sie zu Weibchen, ohne dieses werden sie zu Männchen. Und nun beginnt die Königin, unbefruchtete Eier mit einem einzigen Chromosom zu legen.

Man merkt sofort, dass die Hummeln, die daraus schlüpfen, anders sind. Sie haben eine Gesichtsbehaarung, die Bart und Koteletten ähnelt, und worauf sie aus sind, ist ebenso deutlich erkennbar. Außerhalb des Nests umgeben sie sich mit verführerischen Düften, mit Vorliebe Lindenblütenduft, der Hummeln ein wenig benebeln kann. Büsche und Bäume werden in langen Bahnen mit ihren Wohlgerüchen parfümiert.

Wenig überraschend lassen sich die neugeborenen Königinnen schnell von den lüsternen Männchen verführen. In der rücksichtsvollen Art von Hummeln achten sie während des Paarungsakts darauf, den Partner nicht mit ihrem Stachel zu stechen, und wenn ihre zusammengeschweißten Körper zur Erde segeln, sind die Königinnen erfüllt von neuem Leben. Wenn dieses Leben eine Chance haben soll, müssen sie vor einer Überwinterung selbst Kräfte speichern, so dass die Königinnen nie zu ihren Schwestern im Nest zurückkehren.

Auch dort verändert sich das Dasein nach und nach. Die Blüten liefern immer weniger Nektar, und zwischen den Töchtern und der Hummelmutter knirscht es immer häufiger. Sobald die Töchter merken, dass diese unbefruchtete Eier gelegt hat, machen sie das Gleiche, denn das ganze Nest wird von Hormonen beeinflusst. Ihre Eiablage schmerzt die Hummelmutter allerdings. Vielleicht liegt es daran, dass die Aktion gegen die Hummelgesellschaft verstößt, oder daran, dass sie ihren Söhnen genetisch nähersteht als irgendwelche Kinder zweiten Grades. Jedenfalls beißt sie ihre Eier legenden Töchter und frisst deren Eier. Dass es ihre Enkelkinder sind, spielt keine Rolle. Die Töchter verschwören sich daraufhin gegen sie und fressen ihre männlichen Eier. Dass es ihre Brüder sind, ist ihnen egal.

Auch wenn das alles von biologischen Handlungsmustern gesteuert wird, nimmt die Geschichte ein trauriges Ende. Wenn die immer gebrechlichere und kahlere Hummelmutter versucht, sich dem Aufruhr zu entziehen, ist es schon zu spät. Wie in einer klassischen Tragödie wird sie entweder getötet und gehäutet oder verlassen, um in ihrem zerfallenden Nest zu verhungern.

Die einzigen Überlebenden werden die befruchteten jungen Königinnen sein, die das Nest bereits verlassen haben. Zwar werden die meisten von ihnen ebenfalls verhungern oder gefressen werden, wenn sie nicht in einem feuchten Winterbau verschimmeln. Aber trotz allem erwachen mit den ersten Blumen im Frühjahr einige von ihnen erneut zum Leben.

***

Ja, was für Dramen sich doch in einer Familie abspielen können. So etwas blieb den Wildbienen im Türfutter immerhin erspart. Bei ihnen gab es ohnehin weniger Gelegenheiten für Konflikte, weil ihre Jungen ja allein zurechtkommen mussten. Da sie weder eine neue Generation noch ein gemeinsames Nest zu verteidigen hatten, entwickelten sie auch kein entsprechendes Sozialverhalten.

Dennoch sind Wildbienen genau wie Hummeln bessere Bestäuber als Honigbienen, und weil sie sich auf sich selbst verlassen müssen, können sie ziemlich raffiniert sein. So hat man etwa eine Wildbiene dabei beobachtet, wie sie eigenständig einen Nagel aus ihrem zukünftigen Nest entfernte. Bringt man Wildbienen zusammen, helfen sie sich auch bei mühsamen Aufgaben. Gehen sie dagegen in einer Kolonie mit Arbeitsteilung auf, scheint sich ihr Repertoire ähnlich wie bei Handwerkern, die zu Fabrikarbeitern werden, zu verkleinern.

Auch bei Bienen kann sich das Leben also in verschiedenen Konstellationen entfalten, denn das Dasein als Single oder in einer Familie hat unterschiedliche Vorteile. Aber es dominieren die einzelgängerischen Züge. Von den annähernd dreihundert schwedischen Bienenarten sind bis auf die Honigbiene und etwa vierzig Hummelarten alle alleinlebende Wildbienen. Aber auch die Hummelstaaten beginnen mit einer einsamen Königin, obwohl deren Töchter dann im Nest bleiben. Und warum tun sie das? Warum bilden sie keine eigenen, kleinen Familien oder wählen ein selbstständiges Leben als Solitärbiene?

Die Kinderlosigkeit der Hummeltöchter ist gar nicht so seltsam, denn die meisten Tiere sterben ohne Nachkommen, die weiterleben können. Nein, denkwürdig ist vielmehr, dass hilfsbereite, daheim lebende Töchter die Basis für die Bildung einer Gesellschaft sein können. In all ihrer Einfachheit zeigen sie, dass das Leben nicht unbedingt von oben bestimmt wird. Bei Bienen basiert es im Gegenteil auf einer anspruchslosen Schwesternschaft, die vielleicht sogar Liebe gleicht.

* * *

Am ausgeprägtesten ist die Zusammenarbeit bei Honigbienen. Aristoteles sah darin ein Vorbild, wollte aber kein Matriarchat erkennen – schließlich waren die Bienen durch ihren Stachel bewaffnet. Erst unter dem Mikroskop des siebzehnten Jahrhunderts offenbarte sich, dass der Bienenkönig eine Königin war und die untätigen Drohnen Männchen waren. Dennoch bestimmte die Königin nicht, was also erschuf die Ordnung, die alle in einer fast organischen Gemeinschaft versammeln konnte? War es die Anzahl der Individuen oder etwas anderes, Rätselhafteres?

Ein Bienenstock vereint auf eigentümliche Weise zwei grundverschiedene Welten. Die eine basiert auf Gemeinschaft. Indem sie die Königin berühren, erhalten alle Bienen Stoffe, die Pflegeinstinkte und Bautätigkeit stimulieren. Ihre Körper werden einfach an die verschiedenen Bedürfnisse des Bienenstocks angepasst. Die jüngsten kümmern sich um die Geschwister im Larvenstadium, deshalb sondern sie ein proteinreiches Drüsensekret ab, mit dem die Larven gefüttert werden. Ihre nächste Arbeitsaufgabe besteht darin, den Nektar aufzubereiten, den andere Bienen nach Hause bringen, woraufhin ihre Körper ein Enzym produzieren, das in diesem Prozess erforderlich ist. Nach weiteren Wochen werden sie ausfliegen, um Nahrung zu holen, und daraufhin werden Hormone gebildet, die sie zu Arbeiterinnen entwickeln. Sie haben in ihrem eigenen Körper also schon alles, was erforderlich ist, um ihren tausenden Schwestern zu helfen. Die gesamte Struktur des Bienenstocks ist für ihre Gemeinschaft gemacht, und sie haben sich in denselben Waben entwickelt.

Mit ihren sechs Zellwänden ist die Wachswabe ein geometrisches Wunder. Sechsseitig ist die Figur, die Chemiker benutzen, um zu zeigen, wie die Moleküle des Lebens aus Atomen zusammengesetzt sind und wie Molekülfiguren anschließend zu größeren Mustern kombiniert werden. In den Waben der Bienen haben die sechs Seiten auch einen praktischen Vorteil. Dadurch, dass jede Wabe ihre Wände mit Nachbarn teilt, ist der Materialverbrauch minimal und das Gewicht wird gleichmäßig verteilt. Die Bienen, die sie gebaut haben, scheinen dies auch zu verstehen. Man hat gesehen, dass sie nicht nur schwache Sektionen umbauen, sondern gleichzeitig andere Teile verstärken. Die Waben müssen solide sein, denn die Larven, die in ihnen wachsen, können ihr Gewicht vertausendfachen.

Aber wie sind die Bienen auf die geniale Konstruktion des Sechsecks gekommen? Am seltsamsten ist, dass die sechs Wände sich bei der Zusammenarbeit der Bienen von selbst ergeben. Im Gegensatz zu den Wachskelchen der Hummeln, werden die Waben nicht einzeln gebaut, stattdessen modellieren mehrere Bienen ihr Wachs gleichzeitig. Alle arbeiten so eng nebeneinander, dass das Wachs um jede einzelne herum in der Wärme schmilzt und sich mit dem der Nachbarin vereint. Da man einen bestimmten Abstand zueinander einhält, entstehen sechs gleichseitige Wände. Die Wachswabe vermittelt ein Bild von der Zusammenarbeit des Bienenstocks.

Die Zellen darin sollen jedoch nicht nur mit neuen Geschwistern gefüllt werden. Sie sollen auch etwas Platz für das bieten, was außerhalb des Stocks gesammelt wird, und um das zu suchen, muss jede Biene auf eigene Faust in eine Welt ausfliegen, die sich radikal von der gewohnten Lebensumwelt des Bienenstocks unterscheidet. Während diese eng, dunkel und regelmäßig gebaut ist, erweist sich die Welt draußen als grenzenlos, hell und ständig veränderlich. Wie sollen sie sich in ihr zurechtfinden?

Genau wie Hummeln kennen sie sich in einem Radius von einigen hundert Metern um das Nest herum aus. Darüber hinaus müssen sie in einem Schnittpunkt aus Zeit und Raum navigieren. Die Zeit wird vom Himmel vermittelt. Bereits im Bienenstock haben sie ihn durch einen schmalen Streifen polarisiertes Licht kennengelernt, der sie gelehrt hat, sechs Zeitpunkte an einem Tag auseinanderzuhalten. Mehr als das das bedeutet *Immer*. Aber sie verstehen auch das *Nichts*, das alles Leben im Stock bedrohen kann. Dann muss die Zeitbestimmung mit den Orientierungspunkten der Landschaft und den Hinweisen der Sinne kombiniert werden, was Flexibilität erfordert. Windverhältnisse und Wetter ändern sich fortwährend, und die Vegetation kann sich im Laufe einer Woche verändern. Gleichzeitig führen sie einen ununterbrochenen Dialog mit den Schwestern im Bienenstock, denn wenn die gemeinsamen Vorräte versiegen, müssen Blüten mit geringerer Pollenmenge hinzugenommen werden. Inmitten dieser ständigen Entwicklung müssen sie verschiedene Arten erkennen, wissen, welche gerade die meisten Pollen liefern, und diese finden. Sie müssen also sowohl aus ihren Erfahrungen lernen, als auch eigene Entscheidungen treffen.

***

Im Bienenstock wird die Ernte der Ausflüge gesammelt. Dort wird der Nektar präpariert, und die Pollen werden nach unterschiedlichen Farben sortiert. Dort wird außerdem ein Kitt zubereitet, der die Spalten in den Waben abdichten und den Stock schützen soll. Das Material dazu wird in erster Linie von den harzbeschichteten Knospen der Laubbäume und vom Harz der Nadelbäume geholt, und es scheint eine Art Essenz des Lebens zu sein. Unter den hunderten Bestandteilen findet man sogar Spuren von

Silber und Gold. Der Kitt ist in der Lage, Pilze sowie Viren und Bakterien zu töten, wenn ein Eindringling im Inneren des Bienenstocks gestorben ist, wird auch er deshalb mit diesem desinfizierenden Kitt überzogen. Dieser mirakulöse Stoff zum Schutz des Bienenstaats wird *propolis* genannt, was auf Latein »für die Gesellschaft« bedeutet.

Am wichtigsten ist im Bienenstock jedoch etwas anderes. Es ist eine süße, goldglänzende Substanz, die in den Waben gesammelt wird und eine Zukunftsgarantie liefert. Der Honig. Glänzend kann er von Weiß zu Bernsteinfarbe und Bronze wechseln, denn die unterschiedlichen Blumen, aus denen er hergestellt wird, bestimmen Farbe und Aroma. Der Honig des Frühsommers ist heller, der im Herbst dunkler. Kleepflanzen ergeben einen milden Geschmack, Lindenblüten einen frischeren und Heidekraut einen aromatischeren.

Dennoch kann keine Blume den Honig ganz beschreiben, denn wie Propolis besteht er aus hunderten Zutaten. Abgesehen von Mineralien, Vitaminen, Antioxidantien, Milchsäurebakterien, Aminosäuren und Ameisensäure gibt es spezielle Enzyme, die von den Bienen ergänzt werden. Der Nektar geht im Stock von Mund zu Mund, so dass ein Zuckermolekül eine Reihe von Bienen passiert, ehe es die Wabe erreicht. Honig kann also nicht ausgehend von einzelnen Bienen oder Blumen verstanden werden. Er entsteht in einem Zusammenspiel, das sich zwischen verschiedenen Arten, Individuen und Zeiträumen erstreckt.

Ist der Honig deshalb immer von einem besonderen Licht umgeben gewesen? Er tauchte in Höhlenmalereien und in den babylonischen Schriften auf. Im Alten Testament gab es die Verheißung eines Landes, in dem Milch und Honig fließen, genau wie in der Paradiesvision des Koran. In Ägypten, wo es hieß, die Bienen seien die Tränen des Sonnengotts, glaubte man, Honig schenke ein langes Leben. Ihm selbst wurde das auch zuteil. Von einem Honig, den man in einem dreitausend Jahre alten ägyptischen Grab gefunden hat, wird behauptet, er sei immer noch essbar.

Auch das Wachs, das den Honig umschließt, hat Eingang in die Kultur gefunden. Er schenkte der Kunst Wachsmalstifte und Gussformen für Skulpturen. Die Worte auf römischen Schrifttafeln wurden in eine Wachsschicht eingeritzt, die nach Erhitzen geglättet werden konnte und daraufhin bereit war für neue Worte. Wachs dichtete die Schiffe auf dem Meer ab und machte Kleider wasserdicht. Wachs formte auch die Ohrpfropfen, die Odysseus' Schiffsbesatzung vor trügerischem Sirenengesang rettete, und es hielt die Flügel des Ikarus zusammen. Allerdings vergaß er, dass Wachs nahe der Sonne schmilzt. Die dunkle Erde ist dagegen seit Tausenden von Jahren von Wachskerzen erhellt worden.

Es heißt, die Berbersprache habe ein besonderes Wort für etwas, das geboren wird, wenn eine Honigwabe der Sonne begegnet. Das gleicht einem symbolischen Bild, aber welchem? Ist es die Essenz von tausenden Blüten und den vielen Wegen zu ihnen?

Als ich die Wabe vor mir sah, erinnerte sie mich an die Facettenaugen der Bienen, weil auch sie aus sechseckigen Teilen bestehen. Jedes Teil liefert dort einen eigenen Blickwinkel, und ihr Zusammenwirken lässt die Bienen ihren Weg zu den Blüten finden. Auch die Sehrinde des Gehirns besteht aus ähnlichen Teilen, wenngleich es sich bei ihnen um Nervenzellen handelt, die Bienen sehen und reagieren lassen. In einem kleinen Bienengehirn ist Platz für neunhunderttausend solcher Nervenzellen, und sie alle strecken sich zueinander, denn auch unter ihnen können die Signale der Welt nur gemeinsam aufgefangen werden.

Auf jeder einzelnen Ebene ist der Honig das Produkt einer Zusammenarbeit. Eine einsame Biene kann in drei Wochen höchstens ein viertel Teelöffel Honig zusammenbekommen und ist danach am Ende ihrer Kräfte. Um ein Glas Honig zu füllen, müssen zwei Millionen Blüten besucht worden sein.

Warum also diese Schufterei? Genau wie die alten Götter Griechenlands sind Bienen ganz vernarrt in Nektar. Sie können sich sogar an ihm berauschen, denn wenn er vergoren ist, steigt der Alkoholgehalt darin auf bis zu zehn Prozent. Man hat sogar betrunkene Bienen studiert, um Hinweise für die Mechanismen des Alkoholmissbrauchs zu finden. Man stellte fest, dass der Alkohol sie kühner machte. Linnés Bruder Samuel gab seinen Bienen mit Honig vermischten Alkohol, wenn Räuberbienen ihre gesammelten Pollen und Nektar raubten, damit sie es wagten, sich besser zu verteidigen. Andererseits kommt es vor, dass berauschte Bienen nicht einmal zum Bienenstock zurückfinden, wo sie im Übrigen von Wächterbienen zurückgewiesen würden, die nicht davor zurückschrecken, notorischen Säufern die Füße abzuknipsen. Der Nektar soll kein Rauschmittel sein. Er soll nur genügend Energie spenden, um noch mehr Nektar und Pollen zu sammeln. Nach und nach soll alles in etwas verwandelt werden, das sich über die Zeit und den Raum hinweg erstreckt, was eine Zusammenarbeit voraussetzt, die wiederum noch etwas anderes erfordert. Kommunikation.

***

Schon Aristoteles fiel auf, dass Bienen tanzten, aber es dauerte weitere zweitausend Jahre, bis man erkannte, dass ihr Tanz auch eine Bedeutung hatte. Mitte des zwanzigsten Jahrhunderts gelang es Karl von Frisch, ihn zu deuten, woraufhin er begriff, dass es sich um eine eigene, komplexe Sprache handelte.

Das Wien, in dem von Frisch aufwuchs, war erfüllt von einem überbordenden intellektuellen Leben. Er selbst stammte aus einer Familie, in der es von Professoren wimmelte, die große Fragen ganz natürlich fanden, und als er mit seinen Brüdern ein Streichquartett bildete, erkannte er zudem die Bedeutung des Zusammenspiels.

Aber er wollte auf mehrere Arten kommunizieren. Als Begleiter hatte er einen Papagei. Dieser pflegte auf seiner Schulter zu sitzen, in seine Stifte zu beißen und neben seinem Bett zu schlafen, und das Erste, was von Frisch am Morgen tat, war zu versuchen, mit dem Papagei zu sprechen. Außer diesem Vogel besaß er etwa hundert andere Tiere, so dass es ihm ganz natürlich erschien, Zoologie zu studieren.

Er studierte zunächst Fische, um anschließend schrittweise zu den Bienen überzugehen. In beiden Fällen betrafen seine ersten Entdeckungen die Sinne der Tiere. Bei den Fischen erwiesen sich Geschmackssinn und Gehör am wichtigsten, während für die Honigbienen Duft und

Farbe entscheidend waren. Mit Hilfe von Düften können sie Blüten finden, die sie dann aus kürzerer Entfernung anhand von Farben und Formen erkennen. Sie unterscheiden insbesondere zwischen starken und schwachen Konturen.

Von Frischs Forschungsteam bemerkte darüber hinaus, dass Bienen eine lebendige Beziehung zur Zeit haben. Bekamen sie regelmäßig um eine bestimmte Uhrzeit Zuckerwasser, begannen sie, zu diesem Zeitpunkt an dem Ort aufzutauchen, wo es ihnen angeboten worden war. Wie wir waren sie also fähig, von neuen Bedingungen zu lernen. Außerdem war offensichtlich, dass sie ihre eigene Kommunikation besaßen. Von Frisch war ihr auf der Spur.

Aber während er mit seiner Forschung vorankam, ging die menschliche Gemeinschaft einem ihrer größten Zusammenbrüche entgegen. In Deutschland erstarkte der Nationalsozialismus, was zum Weltkrieg und einem Völkermord führen sollte. Von Frisch hatte damals eine Professur an der Universität in München und war so sehr in seine Forschung vertieft, dass die Ereignisse der Welt ihn höchstens als ein dumpfes Grollen im Hintergrund erreichten, bis bei seinem Institut ein Brief mit aufgestempeltem Hakenkreuz einging. Als er ihn öffnete, enthielt er nur eine knappe Mitteilung. Er sollte wegen seiner jüdischen Großmutter entlassen werden.

Es war ein doppelt schwerer Schlag. Zwang man ihn, die Universität zu verlassen, würde auch seine Forschung zum Erliegen kommen, als er gerade kurz vor einem Durchbruch stand. In seiner Forschungsgruppe war die Zusammenarbeit genauso wichtig wie bei den Bienen, und mehrere renommierte Kollegen baten inständig, aber vergeblich darum, dass er bleiben dürfe.

Stattdessen waren es Deutschlands Bienen, die ihm zu Hilfe kamen. Unter ihnen wüteten Heerscharen des Nosema-Parasiten, der sich buchstäblich in die Bienenkörper hineinfraß. Ihre schonungslosen Angriffe waren ebenso vernichtend wie die der Nazis auf Europa. Fünfundzwanzig Milliarden Bienen waren bereits gestorben.

Bienen sind eine ökologische Schlüsselart, da ein großer Teil der gesamten menschlichen Nahrung von ihrer Bestäubung abhängt. Im Deutschland der vierziger Jahre war der Nahrungsmangel durch den Krieg bereits spürbar, und nun war die Situation ernst. Gleichzeitig kamen Gerüchte auf, die Sowjetunion habe begonnen, Bienen zu größerer Effektivität zu trainieren. Sollte das Deutsche Reich nicht das Gleiche tun können? Schließlich waren Bienen kleine, vorbildlich aufopferungsvolle Staatsbürger. Aus dem Blickwinkel des Dritten Reichs war von Frischs Grundlagenforschung zur Sprache der Bienen uninteressant, aber andererseits war eine angewandte Forschung, die zu mehr Lebensmitteln führen konnte, dringend erforderlich. Konnte von Frisch das Problem der Parasiten lösen? Aus dieser Hoffnung heraus wurde seine Entlassung aufgeschoben, und er durfte so lange auch seine übrige Forschung fortsetzen.

Die Situation war paradox. Während Verschlüsselungsexperten versuchten, die Nachrichten des Feindes zu dechiffrieren, suchte von Frisch nach einer im besten Sinne des Wortes un-menschlichen Sprache.

* * *

Es braucht Zeit, neue Sprachen zu lernen, erst recht, wenn sie grundverschieden von der sind, die man selbst beherrscht. Dennoch gelang es von Frisch und seinen Mitarbeitern nach und nach, in die Kommunikation des Bienenstocks einzudringen.

Es geht dabei vor allem um Blüten. Die Düfte, die von ihnen künden, verfliegen schnell und können auch von anderen Arten wahrgenommen werden. Die Blütensprache der Bienen ist dagegen ein ausgeklügelter Code und grenzt schon fast an Kunst.

Sie beschreibt sowohl die Qualität als auch die Quantität von Nektar und Pollen der Blüten, außerdem den Weg zu ihnen. All das wird auf den Waben des Bienenstocks getanzt, so bildet sich eine Karte aus Symbolen. Einfache Kreisbewegungen gelten nahe gelegenen Blüten; das Ewigkeitszeichen liegender Achten betrifft Blüten, die weiter entfernt sind. Die Länge des Tanzes gibt die Entfernung oder die Zeit und Energie an, die der Flug zu ihnen erfordert. Muss man gegen den Wind fliegen, ist der Energieverbrauch beispielsweise größer. Die Richtung wird in der Mittellinie der Kreise gezeigt. Läuft die Biene auf ihr aufwärts, führt der Flug in Richtung Sonne, läuft die Biene abwärts, gilt der entgegengesetzte Kurs. Führt der Tanz schräg aufwärts nach rechts, ist auch die Flugrichtung schräg rechts von der Sonne, in dem gleichen Winkel, den der Tanz zur senkrechten Linie hat.

Auch der wippende Hinterkörper der Biene gibt Hinweise zu Richtung, Flugzeit und Blüten. Je eifriger die Biene wackelt, desto feineren Nektar und desto mehr Pollen gibt es. Gleichzeitig werden die Blüten mit den Beständen des Bienenstocks verglichen. Wenn der Essensvorrat karg bemessen ist, finden auch weniger reiche Blüten Eingang in den Tanz. Obwohl es um Abstand geht, ist der Tanz eine filigrane Arbeit aus Details.

Er handelt von Reichtümern im Licht, spielt sich jedoch im Dunkeln ab, so dass er durch Vibrationen wahrgenommen werden muss. Zu den Bewegungen auf der Wabe kommt ein Zittern von den Flugmuskeln der Bienen, denn ohne dass die Flügel ausgeklappt werden, können sie in der Frequenz surren, die Flügelschläge im Flug haben. Das vermittelt zusätzliche Informationen über den Flug und formt gleichzeitig eine weitere Sprache. Vibrationen mit Tonstößen, die dreißigmal in der Sekunde erfolgen, werden mit Hilfe von Pausen und wechselnden Tonhöhen zu einem eigenen Morsealphabet. Auf diese Weise werden mehrere Sprachen miteinander verflochten.

Sie betreffen nicht nur den Weg zu den Blüten. Sollte der Bienenstock beispielsweise zu heiß werden, muss er gekühlt werden, weshalb die Bienen statt Nektar und Pollen Wassertropfen heimbringen müssen. Wenn andere Bienen über dem Wasser mit den Flügeln fächeln, wird eine Klimaanlage geschaffen. Ist Nachschub erforderlich, kann auch der Weg zu einer Wasseransammlung getanzt werden.

Ihr Tanz kann fast einen ganzen Lebensraum vermitteln, was insbesondere während des Schwärmens geschieht, wenn die alte Königin mit der Hälfte aller Bienen im Stock eine neue Kolonie gründen will. Weil Bienen systematisch vorgehen, werden zunächst Späher ausgesandt, um die Nachbarschaft zu prüfen. Ihre Berichte über die

Funde müssen Verschiedenes beschreiben. Wie groß ist der denkbare Wohnort? Ist er trocken und frei von anderen Insekten? Gibt es dort alte Waben von einem älteren Bienenstaat? Wie sieht das Einflugloch aus? Wie weit entfernt ist es von Blüten und Wasser? All das soll im Tanz berichtet werden.

Das Volumen der Wohnhöhle ist so wichtig, dass die Späherbiene vierzig Minuten damit verbringen kann, methodisch über die Wände zu gehen. Dabei kontrolliert sie unablässig die wechselnden Beziehungen zwischen den Winkeln und kann, indem sie sich an den Abstand zwischen ihnen erinnert, einen Querschnitt herausarbeiten. Auf die gleiche Art wird die Position des Einfluglochs vermessen. Wasser in der Nähe zu haben, ist ebenfalls entscheidend, aber wenn dies bedeuten würde, über einen See zu fliegen, würde der entsprechende Vorschlag von ortskundigen Bienen abgelehnt werden.

Beim Schwärmen beschreibt der Tanz somit etwas völlig anderes als die Blüten. Die Schilderungen der Räumlichkeit und der Umgebung müssen zudem exakt sein, denn zum Sondieren sind viele Späherbienen unterwegs, und alle Vorschläge werden verglichen werden, ehe man unter ihnen wählt. Ein direkter Wettbewerb entsteht trotzdem nicht, da sich alle voneinander beeinflussen und umwerben lassen. Schließlich nehmen die Späherbienen, denen sich die meisten anschließen, den ganzen Schwarm zu der empfohlenen Stelle mit.

Bienen haben also schon eine eigene Form von Demokratie entwickelt, bevor die Griechen überhaupt ein Wort dafür hatten. Im Bienenstaat bestimmt keiner oder es bestimmen alle, was weit von dem herrschenden König entfernt ist, den man sich vorgestellt hat. Die Kommunikation ist tatsächlich eine Art Dialog, weil die Späher ein aktives Publikum benötigen, und man verständigt sich nur über dringliche Fragen. Wenn der Bienenstock alles hat, was er benötigt, findet kein Tanz statt. Er dient nicht der Zerstreuung, sondern soll die Voraussetzungen des Lebens behandeln.

***

Fast überall auf der Erde sind aus verschiedenen Gründen Tänze entstanden. Sie waren Bestandteile von Paarungsspielen oder religiösen Riten und haben eine Gemeinschaft geschaffen oder sind zu einer Kunstart entwickelt worden. Etwas von all dem lässt sich auch im Tanz der Bienen erkennen. Wie in Paarungsspielen geht es um einen befruchtenden Stoff, und wie in religiösen Riten geht es darin um eine rätselhaft sammelnde Essenz. Er hat eine Choreographie mit festgelegten Abfolgen, aber er kann ebenso gut wie Volkstänze und Dialekte lokale Varianten aufweisen.

Vor allem bildet er eine raffinierte Sprache, die zu der Fähigkeit der Bienen passt, Bewegungen mit allen Sinnen zu deuten. Während schnelle Insektenflügel für mich zu einem einzigen Sirren werden, nehmen Bienen wahr, wie sie sich auf und ab bewegen, selbst wenn sie zweihundertmal in der Sekunde schlagen. Wollte man einen Film für Bienen zusammenschneiden, würden vierundzwanzig Bilder pro Sekunde nicht ausreichen. Zehnmal so viel wären erforderlich, um ihnen das Gefühl einer einheitlichen Bewegung zu geben.

In gewisser Weise sind sie Realisten. Ihre Sinne sind so auf die Natur ausgerichtet, dass abstrakte Figuren wie Dreiecke oder Quadrate für sie sinnlos sind, und deshalb bemerken sie diese nicht immer. Forschern ist es zwar gelungen, ihnen beizubringen, Bilder von Picasso und Monet zu unterscheiden, so wie man es zuvor auch mit Tauben gemacht hatte. Doch dabei sahen die Bienen wahrscheinlich einzig den Unterschied zwischen starken und schwachen Konturen, denn das nehmen sie auch bei Blüten wahr.

Außerdem gehören die Formen der Blüten für die Bienen auch mit Düften zusammen, da beides von ihren Fühlern registriert wird. Wenn sie in der Dunkelheit des Bienenstocks eine tanzende Biene berühren, erkennen sie auch den Duft der Blüten, um die es im Tanz geht. Und mehr als das. Die Beschreibung der Blüten und des Wegs zu ihnen erhält Tiefenschärfe. Runde Objekte erzeugen andere Wahrnehmungen als eckige, denn weiche und harte Formen haben verschiedene Duftsignale. Auf diese Weise wird im Tanz eine Landschaft aus wechselnden Formen lebendig und erschafft eine sinnliche, dreidimensionale Welt.

Das Ganze ergibt eine duftende und mathematische Sprache wie eine Verschmelzung von Lyrik und Landvermessung. In der Mathematik ist alles rein abstrakt und exakt, in der Lyrik dagegen hängt vieles an sinnlichen Assoziationen und stumm mitschwingenden Worten. Dort erschafft das Unausgesprochene eine Spannung zwischen den Worten, vibrierend wie in der Beziehung zwischen Blüten und Bienen. Der Bienentanz ist eine umfassende Naturbeschreibung, die sich vom Inneren der Blüten bis zu den Winden und den Himmelsrichtungen der Landschaft erstreckt. All das kann anderen anhand einer gleichermaßen poetischen wie exakten Karte vermittelt werden.

Es geht generell um eine gemeinsame Welt. Möchte eine einzelne Biene um Hilfe bitten oder andere ermuntern, kann sie das direkt durch spezielle Duftstoffe oder Pheromone tun. Oft dürften solche unmittelbaren Ansprachen der Beginn einer Sprache gewesen sein. Und was formt sie daraufhin? Wird sie bei einer gewissen Anzahl von Individuen oder in einem gemeinsamen Nest entwickelt? Oder wird die Sprache durch eine gemeinsame Aufgabe erschaffen, die etwas außerhalb des Augenblicks betrifft, wie zum Beispiel Honig zu sammeln? Vielleicht all diese Dinge. Jedenfalls haben die Bienen gezeigt, wie eine eigene und wundersame Sprache geformt werden kann.

***

Die Entdeckung der Bienensprache war eine Sensation, und 1973 wurde von Frisch dafür der Nobelpreis verliehen. Er musste ihn sich mit Konrad Lorenz und Nikolaas Tinbergen teilen, die ebenfalls das Verhalten von Tieren erforscht hatten. Die Biologie war lange von Artbestimmungen geprägt worden, aber nun bekamen Bienen nicht mehr nur einen Platz in Insektensammlungen. Ihr Tanz wurde in linguistische Theorien aufgenommen.

Die Erkenntnis, dass Insekten über eine komplexe Kommunikation verfügen, war revolutionär, aber daraus ergaben sich auch unangenehme Fragen. Schließlich hieß es ja gern, dass wir uns durch die Sprache über andere Arten erhöben. Konnten also auch andere außer uns hoch entwickelte Lebewesen sein?

Während von Frisch die Sprache der Bienen erforschte, war die Frage nach hochstehenden Arten gründlich in den Schmutz gezogen worden. Die Einteilung der Nationalsozialisten in höher entwickelte und minderwertige Rassen verstieß gegen Moral und Vernunft und führte zu abgrundtiefen Konsequenzen. Andererseits widerstrebte es einem, eine hohe Entwicklungsstufe bei anderen Arten zu sehen, selbst wenn sie eine noch so fortgeschrittene Sprache entwickelt hatten. Die Frage wurde deshalb verdrängt.

Tatsächlich verschlechterte sich die Situation für die Bienen in der Zeit ernsthaft. Sie waren es gewohnt, sich zwischen wildwachsenden Blumen in einer Welt kleinen Maßstabs aus Feldern und Gräben zu bewegen, aber in der Nachkriegszeit mussten kleine Bauernhöfe der industriellen Landwirtschaft mit ihren unzähligen Varianten von Bekämpfungsmitteln weichen. Diese hatten oft unvorhergesehene Folgen, so konnte ein pilztötendes Mittel zum Beispiel die Wirkung eines Insektengifts um ein Vielfaches verstärken. Während Schädlingsinsekten schnell Resistenzen gegen die Bekämpfungsmittel entwickelten, wurden die Vögel, die sie in Schach gehalten hatten, immer stärker vergiftet. In ähnlicher Weise traf es die Bienen. Auch nachdem DDT vom Markt genommen worden war, befand es sich noch in der Erde und verteilte sich in den Pollen, die von den Bienen gesammelt wurden.

Natürlich begriff man, wie wertvoll sie waren, und begann deshalb, auch sie industriell zu züchten. Heute produzieren Fabriken Millionen Bienenvölker, und auch Hummeln sind zu industriellen Rohstoffen geworden. Während sie auf den Tomaten- und Beerenplantagen der Gewächshäuser Pollen freisetzen sollen, werden Bienen in Kisten per LKW auf holpernden Fahrten, die manchmal ganze Kontinente umspannen, transportiert. Die riesigen Felder mit Monokulturen liefern eine einseitige Ernährung, gewürzt mit ständig neuen Bekämpfungsmitteln, weshalb es einen nicht wirklich wundert, dass die Widerstandskraft der Bienen radikal geschwächt ist. Der Darmparasit Nosema hat Gesellschaft von einer fürchterlichen Varroamilbe bekommen, die sich auch unter Wildbienen verbreitet, und ihnen selbst fällt es in letzter Zeit schwer, von den Feldern zurückzufinden. Schlimmer noch – die Zahl der Bienen und Hummeln ist in Europa um fünfundsiebzig Prozent zurückgegangen, und neunzig Prozent aller Hummeln in den USA sind verschwunden. Sollten die bestäubenden Bienen verschwinden, droht auch uns eine Katastrophe.

Sind die Bekämpfungsmittel, die Monokulturen oder die belastenden Transporte schuld? Wird ihr Orientierungsvermögen von Handymasten beeinflusst und spielt der Klimawandel eine Rolle? Vielleicht ist es eine Mischung von allem, denn Denken in großen Maßstäben scheint mit Vermitteln von Lebenserfahrung im kleinen Maßstab nicht vereinbar zu sein.

Da es in den Städten weniger Bekämpfungsmittel gibt, hat man mancherorts Bienenstöcke auf Hausdächern und sogar auf Kathedralen wie Notre-Dame aufgestellt. Hummeln und Wildbienen sind dagegen vor allem auf Privatgrundstücke umgezogen, wo sie nun häufiger anzutreffen sind als auf immer seltener werdendem Weideland. In kleinen Waldflächen bleibt es ihnen zudem erspart, unter den Neonröhren einer Fabrik gezwungen zu werden, sich am laufenden Band zu paaren, und sie dürfen sich dort selbst ihre blühenden Freunde auswählen.

* * *

An der Tür waren die Solitärbienen nach und nach verschwunden, nach ihrem Zusammenspiel in der Frühjahrssonne hatten sie sich wahrscheinlich in unterschiedliche Richtungen begeben. Dass sie keine eigene Sprache entwickelt hatten wie die Honigbienen, lag wohl daran, dass sie anderen nicht so viel mitteilen mussten. Trotzdem besaßen sie natürlich wie alle Bienen ihre innere Welt aus Blüten, Suchen und Erinnerungen. Sie schienen ein gutes Bild davon zu haben, was sich in der Landschaft befand, denn wenn sie aus dem Türfutter hinausflogen, geschah es zielstrebig. Und sie waren hervorragende Bestäuber, auch wenn sie einander nicht erzählten, dass die Löwenzahnpflanzen im Osten blühten. Es reichte ihnen, dass sie selbst wussten, wo die Blüten zu finden waren.

Bei den Baumhummeln kam die erste neue Generation im Mai heraus. Da ihnen für ihr Wachstum nicht so viel Nahrung zur Verfügung gestanden hatte, kamen sie einem alle herzzerreißend klein vor, aber sie waren sehr energisch. Neben dem Haus führte ein meterbreiter Rasenstreifen bis zur Tür, und als ich das Gras mit einem geerbten elektrischen Rasenmäher stutzen wollte, schoss schnell eine entrüstete kleine Wächtertruppe aus der Wand. Der Rasenmäher ließ bestimmt auf unheimliche Weise ihr Nest vibrieren, und ihr Revier erstreckte sich offenbar noch ein Stück weit darüber hinaus.

Sicher hatten sie schon ihre inneren Karten vom Grundstück entwickelt. Würde ich auf ihnen alles wiedererkennen? Unsere Sinne waren ja grundverschieden. Obwohl wir dieselben Blumen schätzten, gab es für mich keinen Zugang zu ihrer Landschaft aus schwachen und kräftigen Düften, die manchmal Klänge bildeten. Weil Düfte ein Bestandteil ihrer Kommunikation waren, hinterließen sie auch eigene Gerüche auf den Blumen, mit denen sie lebten.

Auch unser Farbspektrum unterschied sich ein wenig. Sie nahmen kein Rot wahr, so dass ihre Welt leicht blau getönt war, sahen dafür aber Ultraviolett, und in ihren Augen formte es Nektarzeichen in leuchtenden Mustern und verlieh Gänseblümchen einen blaugrünen Schimmer.

Ansonsten hatten wir anscheinend ein ähnliches Weltbild, obwohl sie tausendmal kleiner waren als ich. Dass sie außerdem Menschen wiedererkennen konnten, erfüllte mich mit Bewunderung, denn Hummelforscher müssen kleine Nummern auf ihnen befestigen, um sie als Individuen auseinanderhalten zu können. War ich jetzt in einem Hummelgehirn erfasst worden? Es war nicht größer als ein Salzkorn, enthielt aber dennoch eine kilometerweite Karte, erschaffen von hunderttausenden Nervenzellen, die jede kleinste Variation in Geruch, Geräusch und Licht registriert hatten. Es war die gleiche Vereinigung von etwas Nahem und etwas Weitläufigem, die auch der Dichtung eigen sein kann. Suchte ich vielleicht eigentlich die Perspektive der Hummeln? Wegen einer kleinen Narbe im rechten Auge habe ich tatsächlich den Eindruck, dass ein Paar Insektenflügel ständig davorschwebt, als gäbe es dort einen kleinen Lotsen. Der Gedanke sprach mich an.

* * *

In der Empfänglichkeit der Hummeln erahnt man Feinfühligkeit, was sich in Experimenten bestätigen sollte. Sie zeigten, dass eingesperrte Bienen Furcht empfinden können. Werden sie nicht hinausgelassen, häufen sich in ihrem Blut chemische Stoffe an, so dass sie an Panik sterben können. Wurden sie in anderen Experimenten einem unsanften Schütteln ausgesetzt, resignierten sie häufig. Ich begriff nur zu gut, dass Lastwagentransporte in engen Kisten wider ihre Natur waren. Die Forscher mussten feststellen, dass alles, was mit ihnen geschah, Gemütsbewegungen auslösen konnte.

Und schließlich erkannte man an, dass auch Bienen ein Bewusstsein haben, ein halbes Jahrhundert nach der Entdeckung ihrer ausgefeilten Sprache. 2012 unterzeichneten führende Experten in Neurobiologie und Kognitionsforschung feierlich, was sie die *Cambridge Declaration on Consciousness* nannten. Sie war in einem wissenschaftlich sachlichen Geist formuliert: »Übereinstimmende Belege deuten darauf hin, dass nicht menschliche Tiere die neuroanatomischen, neurochemischen und neurophysiologischen Substrate für bewusste Zustände haben sowie die Fähigkeit besitzen, absichtliches Verhalten aufzuweisen.« Wir sind nicht die Einzigen, denen alles eigen ist, was für ein Bewusstsein erforderlich ist. Man findet das alles auch in allen anderen Lebewesen.

Im Grunde war das eine größere Revolution als die Entdeckung der Bienensprache. Lange Zeit hatte man das Bewusstsein als etwas einzigartig Menschliches betrachtet, aber das wurde nun gründlich korrigiert. Auf der Suche nach der physischen Entstehung des Bewusstseins gingen Forscher sehr weit in die Vergangenheit zurück, bis zur gemeinsamen Urahnin der Gliederfüßer. Sie lebte vor fünfhundertvierzig Millionen Jahren und war wahrscheinlich der erste bewusste Organismus auf der Erde.

Natürlich wurde gleichzeitig eine wissenschaftliche Erklärung geliefert. In jedem zentralen Nervensystem wird eine Art Gehirn benötigt, und sowohl bei Wirbeltieren als auch bei Insekten bekam es die Form eines vergrößerten Nervenknotens. Dort wurden ihre Sinneseindrücke so verarbeitet und koordiniert, dass sie sich orientieren und aus Erfahrungen lernen konnten. Subjektive Erfahrungen waren einfach nötig, um alle Wechselfälle des Lebens zu bewältigen. Folglich konnten im Prinzip alle Tiere mit Nervensystem Dinge wie Furcht, Wut, Geborgenheit und Nähe empfinden.

Ich nahm meine Kaffeetasse von der Bank, an der gerade einige sirrende, kleine Nachbarn vorbeigeflogen waren. Vielleicht waren sie auf ihrer sechsten Runde und flogen ihre zweitausendste Blüte an. Was genau in ihren Millimeterköpfen vorging, würde ich niemals erfahren, aber man sollte sie sicher nicht unterschätzen. In Tests hat sich gezeigt, dass Hummeln Probleme lösen können, mit denen sie nie zuvor konfrontiert waren, zum Beispiel, wie sich Deckel von Nektarquellen entfernen lassen, außerdem lernten sie schnell voneinander. Wurden sie mit Nektar belohnt, konnten sie auch Dinge tun, die weit von ihrem gewöhnlichen Leben entfernt waren, so gelang es ihnen etwa, große Bälle zu bestimmten Zielen zu rollen. Ein Forscher, der sie einem psychologischen Test unterzog, bescheinigte ihnen anschließend den Intelligenzquotienten eines begabten Fünfjährigen. Im ersten Moment nickte ich, fragte mich dann aber, wie sehr er sich eigentlich in ihr Leben hineinversetzt hatte. Intelligenztests an Tieren werden nach wie vor in Labors durchgeführt, weit entfernt von ihrem normalen Dasein. Wusste dieser Forscher überhaupt von der präzisen Navigation der Hummeln und wie sie planten, um verschiedene Sorten von Blüten aufzusuchen, wenn dort der meiste Nektar zu finden war? Begriff er die Organisation einer ganzen kleinen Gesellschaft, und generell ihre Fähigkeit, ein forderndes Leben zu bewältigen? Wenn es so war, wies der Fünfjährige, mit dem er sie verglichen hatte, Züge eines Genies auf. Und ich fragte mich, welcher Mensch einen Intelligenztest bestehen würde, den Hummeln ausgearbeitet hatten.

* * *

Als ich am Abend hineinging, hörte ich ein Surren in der Südwand des Zimmers. Lief das geflügelte Lüftungs- und Wärmesystem der Hummeln oder ging es um etwas anderes? Auch wenn sie in ihrem Nest nicht tanzten, kommunizierten sie doch. Wollten sie sich gegenseitig auf einige besondere Blumen aufmerksam machen, nahmen sie eine Nektarprobe mit nach Hause, und wenn die Vorräte des Nests begrenzt waren, konnten sie durch Pheromone, auffordernde Stöße und Surren andere dazu bewegen, sie zu einigen lohnenden Orten zu begleiten.

Jedenfalls geschah in der Wand etwas mit hoher Intensität. Ruhten sie nie? Ihr surrendes Gespräch ging wie ein schwebender Ton neben mir den ganzen Abend über weiter. Ich wäre zu gern in ihre Konversation eingeweiht worden, denn alles, worum es darin ging, erstaunte mich. Im Laufe des Sommers würden Geburt und Tod, Idylle und Katastrophe wie in einem kleinen Epos aufeinanderfolgen. Und obwohl das Nest wesentlich kleiner war als ein Bienenstock, enthielt es Honig. Er war dünn wie Saft und ließ sich schwer lagern, denn er musste nur einen Sommer reichen. Danach würde ja fast die gesamte Hummelfamilie verschwinden. Aber trotzdem, in der Wand lagen kleine Honigkelche. Auch wenn sie nicht für mich waren, kamen sie mir vor wie ein verborgener Schatz.

Während die Hummeln in ihrer blühenden Vorratskammer weitermachten, aß ich in der Küche ein Brot. Im Schrank gab es tatsächlich ein Glas mit dünnflüssigem Honig. Meine Schwester, die Gartenexpertin, hatte mir geraten, die Bruchstelle eines abgebrochenen Astes damit zu bestreichen, und warum auch nicht? Schließlich war es eine der nahrhaftesten Substanzen der Welt mit Zutaten aus dem Pflanzenreich.

Als ich etwas Honig auf eine Scheibe Knäckebrot fließen ließ, sickerte er in die Löcher. Das erinnerte mich an die Waben der Bienen, vielleicht auch, weil sie mir einfach nicht aus dem Kopf gehen wollten. Etwas an den sechs Wänden der Zellen beschäftigte mich immer noch und ließ mich an andere Wände denken. Auch das Haus, in dem ich mich bewegte, hatte sechs Seiten, obwohl es geformt war wie ein Würfel.

In meiner Kindheit verbrachten wir freie Abende häufig mit Gesellschaftsspielen. Ich selbst interessierte mich nur mäßig für die Spiele, aber weil es gemütlich war, wenn wir spielend zusammensaßen, machte ich trotzdem gern mit. Am Spieltisch saß ein kleines Matriarchat in Gestalt meiner Mutter, ihrer Schwester, meiner Schwester und mir. Die anderen hatten Großvaters fast schon mathematisches Spielinteresse geerbt, und während sie sich eifrig Gedanken über ihre Spielzüge machten, dachte ich häufig an anderes. Der Würfel war zum Beispiel interessant. Obwohl die sechs Seiten unterschiedliche Werte anzeigten, brachten sie alle das Spiel voran. Würfelte ich eine Eins oder Zwei, dachte ich an die Bedeutung des Kleinen. Mit etwas Geduld kam man auch in kleinen Schritten voran. Hatte ich eine Drei oder Vier gewürfelt, dachte ich an den Mittelwert. Auch wenn sie keine erregten Reaktionen auslösten, waren sie das Fundament der Statistik, die auf etwas Allgemeines verwies. Die Fünf konnte viele Schritte vorangehen, und würfelte ich eine Sechs, die meine Spielfigur über das Brett fliegen ließ, mit nochmaligem Würfeln als Bonus, dachte ich an Rückenwind. Das war etwas, worüber man nicht selbst bestimmte, und es konnte sich rasch ändern. Beim Spielen dachte ich mit anderen Worten über das Leben nach.

Man hat fünftausend Jahre alte Würfel aus Tierknochen gefunden, ihre Konstruktion hat also mit Sicherheit schon vor mir viele fasziniert. Jede Seite hat einen einmaligen Wert, und dennoch gehören alle zusammen. Addiert man die entgegengesetzten Seiten, kommt immer dieselbe Summe heraus. Eins plus sechs ist sieben, vier und drei macht sieben, fünf und zwei auch. Sieben ist eine ungerade Zahl, die in vielen Zusammenhängen wiederkehrt. Man segelte auf den sieben Weltmeeren, und es gab sieben Weltwunder; der Regenbogen hat sieben Farben und die Woche sieben Tage. Die Tugenden und Todsünden waren jeweils sieben, und der Marienkäfer mit sieben Punkten wird mit den Schlüsseln der Jungfrau Maria zum Himmelreich verknüpft. In der Natur scheinen zudem viele Vögel bis sieben zählen zu können, ist dies also eine Zahl, mit der das Gehirn leicht umgehen kann?

Honigbienen bot ein Würfel sicher eher visuelle Assoziationen. Der Punkt der Eins erinnerte sie gewiss an den Eingang des Stocks, und die symmetrischen Reihen der Sechs glichen den sechsseitigen Zellen der Wabe. Aber Bienen konnten ja auch bis sechs zählen, denn so viele Zeitpunkte am Tag hielten sie auseinander. Mehr als das wurde zu einem *Immer*, das bei ihnen viele verschiedene Leben enthalten konnte. Der Anfang war eine einsame Königin, und aus ihr erwuchs dann das Bienenvolk. Bei den Hummeln lebte es nur einen Sommer, während es in einem Bienenstock überleben konnte, während die Welt kalt und kahl wurde, und zwar dank des Honigs, den alle gesammelt hatten.

Ein Zusammenspiel kann damit beginnen, dass man

um etwas scheinbar Einfaches vereint ist. Dafür reicht schon ein Würfel. In meiner Familie wurden die Gesellschaftsspiele mit der Zeit durch eher künstlerische Fingerübungen ergänzt, die ebenfalls zu Sammelpunkten werden konnten. Musik, Tanz und Poesie haben ja auch Züge einer vereinenden Sprache. Etwas von all dem meinte ich bei den Bienen zu finden.

Ich ging mit meinem Honigbrot ins Abendlicht hinaus, wo das Leben in der ganzen Tonskala der Insekten summte. Die Töne bildeten Melodien, die ich nicht wahrnahm, weil sie an verschiedenen Stellen zu hören waren und von halb unsichtbaren Körpern ausgingen. Aber es gab sie. Es kam nur darauf an, sie zu suchen und sich an eine andere Skala anzupassen.

Die Ameisenwand

Es war leicht zu verstehen, warum man die Bienen mit einem Sonnengott in Verbindung gebracht hatte. Sie bewegen sich im Licht und ernähren sich von Nektar, und wenn sie fliegen, bringen ihre Flügel Töne hervor. Sie haben eine Sprache aus getanzten Symbolen, die das Innere von Blüten mit verschiedenen Himmelsrichtungen verknüpft, und mit ihrer Hilfe erschaffen sie eine Substanz aus Millionen kondensierter Sekunden. Alles, was ihr Leben umgibt, ist von Poesie durchdrungen. Sie können wie Dichter manchmal Solitäre sein, manchmal in größeren Zusammenhängen leben, und sie demonstrieren die Vorteile jeder Variante.

Entfernte Verwandte von ihnen haben sich dagegen für ein sehr erdgebundenes Gesellschaftsleben entschieden, ohne etwas, das frivole Assoziationen erweckt. Sie haben keine Flügel, keine Farben, keine Gespräche mit Blumen, oder Haare, an denen Pollen hängenbleiben können. Sie brechen selten zu langen einsamen Flügen auf, und statt zu fliegen oder zu tanzen, marschieren sie. War ich fähig, auch sie zu lieben? Zumindest hatte ich getan, was ich konnte, um sie zu verstehen.

Natürlich hatte ich die Ameisen im Frühjahr bemerkt. Als sie nach dem Winterschlaf erwachten, hatten sie das dringende Bedürfnis nach etwas Stärkendem, und Birkensaft reichte ihnen offenbar nicht. Quer durch die Wände des Hauses gelang es ihnen, die Duftspur zur Vorratskammer zu finden, wo sie in eine geöffnete Safttüte krabbelten. Um ein Haar hätte ich sie verschluckt. Als Nächstes fand ich sie im Zucker, obwohl er in einer Blechdose verwahrt wurde. Sie wollten sich wirklich in alles einmischen.

Damit mir die Ameisenkarawane in der Küche erspart blieb, schüttete ich Zucker in eine Schale, die ich weit entfernt vom Haus abstellte. Ich wollte meine Küche nur ungern mit Ameisen teilen, auch wenn sie reinliche Tiere waren. Dass diese Schale dann auf geheimnisvolle Weise verschwand, war ein anderes Kapitel und konnte ihnen nicht zur Last gelegt werden.

Warum empfand ich für Ameisen nicht das Gleiche wie für Hummeln? Immerhin stammen beide von derselben insektenfressenden Wespe ab, wenngleich diese Urahnin Nachfahren mit unterschiedlichen Lebenswegen bekommen hatte. Während die Bienen variierende Lebenskonstellationen erprobten, hatten sich die Ameisen strikt an ein gemeinsames, erdverbundenes Leben mit kargen Zügen gehalten. Während Hummeln sich wie die Eichhörnchen der Bäume bewegen, leben Ameisen wie nackte Ratten in unterirdischen Kolonien.

Es bietet einen guten Schutz, unter der Erde zu leben, aber die beste Erklärung für den Erfolg der Ameisen ist ihre große Zahl und ihr Zusammenhalt. Je mehr sie geworden sind, desto besser haben sie sich geschlagen. Heute gibt es sie in vierzehntausend bekannten Arten und sicher in genauso vielen unbekannten. Dadurch, dass jede Art ein eigenes Modell für ihr Nest gewählt hat, konnte es an unterschiedliche Lebensumstände angepasst werden, so dass sie sich in jeder temperierten Ecke der Welt niedergelassen haben. Insgesamt zählen sie heute mehr als alle Sekunden, die seit dem Big Bang vergangen sind.

Während die Bienen bedroht waren, schien man sich um Ameisen keine Sorgen machen zu müssen. Im Internet fand ich sie in erster Linie unter der Überschrift »Schädlingsbekämpfung«. Sanftere Varianten klärten einen darüber auf, dass sie Zimt, Pfeffer, Knoblauch und Natron nicht mögen, streue man dies also über ihre Straßen, würden sie aufgehalten wie von einer Barriere. Vielleicht sollte man Natron in der Küche verstreuen. Eine radikalere Lösung waren die kleinen Ameisenköderdosen, die mit einem wohlschmeckenden Gift gefüllt waren, das die altruistischen Ameisen ahnungslos zu ihrer Königin tragen würden. Wenn sie es fraß, starb sie, und ohne sie löste sich der ganze Ameisenstaat automatisch auf. Ich behielt das für den Fall im Kopf, dass die Ameisen lästig werden sollten.

Ihre Expansion hatte etwas irritierend Vertrautes. Lag es daran, dass sie unsere eigene Verbreitung und unseren immer urbaneren Lebensstil widerzuspiegeln schienen? Während Bienen in einem ländlich kleinen Maßstab mit Nestern wie kleine Dörfer leben, gleichen die Behausungen der Ameisen Großstädten. Im Verhältnis zu ihrem Format können sie sogar größer sein als London und New York. Ich konnte das Ausmaß ihrer unterirdischen Bebauung auf meinem Grundstück nicht sehen, aber unter meinen Füßen gab es mit Sicherheit zehntausende Leben.

Ihr strukturiertes Erddasein ist sehr energisch, so dass dort unten alles voller laufender Schritte in verschiedenen Stockwerken mit Versammlungsräumen, Gängen, Lagerhallen und Schlafsälen sein musste. In der obersten Etage dürften die Eier und Puppen der Kinderstube liegen, denn sie benötigten mehr Wärme. Aber keine Ameise mag Kälte, und so schlurfen sie nach der Winterruhe eine nach der anderen in die Frühlingssonne hinauf, um ihre verfrorenen Glieder aufzutauen. Gleichzeitig nahmen sie etwas Wärme in das Nest mit hinunter, und daraufhin waren alle auf den Beinen und bereit, mehr Erde zu kolonisieren.

Wenn Satellitenstaaten gegründet werden sollen, fällt einem tatsächlich eine Ähnlichkeit zu den Bienen auf. Auch die Ameisen senden dann Späher aus, um denkbare Orte auszumachen, und nachdem Duftspuren zu ihnen ausgelegt worden sind, vergleichen alle die verschiedenen Vorschläge. Wie das genau vor sich ging, erschien mir unklar, aber es zeugte jedenfalls von einer demokratischen Gesellschaft.

Es war auch klar erkennbar, für welche neuen Gebiete sie sich auf meinem Grundstück entschieden hatten. Eines war der Raum rund um den Drei-Kammer-Brunnen. Als ich die Holzluke über ihm abhob, wimmelte es rund um den Tank von Ameisen samt Eiern und Puppen. Sowohl die Luke als auch der sie umgebende Rahmen mussten mit Leinöl gestrichen werden, so dass ich dort eine Weile stand und darüber nachdachte, wie das Problem gelöst werden konnte. Im Gegensatz zu mir verloren die Ameisen keine

Zeit. Sofort fingen sie an, Eier und Puppen in Karawanen zu tragen, um sie aus dem grellen Licht wegzuschaffen, und mit vereinten Kräften gelang es tatsächlich, die ganze Kinderstube zum Holzrahmen der Öffnung zu heben, wo alles hineingestopft wurde. Eine halbe Stunde später war die Kammer ameisenfrei.

Das Problem hatte sich von selbst gelöst, so dass ich den Deckel erleichtert wieder auflegte. Als ich ihn das nächste Mal abhob, hatten die Ameisen jedoch den gesamten Raum erneut zurückerobert. Puppen und Eier lagen wohlgeordnet an ihren alten Plätzen, bis das Licht hereinströmte. Dann wiederholte sich die gleiche Prozedur wie beim letzten Mal.

Ihre fein aufeinander abgestimmte Organisation war ansprechend, entsprach fast den Teilen eines Organismus. Und daraufhin fiel mir ein, dass die beiden Wörter miteinander verwandt waren. Ein Organismus ist ein System, das sich eigenständig organisieren kann.

* * *

Meine Anerkennung für die Organisation der Ameisen musste einen Rückschlag hinnehmen, als ich entdeckte, dass sie auch die Schreibstube eingenommen hatten. Ich sah es erst spät, weil es sich in einem versteckten Winkel abspielte, aber dort bildete ihre Ameisenstraße ein konstantes Rinnsal von der Decke bis zum Fußboden. Von fern ähnelte es chinesischen Schriftzeichen. Im Grunde lassen sich wohl alle Alphabete als kleine Kritzeleien betrachten, die im Begriff sind, einen größeren Inhalt zu erschaffen.

Ich habe nicht den Ehrgeiz, sie alle zu beherrschen, aber es ärgerte mich, nicht deuten zu können, was die Ameisen einander in der Schreibstube mitteilten, wo ich mich mit Sprache beschäftigen wollte. Es half mir nicht, dass ich mir ein Bild vom Tanz der Bienen gemacht hatte, denn Ameisen haben ihre eigene Kommunikation.

Was trieben sie eigentlich in dem Häuschen? Sie schienen einander ja nur zu folgen. Vielleicht fühlten sich auf die Art kurzsichtige Wesen sicher, die erstens nur ein paar Zentimeter vor sich etwas sehen und zweitens Bewegungen besser wahrnehmen als Formen. Dennoch kommen Ameisen allein zurecht. Weil ihre Muskeln sich daran erinnern, wie sie sich zwischen verschiedenen Orten bewegt haben, finden sie mit Hilfe des Sonnenstands immer nach Hause. Außerdem können sie den Weg mit Pheromonen markieren, Duftstoffen aus eigenen Körperdrüsen.

Pheromone besitzen alle Organismen, auch die Bienen benutzen sie, um Hilfe zu rufen oder einander Mut zuzusprechen. Doch bei den Ameisen haben sie sich offensichtlich fast schon zu einer eigenen Sprache entwickelt. Weil jedes Pheromon seine bestimmte Wirkung hat, können sie gemeinsam zu noch mehr Bedeutungen kombiniert werden, und wenn sie in bestimmten Intervallen auftreten, gleichen sie einem Morsealphabet. Ein Ameisenforscher, der annähernd zwanzig Pheromonvokabeln dechiffriert hatte, erahnte außerdem eine Art Syntax oder Satzbau.

Darüber hinaus können die einfachen Botschaften der Pheromone ein unterschiedliches Tempus und variierende Intensität durch die Zeit erhalten, die seit ihrer Absonderung vergangen ist. Einige sind schnell verfliegende Zurufe, während andere zu langlebigeren Orientierungsspuren werden, und diese haben eine besondere Raffinesse. Ameisen, die von einem Fundort zurückkehren, hinterlassen nur Duftspuren, wenn sie etwas mit sich tragen. Wenn nicht, ist dort nichts mehr zu holen.

Auch Zusammenhang und Stärke des Abgesonderten können zu den Bedeutungen der Pheromone beitragen. Ein Warnsignal in der Nähe des Nests löst Aggressionen aus, weiter entfernt wird es dagegen zu einer Aufforderung zur Flucht. Ein schwaches Signal bittet um Verstärkung der Arbeitskraft, ein starkes dagegen warnt vor einem Angriff. Wird die Molekülstruktur geändert, können die Mitteilungen zu heimlichen Codes werden, die nur vom eigenen Ameisenstaat verstanden werden.

Hinzu kommt, dass sich die Pheromonsprache mit Lauten und Bewegungen kombinieren lässt. Einige Ameisen erzeugen einen knarrenden Ton, indem sie über eine gewellte Bauchpartie reiben, andere können rhythmisch zittern und wieder andere ihre Kiefer oder Mandibeln zusammenschlagen. Um etwas zu unterstreichen, können sie mit ihren Fühlern leicht auf andere Ameisen schlagen, und wenn das Nest angegriffen wird, sind sie in der Lage, rasch alle zu alarmieren, indem sie mit dem Kopf gegen etwas schlagen, das Resonanz erzeugt.

Und die vielen verschiedenen Signale sind bei Weitem noch nicht alles. Sie werden zudem sehr ausgefeilt wahrgenommen. Die Pheromone werden von den Fühlern aufgefangen, die in jedem Glied verschiedene Düfte unterscheiden. In einem Glied wird der Duft des Zuhauses wahrgenommen und in einem anderen der Geruch der

Ameisenstraßen erfasst. In einem dritten kann das Alter entgegenkommender Ameisen abgelesen werden, während ein viertes vom Aroma der Ameisenkönigin geprägt ist – der Duft, der dem Ameisenstaat seine Identität gibt. Das Zuhause, die fremden Wege, die Charaktere der Begegnenden und die eigene Identität – all das kann zusammenspielen wie Akkorde.

Wie die Bienen nehmen Ameisen mit ihren Antennen sowohl Gerüche als auch Ertastetes wahr. Wenn sie sich vermischen, wird eine nahezu dreidimensionale Szenerie erschaffen wie eine Relieflandschaft aus langen oder kurzen, kompakten oder lichten Formen. Das ist notwendig, weil Ameisen sich auf einem Terrain bewegen, das eine einzige große Duftkarte ist. Dort gibt es Gerüche von verschiedenen Bakterien und Pilzen und von Insekten, die entweder Jäger oder Beute sein können. Auch das Sehvermögen kann eine Orientierungshilfe sein. So haben Forscher festgestellt, dass eine ältere Ameise in Gesellschaft einer jüngeren manchmal auf dem Weg stehen bleibt, um ihre unerfahrene Schwester Orientierungspunkte wie kleine Kiefernzapfen oder den Schatten unter einem Strauch finden zu lassen.

Die Pheromonwolken, durch die Ameisen sich bewegen, sind also keine seichten Sprechblasen, dicht vor mir fand unter Umständen vielmehr ein entscheidender Informationsaustausch statt. Sicherlich beschrieben die Ameisen die Schreibstube auf eine andere Weise als die mir vertraute. Die Sinne können ja eine ganze Weltauffassung formen. Während mein Blick der Ameisenkarawane an der Wand folgte, erkannte ich, wie sehr meine Sprache vom

Sehen und Hören bestimmt ist. Sie basiert auf visuellen Zeichen und hörbaren Lauten, aber Gefühl, Geschmack und Duft kann sie nur mit Hilfe tastender Assoziationen in Worte kleiden. Parfüms werden durch Bilder von aufreizenden, eleganten oder sportlichen Frauen charakterisiert, während Weine mit Hilfe von Assoziationen beschrieben werden, die bemüht von gespitzten Bleistiften bis zu Ställen reichen.

Ameisen haben es da leichter. Sie unterscheiden ebenso viele Duftaromen, wie wir in unseren Parfüms und Weinen haben, und da sie nicht den Umweg über Worte nehmen müssen, sind sie exakt. Als ich mein Alphabet mit der Pheromonsprache der Ameisen verglich, wirkte es in der Tat ein wenig konstruiert und abstrakt, was es ja auch war.

***

Da saß ich also neben einer ausgeprägt sinnlichen Sprache und fühlte mich ausgeschlossen. Waren vielleicht auch einige diskrete Vibrationssignale zu den Vorderbeinen der Ameisen gegangen? Sie verfügen nämlich über eine Art Hörorgan an den Knien. Mir kam die taube Schlagzeugvirtuosin Evelyn Glennie in den Sinn, die bei ihren Konzerten barfuß spielt, um die Klangwellen mit ihren Füßen wahrzunehmen. Ich selbst nahm natürlich nichts wahr.

Vielleicht war es auch ein Geschmack, der die Karawane an der Wand antrieb. Ameisen grüßen sich von Mund zu Mund, so dass sie die Nahrung in ihrem Kropf mit anderen teilen und ihnen zugleich mitteilen, was sie gefunden haben. Diesen großzügigen Mundgruß ein Aufstoßen zu nennen, erschien mir falsch. Meine Gedanken wanderten stattdessen zum Ursprung des Kusses. Einer Theorie zufolge hat er sich aus der Art und Weise entwickelt, in der Mütter Kinder Mund zu Mund mit durchgekauter Nahrung fütterten. So oder so war der Mundgruß der Ameisen eine Methode, etwas zu teilen und zugleich etwas mitzuteilen. Im Grunde zeigen die Worte selbst schon den Zusammenhang zwischen mitteilen und etwas mit jemandem teilen. Bei einer Ameisenart ist dies tatsächlich zu einem Symbol verschmolzen: Man teilt einen Essensfund mit, indem man mit offenen Kiefern wackelt, als wollte man Nahrung teilen.

War es nicht ein bisschen rührend, dass sie auf die gleiche Art grüßten, wie man sonst Kinder fütterte? Sagte das nicht etwas darüber aus, wie sie sich umeinander kümmerten? Manchmal versuchen sie sogar, Kameraden nach deren Tod zu pflegen, bis sie schließlich Verwesungsgerüche wahrnehmen. Dann wird der Tote schleunigst zu einer entlegenen Mülldeponie gebracht. Als ein Forscher den Leichenduft auf lebende Ameisen übertrug, wurden auch sie schnell weggetragen, obwohl sie lebhaften Widerstand leisteten. Entscheidend war, dass dieser Duft Tod signalisierte, denn in der Welt der Ameisen sind Düfte die Wahrheit.

Trotzdem können sie die Pheromonsprache auch bewusst einsetzen, um in die Irre zu führen. Genau wie wir können sie lügen. So schleichen sich hinterlistige Ameisen zum Beispiel in die Nester anderer, um dort das Signal »Alle raus zum Angriff!« zu geben. Ist das Nest daraufhin geleert, begeben die Betrüger sich ungestört hinein und stehlen Larven, die sie zu Sklaven aufziehen.

Lügen sind eine regelwidrige, aber ausgeklügelte Art, Sprache zu benutzen, denn sie zeigen, dass man fähig ist, sich in die Reaktionen anderer hineinzuversetzen und diese dadurch zu manipulieren. Auch wenn man aus egoistischen Gründen lügt, ist man über seine eigene Gedankensphäre hinausgegangen. Die Lügen deuten somit an, dass Ameisen verstehen, wie andere Individuen denken können.

Je länger ich über die elementare Sprache der Ameisen nachdachte, desto mehr sah ich ihre Vielseitigkeit. Sie kann den Weg weisen und warnen; sie kann über Nahrung informieren und Zusammengehörigkeit zeigen; sie kann Umgebungen erfassen und die Rollen in einer Gruppe zeigen. Hinzu kommen Lügen sowie die Verschlüsselung geheimer Nachrichten. Afrikanische Wanderameisen auf Raubzug lassen in diesem Sinne die Vorhut Duftspuren abgeben, die darüber informieren, ob das Hauptheer abwarten, vorrücken oder ein Opfer umzingeln soll. Und als wäre das alles nicht schon genug, haben zwei Forscher berichtet, dass sich die Ameisensprache auch mathematisch anwenden lässt. Eine Ameisenart scheint nämlich ihre Sprache mit der Zahl Pi zu kombinieren, um Flächen zu messen.

***

Draußen regnete es, und durch das Tropfen hindurch waren Hammerschläge zu hören. Ein Schreiner war dabei, Leisten in dem Schuppen anzunageln, der später das Schlafzimmer meiner Schwester werden sollte. Es war schön, ihn von Zeit zu Zeit über Lattenholz, Rauspund und anderes Handfestes reden zu hören, das konkrete Räume erschuf. Manchmal wechselte ich auch vom Schreiben dazu über, den Tischlerschuppen aufzuräumen, in dem die früheren Besitzer großzügig alles zurückgelassen hatten. Die Werkzeuge luden dazu ein, sortiert zu werden, denn sie hatten sachlich eindeutige Namen und Funktionen. Schraubenzieher, Zangen, Feilen, Bohrer, Nägel und Schrauben in allen Größen konnten in eine hübsche Ordnung gebracht werden, und anschließend sortierte ich wollüstig kaputte Stromkabel, eingetrocknete Farbdosen und anderes aus, was das System störte. Ich hegte eine alte Sehnsucht danach, das kunterbunte Durcheinander des Lebens zu überblicken, und der Tischlerschuppen musste dafür stellvertretend herhalten.

Worte, die vom Leben handeln, sind anders. Sie haben verschwommene Grenzen, vielfältige Assoziationen und verschiedene Bedeutungsschichten, wodurch es schwer ist, etwas wirklich Stabiles mit ihnen zu erbauen. Philosophen lösen das heutzutage, indem sie die Sprache abstrakt machen, aber dadurch streift man ja das Leben selbst ab. Natürlich benötigt man trotzdem eine gewisse Distanz, um ein Gesamtbild zu erhalten. So geht es auch mir, und um über größere Zusammenhänge zu schreiben, muss ich allein sein, ohne von sozialen Sprachschichten abgelenkt zu werden. Darum habe ich mir häufig abgelegene Schreibstuben gesucht.

Am weitesten ging ich in der Hinsicht in meiner romantischen Jugend, als ich glaubte, die großen Lebensfragen könnten sich in einem Sommer ergründen lassen. Außerdem glaubte ich, die Frau zu sein, die Inseln liebte, und war auf der Suche nach der einsamsten. Als ein Touristenbüro an der schwedischen Westküste Robinson-Crusoe-Wochen anbot, meldete ich mich sofort. Sie stellten einem ein Zelt, Proviant und den Bootstransfer zu einer unbewohnten Schäreninsel, wo man eine Woche lang allein verbringen sollte. Das war es, wonach ich mich zu sehnen glaubte: ein Felseneiland inmitten der Freiheit des Horizonts.

Im Boot hinaus erfuhr ich, dass ich mit meiner Robinson-Crusoe-Woche in einem doppelten Sinn ziemlich allein war. Sie war bis dahin nur von einem früheren Kriegskorrespondenten erprobt worden, der es auf der Schäre nicht ausgehalten hatte, weil zu der Zeit schwere Gewitter niedergegangen waren.

Als mich das Boot auf der Insel abgesetzt hatte, sah ich mir die Ausrüstung an, mit der man mich ausgestattet hatte. Außer dem Zelt und einem Wasserkanister gab es einen unförmigen Seesack, der in erster Linie Konservendosen zu enthalten schien. Das gab mir einen Hinweis auf die kulinarischen Genüsse der kommenden Woche. Wegen des Gewichts musste alles am Ufer liegen bleiben, während ich mich mit der Insel vertraut machte.

Sie war wirklich das genaue Gegenteil von Gesellschaft, denn sie gehörte keinem, und so freigiebig wie ein Eigenbrötler. Die Bäume duckten sich Sträuchern gleich vor den Elementen, und zwischen der tosenden Brandung tauchten unerwartete Schlangensteinhaufen und Felsspalten auf. Am Uferrand lagen flötendünne Vogelskelette zwischen Bootsbrettern, zu Flügeln gebrochen. So viel Zartes schien dort zertrümmert worden zu sein. Es kam einem vor, als wäre dieser windgepeitschten Insel etwas Unerhörtes widerfahren. Mitten auf ihr lag ein gespaltener Hügel mit einem Bündel rußiger Streifen wie nach einem Blitzeinschlag. Dorthin schleppte ich meine Ausrüstung und baute das Zelt auf der kleinen Wiese auf, die sich mitten in der Kluft gebildet hatte.

Und was sollte ich danach tun? Über das Leben nachzudenken, kam mir ein wenig abstrakt vor, und so begann ich in Ermangelung einer anderen Beschäftigung mit einer einfachen Dosenmahlzeit. Zwischen den Konserven im Seesack befand sich ein Campingkocher, den ich auf einen Felsen stellte. Er war schwierig anzuzünden, und als ich endlich Erfolg hatte, kam nur eine reptilienschnelle Flamme, die genauso schnell wieder verschwand. Gleichzeitig breitete sich ein beißend stinkendes Rinnsal auf dem Stein und meinen Händen aus. Der Petroleumbehälter leckte.

Resigniert machte ich mich auf den Weg, um mir am Ufer die Hände zu waschen, blieb aber auf halbem Weg stehen. Am Ufersaum war ein flacher Felsen voller Robben. Sie lagen dicht nebeneinander wie Menschen auf einem Badestrand, waren trotz ihrer Trägheit jedoch wachsam dem Wasser zugewandt, jederzeit bereit, bei der kleinsten Gefahr zu verschwinden. Um sie nicht zu stören, kehrte ich leise um.

Es war noch warm, obwohl die Wolken sich bereits aufgetürmt hatten, als ich an Land gegangen war. Ich hatte gerade einen neuen Rundgang über die Insel beendet, als der Regen über die Felsen tapsend näher kam. Als ich ins

Zelt kroch, begleiteten mich einige Tropfen. Wie sich herausstellte, leckte auch mein Zelt.

Draußen wurde es schnell dunkler, als die Wolken sich wie ein Deckel über die Insel legten. Dann aber wurde es plötzlich hell, und der Donner vermischte sich mit Möwengeschrei. Der Blitz hatte anscheinend ins Wasser eingeschlagen. Es sollte nur ein Vorspiel sein, denn schon bald wetteiferte der laute Wind mit ständig neuen Blitzen.

Ich hatte mich noch nie vor Gewittern gefürchtet, hatte im Gegenteil gern in dem ländlichen Haus meines Freunds am Fenster gestanden, um die Szenerie zu bewundern. Das war jetzt allerdings anders. Während die Blitze niedergingen, schlugen die Reißverschlüsse der Zeltbahnen wie Alarmglocken gegen die Sprossen der Zeltstangen auf der nassen Wiese. Ich war umgeben von Metallen und spürte ihren Geschmack am Gaumen. Durch die Zeltplane fallend maßen die Tropfen die Zeit wie eine Wasseruhr in endlosen Minuten. Die Blitze schienen sich suchend über die Insel zu bewegen.

Nach einer Stunde hatte ich Herpes bekommen, und es brannte unter den Augen. Was war Leben? Schwache elektrische Impulse, die Herzschläge und Muskelbewegungen in Körpern antrieben, die durch Elektrizität aber auch vernichtet werden konnten. Ich fror. Ich hatte die Freiheit gesucht und fand mich den Elementen schutzlos ausgeliefert.

Als das Gewitter in der Nacht zurückkehrte, sehnte ich mich intensiv nach den zusammengekauerten Häusern des kleinen Küstenorts. In der gesamten Weltgeschichte hat es den Menschen Geborgenheit geschenkt, zusammen und

Teil einer Gemeinschaft zu sein. Um die Insel herum bewegten sich mit Sicherheit blitzende Heringsschwärme aus dicht gedrängten Leibern wie Tropfen in einer Welle, aber meine einzige Gesellschaft war eine einsame Ameise, die sich in mein Zelt verirrt hatte.

Damals spürte ich, was inzwischen bewiesen ist: Auch Insekten können Furcht empfinden. Das war vermutlich das Gefühl, von dem die Ameise außerhalb des Schutzes ihres Staates erfüllt war.

Dass wir uns gegenseitig beruhigen würden, erschien wenig wahrscheinlich. Ich war daran gewöhnt, andere Wesen über ihre Stimmen zu deuten, und selbst wenn sie nicht sprachen, konnten sie singen, schnurren, knurren, jaulen oder fauchen. Darüber hinaus war es möglich, den Gefühlen eines anderen durch einen Blick, eine Miene oder eine Körperhaltung zu begegnen. Nichts von all dem war mit der Ameise möglich, denn sie war vollkommen anders. Selbst Außerirdische bekommen in der Science-Fiction häufig menschliche Proportionen und Züge zugesprochen. Sie haben zwei Arme, zwei Beine, zwei Augen und Ohren um eine Nase und einen Mund. Sie kommunizieren mit sprachlichen Lauten und nehmen uns ungefähr so wahr, wie wir sie sehen. Kleine irdische Lebewesen mit einem aparten Aussehen können einem dagegen für eine wirkliche Begegnung allzu fremd vorkommen.

Der Körper der Ameise war wirklich eigenartig. Das nackte Chitinskelett glänzte metallisch kühl, und die Augen waren nicht nur klein – sie bestanden aus Facetten, so dass ich ihrem Blick nicht begegnen konnte. Das Wissen, das ich mir über Ameisen angeeignet hatte, stammte aus Büchern und der Wissenschaft. So hatte der Insektenforscher Carl Lindroth ein Kinderbuch über die Ameise Emma geschrieben, und weil es auf Fakten über das Ameisenleben basierte, hatte mein Biologielehrer uns daraus vorgelesen. Die tapfere Emma musste darin Ameisenjungfern, Raubameisen und Schlupfwespen begegnen und verirrte sich schließlich auch. An einer ihrer Antennen war nämlich ein Glied abgegangen, als eine Ameisenkinderpflegerin sie bei der Geburt unsanft aus dem Kokon gezogen hatte. War etwas in der Art der Ameise in meinem Zelt widerfahren? Und was empfand sie? Jahre später sollte ich vergrößerte Röntgenbilder eines Ameisengehirns sehen, auf denen unterschiedliche Bereiche verschiedene Farben bekommen hatten. Sie leuchteten wie ein Kirchenfenster. In einem anderen Röntgenfilm sah ich ein Insektenherz schlagen. Es ähnelte meinem nicht, pulsierte aber genauso stark.

Die Ameise saß wie gelähmt in einer Ecke des für sie ungewohnten Zelts. Sie war genauso klein wie ich unter dem finsteren Himmel und wurde mir zum Sinnbild einer nackten, einsamen Existenz. Gerade weil wir beide in unsere eigenen Erlebnisse eingeschlossen waren, verband uns eine Art Gemeinschaft. Nebeneinander waren wir allein. Gleichzeitig fühlte ich bis tief in mein besorgtes Herz hinein, dass keiner eine Insel ist. Ich stammte aus einer Stadt aus Inseln, verbunden durch Brücken, und es waren die Zusammenhänge, die eine Gesamtheit erschufen. Sie waren das Leben und erstreckten sich auch über Artgrenzen hinweg.

***

Als Schriftstellerin Ameisen mit existenziellen Fragen zu kombinieren, war nichts Neues. Durch ihre geringe Größe können sie die Schutzlosigkeit in einem gewaltigen Kosmos illustrieren, und dass sie so viele sind, unterstreicht die Bedeutungslosigkeit des Individuums. Nur der Duft einer ständig gebärenden Königin erhält sie am Leben. Und das kann die größte existenzielle Frage aufwerfen. Gilt das auch für uns? Haben wir uns die Götter, die unser Leben lenken, ausgedacht?

Fragen dieser Art beschäftigten den belgischen Schriftsteller Maurice Maeterlinck, dem 1911 der Literaturnobelpreis verliehen wurde. Ich hatte in meiner literaturgeschichtlichen Vergangenheit sein Theaterstück *Die Blinden* mit Samuel Becketts *Warten auf Godot* verglichen, das möglicherweise von Maeterlinck inspiriert war. In beiden Dramen ging es um ein ewiges, vergebliches Warten auf einen Anführer, und in Maeterlincks Stück war dieser besonders notwendig. Die Wartenden waren nämlich blind. So konnten sie auch nicht sehen, dass der Anführer mitten unter ihnen saß. Aber er war tot.

Maeterlinck war vor allem für seine symbolistischen Dramen bekannt, schrieb aber auch schöne Essaybücher über Biologie. Das erste widmete er den Bienen, denn er war ein leidenschaftlicher Bienenzüchter. Als er in den zwanziger Jahren gebeten wurde, ein Filmdrehbuch zu schreiben, versuchte er zum Entsetzen des Produzenten tatsächlich, eine Biene zum Helden zu machen. Dabei hatte er sich in seinem Buch einigermaßen herablassend über Solitärbienen ausgelassen. Seiner Meinung nach sollten sie den Sprung von einem beschränkten Egoismus zu einer Bruderschaft machen. Ich stutzte ein wenig bei seiner Wortwahl, da weder »beschränkter Egoismus« noch »Bruderschaft« zu Bienen passte, aber ich verstand, dass er das Leben des Bienenstocks hervorheben wollte.

In noch höherem Maße entsprachen Ameisen seinem Ideal, und 1930 schrieb er dann auch ein Essaybuch über ihr Leben. Als Symbolist sah er noch im einfachsten Ameisenhaufen ein Bild unseres eigenen Schicksals. Schließlich kannten wir so wenig wie die Ameisen unser Lebensgeheimnis. Der symbolistische Einschlag wog jedoch leicht, und sein Buch war so voller faszinierender Fakten, dass es mein Interesse für Ameisen weckte.

Er beschrieb sehr schön ihr Leben. Es begann mit kleinen, fast unsichtbaren Eiern, die andere Ameisen unablässig ernährten, indem sie diese leckten. Vielleicht war die Organisation des Ameisenstaats ja gerade durch die Notwendigkeit entstanden, unaufhörlich für den Nachwuchs zu sorgen, überlegte Maeterlinck. Ähnliches war auch über unsere Gesellschaften gesagt worden. Und in den Larven, die aus den Eiern kamen, meinte er nahezu menschliche Formen zu sehen. Durch ein Mikroskop betrachtet, ähnelten sie mürrischen Kleinkindern mit höhnischem Gesichtsausdruck; manchmal auch Mumien mit Kapuzen in Maulbeerfeigenholzsärgen. Alle Eier glichen einander, außer dem, das eine Königin hervorbringen sollte.

Wenn ihr aus dem Kokon geholfen worden war, hing etwas Schleierartiges an ihren Seiten. Es waren Flügel. Als ich nachdachte, wurde mir leicht schwindlig, denn die Flügel waren ja eine Erinnerung an die geflügelte Urahnin der Ameisen. Durch sie wurden Millionen Jahre eines erdgebundenen Daseins für einen Tag und einen entscheidenden Augenblick aufgehoben. Während eines mehrminütigen Rauschs hoch über den Ameisenschritten des Alltags konnte jedes kleine Individuum zum Beginn von etwas Neuem werden.

Es geschieht alljährlich an einem ganz bestimmten Nachmittag zwischen fünf und acht Uhr. Die Sonne scheint nach einem Regen, der die Erde aufgelockert hat, und die Luftfeuchtigkeit liegt bei siebzig Prozent. Woher die Ameisen das wissen, bleibt unverständlich, aber sie irren sich nie. Zur Mittagszeit brodelt der Ameisenhaufen vor Eifer, während junge Ameisenköniginnen an die Oberfläche eskortiert werden.

Obwohl sie nichts über den Himmel wissen, heben sie die Flügel zum Flug. Sie sind nicht allein. Jede einzelne neugeborene Königin in der Umgebung bricht in den Himmel auf, und Gleiches tun die geflügelten Ameisenprinzen, die sie befruchten sollen. Es ist, als hätten sich alle abgesprochen, um die Ameisenstaaten zu vermischen und die Inzucht zu vermindern.

Wer gibt das Signal? Keiner, nur ein uraltes Gefühl für den richtigen Zeitpunkt und das richtige Wetter. Die ganze Wolke aus Flugameisen steigt unter hungrig kreisenden Vögeln zum Himmel hinauf. Wie ein Rauch aus einem unsichtbar glühenden Feuer fliegen sie bis zum Abend, bis die Fledermäuse kommen, um all jene zu fangen, die noch da sind. Nur ein Prozent der Tausenden von Ameisenköniginnen werden diesen Tag überleben, und noch schlimmer ergeht es den männlichen Ameisen. Wer von ihnen nicht von Vögeln gefressen wird, fällt nach der Paarung zur Erde, wo die Arbeiter sie in ihrem alten Nest manchmal töten, denn sie haben an ihrem einzigen Lebenstag ihren Beitrag für den Ameisenstaat geleistet. In einer intensiven Erregung bekam das Leben eine Chance, sich tausendfach zu multiplizieren, aber damit es in seiner Vielfalt nicht erstickte, folgte ihm der Tod auf den Fersen, wie die Nacht dem Tag folgt.

* * *

Ich verstand, dass der Paarungsflug Maeterlinck gefesselt hatte. Er war eine Art existenzieller Glutpunkt, eng verknüpft mit Geburt und Tod. Der Paarungsflug der Honigbienen hat eine ähnliche Intensität, obwohl er nicht für ganze Schwärme gilt. Stattdessen prüfen die Königinnen die Drohnen, indem jede für sich immer kühner zum Himmel aufsteigt. Sie reicht weit über die normale Flughöhe der Bienen hinaus, so dass sie mit bloßem Auge am Ende nicht einmal als Punkte auszumachen sind. Für diesen Moment haben die Drohnen die schärfsten Augen von allen Bienen bekommen. Sie dürfen ihre Königin nicht außer Sichtweite kommen lassen, denn nur wer ihr im Himmelsflug am höchsten folgen kann, darf sich mit ihr paaren, auch wenn es ihn das Leben kostet. Während des Paarungsaktes werden ihm mitten im himmelhohen Treffen die Eingeweide aus dem Körper gezogen, und während die Königin von Leben erfüllt wird, fällt er tot zur Erde.

Bei den Ameisen ist der Paarungsflug eine Kraftprobe und ein dramatischer Kontrast zu ihrem erdgebundenen Alltagsleben. Maeterlinck beschrieb es als eine ländliche

Hochzeit, und wenn die Königin hinterher ihre Flügel abreiße, sei es ihr Brautkleid, das falle. Das war ein idyllisierendes Bild, denn danach folgt kein Fest. Die Königin muss schleunigst sich und die Leben, die sie zur Welt bringen wird, retten, indem sie sich in der feuchten, lockeren Erde eingräbt. In Wahrheit gräbt sie sich ihr eigenes Gefängnis. In der dunklen Erde wird sie anschließend während all der Jahre, die sie noch zu leben hat, regungslos liegen bleiben.

Als Erstes legt sie eine Handvoll Eier, die sie sorgsam mit einem nährenden antibiotischen Speichel leckt, damit keine Erdbakterien sie infizieren. Doch ihre Kräfte schwinden, und um weitermachen zu können, ist sie gezwungen, einen Teil der Eier zu fressen, die sie so zärtlich gepflegt hat. In ihrem Körper liegen noch Millionen Spermien gelagert, und ihre Lebensaufgabe ist es fortan, regelmäßig wie Herzschläge ständig neue, befruchtete Eier zu legen.

Millionen gelagerte Spermien ... Ich rechnete still. Eine Ameisenkönigin kann bis zu zwanzig Jahre alt werden, und selbst wenn nur ein Bruchteil der Spermien ihre Eier befruchten sollte, konnten daraus hunderttausende neue Ameisen entstehen. Kein Wunder, dass es überall Ameisen gab. Neunundneunzig Prozent aller Königinnen des Paarungsflugs können sterben, aber diejenigen, die überleben, werden umso mehr werden, und sie sind in der Lage, den Ameisenstaat ununterbrochen am Leben zu erhalten. Dadurch, dass ihre Jüngsten genauso sorgsam gepflegt und geschützt werden wie unsere Kinder, überleben sie die gefährliche Phase des Aufwachsens, in der die Sterblichkeit bei anderen Arten so groß ist.

In Maeterlincks bewundernden Augen war das Matriarchat der Ameisen die Idealrepublik, deren Aufbau uns selbst niemals geglückt war, vielleicht, weil sie wirklich Schwestern waren. Er sah in ihnen einige der edelsten, mutigsten, freigiebigsten und hingebungsvollsten Wesen der Erde, angetrieben von einem gemeinsamen Altruismus. Sollte einer für sich selbst mehr von den gemeinsamen Vorräten beanspruchen, konnte das alle treffen, so dass unter Ameisen Solidarität und Friedfertigkeit herrschten. Begegneten sie anderen Ameisenstaaten, geschah es nur, um freundschaftliche Sportwettbewerbe und Spiele auszutragen.

Das war der Punkt, an dem mir klar wurde, dass Maeterlinck die Ameisen idealisierte. Innerhalb der Staaten muss man Frieden halten, aber nach außen machen sich in der Regel Revierinstinkte geltend. Was Maeterlinck als Spiele und harmlose Sportwettbewerbe betrachtete, haben Insektenforscher als ein Kräftemessen um Reviere beschrieben. Sie sind zwar so ritualisiert, dass sie Turniere genannt werden, bei denen hunderte Ameisen alles tun, um die anderen zu beeindrucken. Sie strecken ihre Beine zu Stelzen aus und stellen sich gern auf einen Kiesel, um ihre Länge zusätzlich zu vergrößern. Aber das ist nicht bloß ein Spiel. Wenn eine kleinere Kolonie sich mit einer größeren konfrontiert sieht, kommt es darauf an, sich schnell in sein Nest zurückzuziehen und den Eingang zu bewachen. Sobald eine Seite sich als die stärkere erwiesen hat, artet der Kampf nämlich zu Überraschungsangriffen aus, in denen die schwächere Kolonie versklavt wird, nachdem ihre Königin getötet wurde.

* * *

Es gab diverse Ähnlichkeiten zwischen den Gesellschaften der Ameisen und unseren, und ich fand, dass sie ein wenig unangenehm waren. Das Spiegelbild, das sie von unten aus ihrer Liliputwelt warfen, konnte herabsetzend sein. Unsere erfolgreichen Zivilisationen sind ja mit dem Kehlkopf erklärt worden, der uns die Sprache gab, und mit den Händen, die uns Werkzeuge gaben. Trotzdem haben Ameisen ganz ohne Kehlkopf oder Hände schon Millionen Jahre vor unserer Zeit ein organisiertes Gesellschaftsleben gehabt. Ihre Kommunikation aus Düften, Aromen und Vibrationen funktioniert nachweislich hervorragend, und ihre Kiefer sind in der Lage, genauso zu greifen wie Hände. Mit ihnen schleppen sie Lasten, die zwanzigmal mehr wiegen als sie selbst, und wenn Ameisen einander aus ihrer jeweiligen Richtung kommend helfen, ähneln sie tatsächlich den zusammenarbeitenden Fingern einer Hand. Deutlicher als alle anderen demonstrieren Ameisen, wie Zusammenarbeit komplexe Gesellschaften erschaffen kann.

Jede Ameisenart illustriert das auf ihre Weise. Weberameisen der Gattung Oecophylla bauen beispielsweise Nester aus zusammengefügten Blättern. Eine einzelne Ameise kann ein Blatt zusammenziehen, indem sie den einen Rand mit den Kiefern und den anderen Rand mit den Hinterbeinen greift. Aber wenn zwei Blätter vereinigt werden sollen, ist Teamwork gefragt. Eine Ameise muss dann das eine Blatt nehmen, während eine andere Ameise ihren Hinterkörper hält und eine dritte den Hinterkörper der zweiten und so weiter, in einer Anzahl von Gliedern, bis jemand das zweite Blatt erreicht. Zwischen den Blättern befinden sich stets dicht an dicht solche Ameisenketten, die manchmal fast zusammengeflochten sind. Und wenn die Ränder endlich nebeneinanderliegen, taucht das nächste Problem auf: Sie sollen zusammengefügt werden. Man löst es, indem man eine Larve dorthin trägt, die sich gerade in einen Kokon einspinnen will. Daraufhin hält eine Ameise die Kokonspinnerin in den Kiefern und führt sie wie ein Weberschiffchen über den Blatträndern hin und her, während die Larve ihre klebrigen Fäden abgibt. So wird die halb fertige Puppe ein lebendiges Werkzeug. Und so geht die Arbeit weiter, bis das ganze Nest einem riesigen, seidig schimmernden Kokon aus zusammengefügten Blättern gleicht.

Ameisenkörper können sich auch gemeinsam zu einer Art Baumaterial formen. Feuerameisen drängen sich zu einer kompakten Masse zusammen und erschaffen so wasserdichte Flöße. Tropische Wanderameisen fügen ihre Körper zu riesigen Zelten zusammen, die zum einen die Königin schützen, zum anderen die Wärme und den Feuchtigkeitsgrad regulieren. Darüber hinaus können Ameisen auch Material aus der Umgebung verwenden, zum Beispiel, wenn die Ameisengattung Aphaenogaster poröse Blätter in Schwämme verwandelt, in denen sie flüssige Nahrung transportiert. Mit anderen Worten: Ameisen haben demonstriert, dass sie auch Werkzeugmacher sind. Auch zentimeterkleine Insekten konnten also komplexe Gesellschaften bilden, was die Ameisen sogar lange vor uns getan hatten. Als wir vor etwa zehntausend Jahren damit begannen, Ackerbau zu betreiben, waren Ameisen schon seit fünfzig Millionen Jahren Pflanzer gewesen und hatten im Zusammenhang damit eine Reihe anderer Tätigkeiten ausgeübt.

Laut Maeterlinck ernährt sich in Texas eine von ihm Aussä-Ameisen genannte Art von einer bestimmten Grasart, die sie anbaut, indem sie andere Pflanzen jätet. Im Ameisenmaßstab entspricht der kleinste Halm einem Baum, so dass sie auch Holzfäller werden müssen und das in einem Gelände, in dem Kiesel wie Felsblöcke sind. Noch ausgefeilter gehen Blattschneiderameisen der Gattung Attas vor. Ihre Nahrung ist ein Pilz, den sie mit solchen Mengen von Blättern versorgen, dass sie diese im großen Stil ernten und verarbeiten müssen. Täglich begeben sich tausende Arbeiter zu verschiedenen Ernteplätzen, um Blätter loszuschneiden und in kleinere Stücke zu zerteilen. Durch ihre schiere Menge und Organisation können die Ameisen einen ganzen Baum innerhalb eines Tages entlauben, woraufhin vielköpfige Kolonnen die Ernte zu den Pilzgärten befördern. Weil die Blätterstücke größer sind als die Ameisen, sieht es aus, als würden grüne Flecken von selbst durch das Terrain fließen, denn die kilometerlangen Ameisenstraßen werden kontinuierlich von speziellen Straßenarbeiterameisen gesäubert. Manchmal reiten kleinere Ameisen auf den Blättern wie Kinder auf einem Heuwagen, aber es handelt sich um sehr ernsthafte Wächter, die ihre Fracht vor Parasiten schützen.

Alles geschieht am laufenden Band. In der Kolonie werden die Blätterstücke zu hunderten unterirdischen Räumen gebracht, die durch ihre Größe und Menge tatsächlich Fabriken ähneln. Sie verfügen sogar über ein gut ausgebautes Belüftungssystem, denn dort unten werden die Pilze angebaut, und die geben Kohlendioxid ab. Das könnte den Ameisen gefährlich werden, wenn sie die Blätter für die

Pilze zu einem Substrat kauen. Sollten sich Blätter als gespritzt herausstellen, so dass die Pilze geschädigt würden, werden die Erntearbeiter angewiesen, unverzüglich den Ernteort zu wechseln. Die Ameisen unten in den unterirdischen Sälen sind nämlich sehr wachsam und sortieren regelmäßig fremde Arten von ihrem Lieblingspilz aus. Abgesehen davon, dass sie ihn mit Exkrementen düngen, verabreichen sie ihm sowohl Wachstumshormone als auch eine Art Antibiotikum gegen Mikroorganismen – beides wird in ihren eigenen Körpern produziert. Am Ende des Prozesses kümmern sich ältere Arbeiter um eventuell anfallenden Abfall, bei denen ohnehin damit gerechnet wird, dass sie bald sterben. Alles ist genauso organisiert wie in einer Industrie.

Und Ameisen haben nicht nur seit Millionen Jahren Anbau betrieben. Lange vor uns haben sie außerdem eine Art Viehzucht betrieben, wenngleich es hier natürlich um sehr kleine Tiere geht. Es handelt sich um Blattläuse, die nach dem Aufsaugen von Pflanzensaft süße, energiereiche Ausscheidungen abgeben. Mit einem beschönigenden Begriff werden diese Honigtau genannt, obwohl es sich nicht um eine Ameisenvariante von Honig, sondern um sehr profane Exkremente von Läusen handelt. Diesen Honigtau melken die Ameisen beharrlich, indem sie mit ihren Antennen über die Läuse streichen, und sie können solche Mengen davon sammeln, dass man es mit der Arbeit einer Meierei vergleichen kann. Es ist auch unverkennbar, dass die Ameisen dies als ihre eigene Tierzucht begreifen, denn wenn Marienkäfer die Blattläuse naschen wollen, werden sie wie Raubtiere angegriffen, und wenn die Blattläuse Flügel bekommen, werden sie abgerissen wie bei Federvieh, deren Flügel gestutzt werden. Schwarze Wegameisen lagern in ihrem Nest sogar den Winter über Blattlauseier, um sie im Frühjahr auf einer geeigneten Weide auszusetzen.

Auch Raupen des Ameisenbläulings können Honigtau produzieren, weshalb manche Ameisenarten sie in ihr Nest bringen, wo sie im Austausch gegen süße Ausscheidungen mit den eigenen Eiern der Ameisen aufgezogen werden. Während des Winters dürfen sich die Raupen sicher im Ameisennest verpuppen, und im Frühling werden die neugebildeten Schmetterlinge von den Ameisen, die ihnen ein Nest geboten hatten, ritterlich nach draußen eskortiert.

Ameisen sind offensichtlich bereit, sehr weit zu gehen, um ihren Honigtau zu bekommen, aber eigentlich fressen sie sehr wenig und können Monate oder sogar ein Jahr ohne Nahrung auskommen, solange es etwas Feuchtigkeit in der Erde gibt. Den Blattlaussaft sammeln sie in speziellen Körpertaschen für die Larven des Ameisenstaats, die in einem Sommer zehn Kilo davon verdrücken können. Der Eiweißbedarf der Larven wird dagegen durch unterschiedliche Insekten gedeckt, die von den Ameisen nach Hause geschleppt werden. Fliegen, Ameisen, Schmetterlinge und Käfer, Würmer, Spinnen oder Tausendfüßler: sie alle haben Larven, die junge Ameisen ernähren können, und so werden in einem Ameisenstaat jährlich Millionen von Insekten verspeist. Wehren sich die Opfer, macht eine Dosis Ameisensäure sie gefügig. Ameisensäure ist so effektiv, dass sie auch von Bienenzüchtern und Vögeln genutzt wird, dann allerdings im Kampf gegen Milben und anderes

Ungeziefer. Stare lassen sich einfach in einem Ameisenhaufen nieder, damit die Bewohner sie mit Säure besprühen, und manchmal nehmen sie sogar einige Ameisen in den Schnabel, um mit ihnen über die Federn zu streichen. Abgesehen von allem anderen ist der Ameisenhaufen also auch eine der Apotheken der Natur.

Ja, Ameisen weisen wirklich auf allen Gebieten ein gut organisiertes Gesellschaftsleben auf, und die Zusammenfassung fällt für uns ziemlich peinlich aus. Bevor wir auch nur auf der Bildfläche erschienen sind, hatten Ameisen seit Millionen Jahren Gärten, hielten Tiere, fertigten Werkzeuge und pflegten eine industrielle Zusammenarbeit. Nicht wir haben die ersten Zivilisationen der Erde erschaffen. Das waren Ameisen.

***

Komplexe Gesellschaften haben natürlich ihren Preis. Sie müssen zum Beispiel verteidigt werden, so dass fünfzehn Prozent der Individuen in einer Ameisenkolonie Soldaten sein können. Welche das sind, lässt sich unschwer erkennen, denn sie haben einen kräftigeren Körperbau und schärfere Kiefer als die anderen. Aber auch gewöhnliche Arbeiter nehmen an Kämpfen teil. Obwohl sie ihrem Alter nach meistens alte Damen sind, kämpfen sie alle wie kühne Amazonen. Ovid erzählte, die Götter hätten Ameisen in einen besonders kriegerischen Stamm von Menschen, die Myrmidonen, verwandelt. Und Ameisen verfügen tatsächlich über eine variable Kriegsführung. Sie praktizieren die Infiltration des Feinds, Guerillakrieg,

Blockaden und Belagerungen, Sturmangriffe und regelrechte Vernichtungskriege, ja, sie haben sogar Selbstmordattentäter in ihren Reihen, die explodieren und den Feind mit giftigem Matsch bedecken können.

Das Ganze kam mir auf eine unheimliche Weise sehr bekannt vor und stimmte mich nachdenklich. Die Revierkriege der Ameisen zeitigten selten dauerhafte Ergebnisse, so dass der Insektenforscher Carl Lindroth sie aus einer größeren Perspektive betrachten wollte. Weil Ameisen keine ernst zu nehmenden Feinde haben, sind sie möglicherweise gezwungen, sich selbst vernünftig einzugrenzen. Aus einem globalen Blickwinkel gesehen, lassen sich ihre Kriege als eine Bremse gegen ihre unersättliche Herrschaft betrachten.

Das brachte mich zum Nachdenken. Schließlich sind Ameisen aus einer gesellschaftlichen Perspektive die Tiere, die uns am meisten ähneln, denn wir haben jede Bedrohung gegen unsere Gewaltherrschaft ausgelöscht und befinden uns an der Spitze der Raubtierhierarchie. Sorgen wir also für ein biologisches Gleichgewicht, wenn wir andere und uns selbst mit Hilfe immer verheerenderer Waffen vernichten?

Die Ähnlichkeiten hatten den Biologen E.O. Wilson veranlasst, Ameisen und Menschen in einem preisgekrönten Roman mit dem Titel *Ameisenroman* zu verflechten. Wie Wilson selbst war seine Hauptperson Raff schon bei den einsamen Streifzügen seiner Kindheit fasziniert von Ameisen gewesen, und später bekamen sie eine Hauptrolle in seiner Forschung. In Wilsons Fall trug dazu ein Unfall bei. Als Kind bekam er bei einem seiner einsamen Angelausflüge einen Haken ins Auge, und weil er sich nicht traute, zum Arzt zu gehen, war er danach extrem kurzsichtig. Aber er wendete sein Unglück in etwas Positives und wurde der größte Ameisenexperte seiner Zeit. Er war es, der unter anderem die Rolle der Pheromone in ihrer Kommunikation entschlüsselte.

Auch für Wilson war es wichtig zu kommunizieren, deshalb begnügte er sich selbst als gefeierter Professor in Harvard nicht damit, seine Forschung akademischen Kreisen zu vermitteln. Er wollte alle in das Leben der Ameisen einweihen. Auf die gleiche Art ließ er Raff, die Hauptfigur seines *Ameisenroman*, seiner Abhandlung die Form eines homerischen Epos über den Aufstieg und Fall einiger Ameisenreiche geben.

Die Chronik beginnt mit dem Tod der Königin eines Ameisenstaats, der dadurch vor seinem Zerfall steht. Als die Königinlosen von einer fremden Ameisenkolonie zum Turnier herausgefordert werden, müssen sie sich geschlagen geben und schnell in ihrem Nest verschanzen. Während der Belagerung werden sie mit der Zeit gezwungen, ihre eigenen Larven zu fressen, und als die Eroberer am Ende in das Nest eindringen, wird das gesamte besiegte Reich so zerstört, wie die Römer Karthago dem Erdboden gleichmachten. Die wenigen Ameisen, denen die Flucht gelingt, überleben auf sich gestellt nur Stunden oder Tage.

Doch kein Reich währt ewig, und auch Sieger werden besiegt. In der Nachbarschaft entsteht eine Kolonie, die durch eine genetische Mutation ihre Sensibilität für Grenzdüfte verloren hat. Selbst der Duft der eigenen Königin wird so schwach wahrgenommen, dass in einem immer weiteren Umkreis Kleinköniginnen etabliert werden. Ohne Respekt vor rituellen Grenzturnieren schwappt das maßlose Reich schon bald über die Domänen seiner Nachbarn und übernimmt sie. Die anderen Ameisen sind dieser Superkolonie nicht gewachsen, nur ihre eigene Maßlosigkeit kann sie zu Fall bringen. Sie halten sich Horden von Blattläusen, die alle Kraft aus der Vegetation saugen, und sie selbst verjagen bestäubende Insekten, indem sie deren Larven fressen. Es gibt schlicht mehr Ameisen, als das Gebiet verträgt, so dass sie dabei sind, es zu zerstören.

Aus Ameisenperspektive greifen jetzt höhere Mächte ein. Es sind Wesen, die ihnen mit zurückgelassenen Picknickessensresten Geschenke hätten machen können, aber auch die Macht besitzen, sie auszulöschen. Diesmal zerstören sie das ganze Gebiet der maßlosen Superkolonie durch das Spritzen von Chemikalien.

Hinter allen Details des Buchs stand Wilsons eigene Forschung zu Ameisen, obgleich die Parallelen zu menschlichen Zivilisationen offensichtlich waren. So ließ er die Hauptperson Raff Ähnlichkeiten zwischen der wachsenden Komplexität des Ameisenstaats und Harvards Kaleidoskop aus Spezialisten erkennen. Außerdem glich das eingeschobene Ameisenepos unseren historischen Chroniken und bildete gleichzeitig eine beängstigende Zukunftsvision. In der Einleitung erklärte Wilson, seine Geschichte habe mehrere Ebenen. Sie handele von den Welten der Ameisen und der Menschen, gelte aber auch der Biosphäre und der Erde, auf der jede Art angemessene Proportionen haben müsse.

***

An der Wand meiner Schreibstube setzten die Ameisen unverdrossen ihre Karawane fort. Es war etwas ganz Besonderes an ihrem Zusammenhalt. Er war so unabdingbar geworden, dass einsame Ameisen dem Tode geweiht waren, fast so, als bildeten alle gemeinsam einen Organismus.

Konnte man sie so sehen? Maeterlinck fand, ein Ameisenhaufen müsse wirklich als ein einziges Lebewesen betrachtet werden. Tatsächlich hat sich herausgestellt, dass eine Ameisenkolonie im Laufe ihres langen Lebens ihren Charakter ähnlich verändert wie ein Individuum. Jüngere Kolonien sind leicht beeinflussbar und impulsiv wie Teenager, während ältere Kolonien gefestigter sind. Dass jede Ameise nur etwa ein Jahr lebt, spielt keine Rolle – alle stammen von derselben Königin ab, und es ist ihr Alter, das der Staat widerspiegelt. Man arbeitet also nicht nur als loyale Staatsbürger und Schwestern zusammen, sondern als Zellen eines Körpers. Zehn Prozent der Einwohner im Ameisenstaat können täglich verloren werden, ohne dass es etwas ändern würde, denn Hunderttausende sind weiterhin da und laufend werden neue Lebewesen geboren, die das Ganze bewahren.

Aber galt das nicht auch für meinen eigenen Körper? In ihm sterben unaufhörlich Millionen Zellen, und es werden laufend neue gebildet. Insgesamt drängen sich siebenunddreißig Billionen Zellen in mir, und sie alle sind lebendige, kleine, einzelne Einheiten, die jedoch zusammenarbeiten wie Ameisen. Genau wie sie müssen sie deshalb über eine chemische Kommunikation und eine Arbeitsaufteilung verfügen.

Es fällt nicht weiter schwer, die Parallele zum Ameisenstaat zu sehen. Die Ameisensoldaten entsprechen gut den Zellen des Immunsystems, die alles Fremde vertreiben, und die Ameisenkönigin lässt sich mit dem endokrinen System vergleichen, das Fortpflanzung, Nahrungsaufnahme und Blutkreislauf koordiniert. Ohne etwas zu bestimmen, hält es die Arbeit der Zellen zusammen und gebiert ständig eine Zukunft.

Ich machte einen Abstecher zum Spiegel der Schreibstube. Was ich darin sah, war also eine gewaltige Kolonie aus sozialen Zellen. Sie bauten meine Sinne und mein Gehirn, in das die Umwelt aufgenommen wurde und in dem die Gedanken über sich selbst nachdachten. Obwohl täglich tausend Gehirnzellen mit all ihren Verbindungen starben, blieb ich die Gleiche. Versuchte ich durch meine Worte, ein deutliches Ich zu formen?

In meinem Körper ging doch so viel vor, dessen ich mir gar nicht bewusst war (»ich«?). Alles hatte ein anderes Format als das, was ich um mich herum sah. In den feinen Blutgefäßen, die zusammen für eine Umrundung der Erde reichen würden, strömten ganze Flüsse, und im Gehirn rasten kleine elektrische Stürme, während die kommunizierenden Neuronen fieberhaft dabei waren, in der Welt Muster zu suchen. In diesem unsichtbaren Mikroleben gab es eine so paradoxe Größe, dass sie mich an den Weltraum erinnerte. Die Neuronen, die Eindrücke, Impulse und Vorstellungen zusammenwoben, waren so zahlreich wie alle Sterne der Milchstraße. Untereinander hatten sie zudem zehntausende Verbindungen, die ein Netzwerk aus allem, was ich gehört, gefühlt und gesehen hatte, bildeten (»ich«?).

Jede einzelne Gehirnzelle war so begrenzt wie ihre Nachbarn, aber gemeinsam knüpften sie ein Netzwerk, das weit über ihre eigene Reichweite hinauszugehen vermochte.

Mit den Zellen in jedem einzelnen Organ verhielt es sich genauso. Selbst wenn ich nur die Augen öffnete, setzte ich eine neue gigantische Abstimmung in Gang. Jede Sekunde sendeten die einhundertfünfundzwanzig Millionen lichtempfindlichen Zellen meiner Netzhaut neue Impulse an das Gehirn. Dort puzzelten die zehntausend Millionen Gehirnzellen anschließend ein Bild zusammen, bevor sie wiederum Impulse an meine sechshundertvierzig Muskeln aussandten.

Überall ging es um astronomische Zahlen. Was sollten diese unüberschaubaren Mengen? Sie mussten doch einen Sinn haben. Außerdem bestanden die mikroskopischen Kleinteile aus noch kleineren Welten, denn Zellen werden aus Atomen gebildet. Besonders unfassbar war dennoch die Tatsache, dass dies alles genau wie das All zum größten Teil aus Leere bestand. Würden die Elektronen meiner Zellen komprimiert, wäre das, was von mir übrig bliebe, etwa so groß wie eine Ameise.

***

Wie konnten all die unzähligen Kleinteile mit ihrem inneren Weltraum ein Weltbild erschaffen? Konnten die Ameisen mir dafür einen Anhaltspunkt geben? Während sie an der Wand endlos weitermachten, wog ich einen kleinen USB-Stick in der Hand. Darauf waren halb fertige Manuskripte für zwei Bücher und jede Menge Fakten gespeichert. Wenn Mikrochips so viele Informationen enthalten konnten, müsste dann nicht etwas Entsprechendes auch in Ameisengehirnen möglich sein?

Natürlich gab es entscheidende Unterschiede. Im Gegensatz zur Computerwelt ist die Chemie bei Ameisen wie in allem Leben kohlenstoffbasiert. Die Zusammenarbeit der Ameisen wird auch nicht von außen programmiert, sondern entsteht aus ihrem Inneren heraus, und ihre Verbindungen erstrecken sich zu anderem Leben. Trotzdem haben die Forscher der Computerwelt begonnen, soziale Insekten als Modelle für selbstorganisierte Systeme heranzuziehen. Bei der Informationsverarbeitung können nichtssagende Einsen und Nullen ja zusammen eine schnelle und komplexe Information übermitteln.

Die Erklärung liegt in einer Art von vorprogrammierten Entscheidungspunkten oder Algorithmen. Ähnlich verhält es sich vermutlich auch in meinem Gehirn und ganz sicher im Ameisenstaat. Dort trifft jedes Individuum eine einfache Entscheidung, ohne einen Überblick über das Problem zu haben. Häufig wird sie anhand des Verhaltens der Nachbarn getroffen, wenn also beispielsweise viele Ameisen von einer Futterquelle kommen, scheint diese reichhaltig zu sein. Wenn eine Menge kleiner, lokaler Beschlüsse zusammengelegt wird, kann die Summe weitaus größer sein als ein einzelner Beitrag. Die Begrenzung jeder Ameise ist sogar von Vorteil, denn wenn sich jemand eigensinnig verhielte, könnte der gesamte Staat gefährdet werden.

In einer solchen Schwarmintelligenz benötigt man keinen zentralen Entscheidungsträger. Genau wie Zellen verdeutlichen die Ameisen, wie etwas Komplexes durch ein

Zusammenspiel von Kleinteilen geschaffen werden kann. So wie tausend mehr ergeben als zehn, hat die Menge einen Wert an sich, denn die Gesamtsumme kann ein statistisches Muster bilden.

Zu denen, die das Phänomen studierten, gehörte Darwins Cousin Francis Galton. Er führte gern Informationen aus unterschiedlichen Gebieten wie Anthropologie und Statistik zusammen, und manchmal erkannte er daraufhin interessante Zusammenhänge. 1906 stellte er fest, dass es achthundert Marktbesuchern gemeinsam gelungen war, das Gewicht eines Ochsen zu erraten, obwohl kein Einzelner auch nur in die Nähe der genauen Zahl gekommen war. Einige schätzten es zu hoch und andere zu niedrig, aber dazwischen entstand ein Mittelwert, der die gesuchte Zahl ergab. Wären sie weniger gewesen, hätte es nicht funktioniert.

Konnten neue Qualitäten also durch Quantitäten und Massen erschaffen werden? Es fiel mir schwer, das zu akzeptieren. Ich gehörte einer individualistischen Kultur an und hatte einige Jahre den bahnbrechenden Persönlichkeiten der Renaissance gewidmet. Andererseits hatte ich auch Bücher über die Bedingungen künstlerischen Schaffens geschrieben, wodurch ich wusste, dass keine neue Errungenschaft ohne die Millionen Ameisenschritte möglich war, die von Tausenden anderer Menschen getätigt worden waren. Meistens hatte gerade die Menge anonymer Beiträge neue Zusammenhänge erschaffen. In dieser Weise gelang es meinen Gehirnzellen gemeinsam wohl, ein Weltbild zu erschaffen. War eine ausreichende Menge von Puzzleteilen gesammelt worden, ließ sich ein Muster erahnen. Das konnte plötzlich geschehen und wurde in Kunst und Wissenschaft daraufhin mit denen verknüpft, die es als Erste gesehen hatten. Das Fundament dazu war jedoch über einen langen Zeitraum hinweg von einer großen Zahl namenloser Individuen gelegt worden. Gemeinsam schufen sie die Voraussetzungen für das Neue, das nur darauf gewartet hatte, zusammengefügt zu werden.

Auch das war im Grunde keine neue Entdeckung. Schon Aristoteles sah, wie komplexe Muster im Zusammenspiel einfacher Strukturen oder Verhaltensweisen geformt werden konnten. Heute nennt man dies Emergenz, und sie scheint von grundlegender Bedeutung für das Leben zu sein. Atome bilden zusammen Moleküle, auf eine bestimmte Art angeordnete Proteinmoleküle erschaffen lebende Zellen, auf bestimmte Art geordnete Zellen bilden Organe, und diese wiederum sind so angeordnet, dass sie Organismen erschaffen, die sich zu Gesellschaften formen. Und so geht es in der gesamten Lebenssphäre weiter, in der alle Teile zusammengehören und gemeinsam ständig neue Muster erschaffen. Es wird von unten oder von innen aufgebaut, nicht von oben.

Draußen waren die Hammerschläge am zweiten Schuppen verstummt. Die Handwerker hatten Feierabend gemacht, und ich selbst war ermattet von dem Versuch zu verstehen, was die Ameisen mir alles zu sagen hatten. Ich hatte Hunger, wenn es denn nicht meine Zellen waren, die einen kollektiven Hunger verspürten. Das spielte keine Rolle, es war Essenszeit. Es war nach fünf, aber die Sonne wärmte noch, als ich die Schreibstube verließ, und die Luft war nach dem Regen frisch. Konnte ich draußen essen?

Als ich mir in der Küche einen Salat machte, sah ich ein geflügeltes Wesen auf der Fensterscheibe. Oh, eine Ameisenkönigin! Ich erinnerte mich an Maeterlincks feinsinnige Beschreibung ihres Hochzeitsflugs und ließ sie vorsichtig hinaus. Dann zeigte sich jedoch eine weitere Ameisenkönigin, und als ich auch ihr geholfen hatte hinauszufinden, entdeckte ich eine dritte geflügelte Ameise. Das war seltsam. Wie waren sie hereingekommen? Ich schaute mich um und bemerkte, dass an der westlichen Wand noch mehr Ameisen krabbelten. Sie schienen aus einer dunklen Borte in der Fuge zwischen Decke und Wand zu kommen. Besorgt trat ich näher und keuchte auf. Die dunkle Borte in der Wandfuge bestand aus wimmelnden Ameisen. Es hatte sie nicht zufällig ins Haus verschlagen – im Gegenteil, sie waren dabei, es zu verlassen. Es sah fast so aus, als würde die Füllung der ganzen Wand hervorquellen.

Die Erkenntnis traf mich wie ein Blitz. Auf einmal wurden die Ameisen zu panzerglänzenden Armeen, die meine sämtlichen Revierinstinkte herausforderten, als sie die Grenzen der Wand überschritten. Es blieb keine Zeit für Gedanken. Binnen eines Augenblicks verwandelte ich mich angesichts der Situation. Welche Waffen standen mir zur Verfügung? Der Staubsauger. Als ich die Düse zu der dunklen Borte an der Wand hob, brach unter den Ameisen ein Tumult aus. Alarmierte Depeschen wurden in alle Richtungen gesendet, um Auswege aus der Katastrophe zu finden, denn das sah nach einem Vernichtungskrieg aus. Aber ich war erbarmungslos. Wie eine Furie suchte ich Ameisen in jedem Winkel, um sie in die Staubsaugerdunkelheit zu saugen.

Hinterher war ich erschüttert. Ein Ameisenschwarm auf dem Weg in den Raum hinein war etwas anderes als Wildbienen und Hummeln auf der Außenseite. Es war eine Invasion. Und wie kam es eigentlich, dass in der Wand Ameisen lebten? Sie benötigten doch die Feuchtigkeit der Erde. War die Wand etwa feucht? Das war doppelt beunruhigend.

Ich zog einen Stuhl heran und setzte mich schwerfällig, während ich die Situation zu verstehen suchte. Auch wenn die Ameisen, die im Staubsaugerbeutel lagen, stürben, würden nächstes Jahr neue Ameisenköniginnen für neue Paarungsflüge geboren werden, und so konnte es immer weitergehen. Mitten in meinem Haus würde sich eine fortwährende Geburtenrate durch Wesen geltend machen, die älter als die ganze Menschheit waren. Eine Wand sollte eine Grenze zur Außenwelt darstellen, und wenn sie eigenes Leben enthielt, war die Grenze durchlässig.

Mir war der Appetit vergangen, aber ich versuchte trotzdem, etwas von dem Salat zu essen. Wo die Ameisen an der Wand aufgetaucht waren, hing die Reproduktion eines Frühstücksbilds vom Ende des neunzehnten Jahrhunderts. Es war Sommer darauf, und das Licht spiegelte sich im Porzellan und den Gläsern, während im Hintergrund das Grün wie eine Wand stand. Man hatte den Esstisch hinausgetragen, um der Natur ganz nahe zu sein. Doch die konnte man offenbar auch im Hausinneren direkt neben sich haben. Die Wände der Küche kamen mir auf einmal genauso dünn vor wie das Kunstplakat, hinter dem mit Sicherheit ein weitaus beweglicheres Leben im Gange war als auf dem Bild.

Dann erinnerte ich mich an einen Naturessay Harry Martinsons, in dem er erzählte, dass man früher ganze Ameisenhaufen in Häuserwände gefüllt hatte, denn die mit Nadeln vermischte Erde war eine billige Isolierung und stand außerdem in dem Ruf, Ungeziefer fernzuhalten. In einem großen Wohnhaus konnte es somit dutzende Ameisenhaufen geben. Was für ein Gefühl mochte es gewesen sein, in einem Haus zu wohnen, dessen Wände man mit ihnen gefüllt hatte? Wahrscheinlich hatte man in ihnen nichts als eine Isolierung gesehen. Doch Harry Martinson empfand mehr für das Leben der Ameisenhaufen. Als Dichter sah er vor sich, wie jede einzelne Tannennadel von irgendeiner kleinen Ameise geschleppt und zurechtgelegt worden war. Er sah außerdem den Haufen als ein ganz eigenes Reich in einer unendlichen Tradition. In der langen Chronologie der Ameisen war es vielleicht das eintausendneunundfünfzigste Reich in der sechzehntausendsten Serie, wobei jede Serie zweitausend Staatswiederholungen umfasste. Die Zeit verging in der Welt der Ameisen nach völlig anderen Maßstäben, weil sie klein und weil sie uralt waren. Beim Anblick der winzigen, zahlenmäßig jedoch unendlichen Reiche in der Zeit, schwindelte es Martinson genauso wie beim Anblick aller Sterne am Himmel.

* * *

Ich begann, mich zu schämen. In meiner Aufregung hatte ich jeden Sinn für Verhältnismäßigkeit verloren. Kleine Schwarze Wegameisen waren im Grunde harmlose Wesen, denn im Gegensatz zu Rossameisen können sie sich nicht durch Holz bohren. Ihre Staaten hatte es auf meinem Grundstück sicher seit jenen Ewigkeiten gegeben, die Martinson erwähnte. Auch dass sie klein waren, machte sie nicht minderwertig. Schließlich hatten sie das am weitesten verbreitete Format von allen Lebewesen der Erde.

Außerdem ist Größe relativ. Sowohl Maeterlinck als auch Martinson hatten darauf hingewiesen, dass Ameisenkörper aus Atomen mit kreisenden Elektronen zusammengesetzt waren, die an Planeten um Sterne erinnerten. Aus einer solchen Perspektive betrachtet, befanden sich sowohl Ameisen als auch Menschen zwischen etwas unfassbar Kleinem und etwas unfassbar Großem. Tatsächlich waren wir in der exakt gleichen Lebenssituation, genau wie damals, als ich meine Schutzlosigkeit auf der verlassenen Insel mit einer Ameise geteilt hatte.

Die Erinnerung an sie stimmte mich noch milder. Sie musste während des Gewitters den Kontakt zu ihren Schwestern verloren haben, als sie Material für das gemeinsame Nest suchte. Die anderen würden auch ohne sie zurechtkommen, aber sie würde niemals ohne die anderen überleben. Sie war nur ein winzig kleiner Teil eines größeren Zusammenhangs, der ihrem Leben einen Sinn gab. Kleine Ameise, murmelte ich.

Daraufhin fiel mir ein, dass ich selbst auch einmal so genannt worden war. Ich sah den Ort deutlich vor mir, da er ein Teil meines Lebens war. Das Licht war gedämpft im Forschersaal der Nobelbibliothek, in dem ich viele Jahre gesessen und geschrieben hatte. Er lag im Untergeschoss, und die mittelalterlichen Gewölbe flößten mir das Gefühl einer tiefen Zeit ein, in der ich ein verschwindend kleiner Teil von etwas Größerem war. Über mir spielte sich das Leben auf mehreren Ebenen ab, obwohl ich es nicht hörte, und vor den Fenstern sah man Beine zu anderen Zielen vorbeieilen.

Es saßen immer mehrere Frauen dort unten, und obwohl wir nicht miteinander sprachen, gab es einen Zusammenhalt, während jede unabhängig von den anderen ein Thema bearbeitete. Ich selbst bewegte mich damals häufig unter Büchern in fremden Sprachen und konnte mir nur langsam einen Weg durch ungelenke Argumentationen und verschlungene Fußnoten bahnen. Kurzsichtig tastete ich mich zwischen Worten vor, die zusammen Sätze ergaben, und zwischen Sätzen, die gemeinsam Zusammenhänge aufzeigen mochten. Wenn ich eine interessante Spur witterte, wusste ich, dass es der Anfang einer ebenso mühevollen Arbeit war, den Fund zu bergen, es kam also darauf an, ausdauernd zu sein.

Spät am Tag kam manchmal der spanische Hausmeister mit Bücherkartons auf einem klappernden Wägelchen vorbei. Er wusste, dass ich mich auch mit spanischem Material beschäftigte, und so wechselten wir gelegentlich ein paar Worte. Weil ich oft als Einzige noch im Lesesaal saß, begann er, mich *Hormiguita*, Emsige Ameise, zu nennen. »Machst du das Licht aus, wenn du gehst, Hormiguita?« Danach ging er mit seiner Bücherfracht weiter. Wir leisteten jeder auf seine Art unseren Beitrag, denn woran wir arbeiteten, erforderte wie das meiste im Leben Leistungen von verschiedenen Seiten. Man sah die anderen zwar nicht immer, setzte einander aber trotzdem voraus.

In der Küche des Sommerhauses waren die Ameisen verschwunden. Hinter der Wand waren sie mit Sicherheit weiter aktiv und waren es wahrscheinlich die ganze Zeit über gewesen, obwohl ich sie nicht bemerkt hatte. Unsichtbares Leben ist ja das mit Abstand häufigste, weil Millionen anonyme Wesen hinter dem meisten stehen, ob es nun um Gesellschaften oder um Bücher geht. Im Vorbeigehen konnte jemand Emsige Ameise genannt werden, und wenn ich es recht bedachte, klang es wie eine Eloge.

Verandablick zum Wasser

Es war ein seltsames Gefühl, dass sich Ameisen in der Wand bewegten, aber ansonsten schien das meiste im Haus unter Kontrolle zu sein, als es Sommer wurde. Der Anstrich, der noch ausstand, musste bis nach der Urlaubszeit warten, denn in ihr wurden die Handwerker endlich gegen Familienmitglieder ausgetauscht. Und daraufhin fing plötzlich ein anderes Leben an.

Die neugierigen Enkelkinder meiner Schwester weiteten die Welt des Grundstücks. Schon am ersten Tag wollten sie zum Sund hinuntergehen und dort angeln. Anschließend wurde ein kleiner Fisch unter allen geteilt, wie bei einer Einweihung, bei der wir feierlich mit Saft anstießen.

»Ich habe endlich das Gefühl zu ankern«, murmelte einer meiner Neffen, als wir am Abend über das Grundstück gingen.

Ankern … Das Wort trieb ein wenig in den Gedanken. Wir hatten schöne gemeinsame Erinnerungen an gemietete Sommerhäuser, die häufig am Meer lagen. Eins lag sogar auf einer Insel, wo wir rudern mussten, um Trinkwasser zu holen. Ich nahm an, dass meine Schwester noch von solchen Küsten träumte, obwohl sie mittlerweile Rückenprobleme hatte. In unserem englischen Erbe floss eine alte Meeresromantik. Großvater war von einem Meeresbiologen aufgezogen worden und Großmutter von einem Seeoffizier, und dann hatten die beiden sich auf dem Atlantik kennengelernt, als Großvater Schiffsarzt war. Vielleicht hinterließ so etwas ja genetische Spuren.

Ich selbst hatte alles von Jollen bis zu Schonern erprobt, aber einsehen müssen, dass ich ein untalentierter Seemann war. Die Gewittertage auf der verlassenen Insel hatten meiner Liebe zum Meer außerdem einen Dämpfer versetzt, und obwohl das Wasser mich immer noch faszinierte, erforschte ich es in ruhigeren Bahnen.

Nun schrieb ich über Flüsse. Sie lagen mir mit der Zeit mehr als Segeltörns, denn obwohl sie sich kontinuierlich zum Meer hin bewegen, fließen sie zwischen Wiesen, Bäumen und Städten. Auf ihrer gewundenen Reise haben sie Zivilisationen geboren, Saatgut bewässert, Impulse gegeben und Grenzen gezogen, kurzum, sie haben die Geschichte geformt, so dass es Zeit erforderte, sie zu erforschen. Deshalb wollte ich im Urlaub zu neuen Flussschiffexpeditionen aufbrechen.

Als ich wieder an Land ging, war der Sommer bereits vorbei, und die letzten Familienmitglieder hatten das Haus verlassen. Ich hatte vor, mich dort gelegentlich aufzuhalten und zu bearbeiten, was die Flüsse mir gegeben hatten, sobald die Handwerker mit dem Hausanstrich fertig waren. Aber das Leben hatte andere Pläne, die ausgerechnet mit Wasser verbunden waren. Die Maler hatten ihre Arbeit gerade erst aufgenommen, als mich auch schon ihr

Chef anrief, und zwar mit angespannter Stimme. Er habe schlechte Nachrichten. Als sie die Nordwand zum Sund streichen wollten, habe sich herausgestellt, dass dort ein schwerer Wasserschaden vorliege. Sie sei sogar so morsch, dass sie abgerissen werden müsse.

* * *

Wasser in einem Fluss war eine Sache, aber in einem Haus bedeutete es eine Katastrophe. Die Ameisen in der Wand waren eine Lappalie verglichen mit Hausschwamm, der Holz morsch werden ließ. Auch die Handwerker waren schockiert, schließlich hatten sie ein halbes Jahr zuvor auf einem Dach gearbeitet, das auf ziemlich wackeligen Beinen stand, wie sich jetzt herausstellte. Die morsche Wand musste fort, das war offensichtlich nicht verhandelbar. Im Grunde müsse man so weit abreißen, bis man auf garantiert trockenes Holz gestoßen sei. »Aber das können Sie sich nicht leisten«, ergänzte der Chef der Handwerker.

Um mir ein Bild von der Lage zu machen, brach ich so schnell wie möglich zum Sommerhaus auf. Als ich ankam, waren die Handwerker schon gegangen, und nicht nur sie waren fort. Die Reste der Nordwand lagen in einem traurigen Haufen an der Kopfseite des Hauses. Möglicherweise hatte sie ohne größeren Widerstand nachgegeben.

Als ich in den Raum mit den drei Wänden trat, waren die Etagenbetten weggezogen worden, und wo früher eine Wand mit Fenster gewesen war, schlug eine meerblaue Plane im Wind. Das musste ich erst einmal verdauen. Ein Haus mit drei Wänden war kein Haus mehr. Es glich eher dem Wartehäuschen an einer Bushaltestelle oder einem Verschlag wie dem offenen Lagerraum. Jedenfalls war es nichts, worin man wohnte.

In der Küche stand eine Flasche Cognac, die einer meiner Neffen mitgebracht hatte. Ich schenkte mir ein Glas ein und ging mit ihm und einem Stuhl in den Wohnraum.

Das Ganze war so ironisch. Immerhin hatte ich vorgehabt, an meinem Wasserthema zu arbeiten, und nun war das Wasser in einer Seite des Hauses, oder war es zumindest gewesen, bis sie die morsche Wand abgerissen hatten. Als ich die Plane zur Seite schlug, glitzerte weiter draußen treuherzig der Sund, als hätten keine regnerischen Meereswinde Feuchtigkeit zum Haus getragen. Mit hochgeschlagener Plane ließ ich mich verbittert nieder, um über die Aussichten nachzudenken.

Während der Cognac in meinem Glas weniger wurde, verflog mein Missmut nach und nach. Die Begegnung des Raums zwischen drinnen und draußen erinnerte an eine Veranda. Paradoxerweise war es auch beruhigend, auf den Sund hinauszublicken, fast schon tröstlich. Vor meinen Flussreisen hatte ich darüber gelesen, wie das Wasser den Weg in verschiedene Lebensanschauungen gefunden hatte. In Indien waren Flüsse heilig, und in der chinesischen Philosophie wurde das Wasser, das in alles eindrang, mit dem Dao verglichen, von dem alles Leben durchdrungen war. Thales, einer der alten Naturphilosophen Griechenlands, sah das Wasser als Urgrund des Lebens, und hatte recht damit. Jeder Tropfen da draußen war seit der Geburt des Lebens dabei gewesen. Dreitausend Millionen Jahre waren die Tropfen durch Meere, Wolken und Felsgrund gewandert, und später durch Pflanzen und Tiere, in einem ewigen Kreislauf, bis genauso viel Wasser durch die Vegetation floss wie in den Flüssen der Erde.

***

Im Sund zog langsam ein Segelboot vorbei und ließ mich an die Boote zurückdenken, die ich in meiner Jugend gekannt hatte. Auch wenn es nur um ein paar Sommer ging, kam es mir vor wie eine Epoche, in der ich in Wassernähe gelebt hatte. Es handelte sich vor allem um etwas größere Kutter, die mir die Weite des Meeres und gleichzeitig ein stabiles Deck für meine Füße geschenkt hatten.

Am deutlichsten erinnerte ich mich an die Hundewache auf einem alten, schonergetakelten Schulschiff, auf dem ich ins Seemannsleben eingeweiht werden sollte. Die Nacht neigte sich dem Morgengrauen zu, und man hatte mit der Schiffsglocke sieben Glasen geschlagen. Bei acht Glasen, wenn das Stundenglas gedreht wurde, sollte die Backbordmannschaft abgelöst werden, denn die Besatzung arbeitete in Vierstundenschichten. Unter mir schlief die Steuerbordmannschaft in den Kojen der Messe, und über mir wimmelten die Sterne.

Meeresleuchten. Schaum. Die Himmelsrichtungen wohnten in einem Kompasshaus, wo der Kompass mit dem Erdmagnetismus sprach. Unter meinem Ölzeug trug ich einen Seemannspullover, und an der Taille baumelte ein Fischermesser an einem Stück Tauwerk, das ich gespleißt hatte. Um die Segel kümmerten sich andere, so dass ich über die Sterne und das Meer wachte.

Es hatte seine eigenen Proportionen, wobei die Grenzen durchlässig waren wie in Aquarellen. Glänzend oder matt, hell oder dunkel erzählten changierende Töne von Wind und Wetter. Strömungen trugen Wärme von entlegenen Küsten heran, und am Horizont konnte die Sonne aufsteigen wie eine Magmainsel oder sinken wie ein goldenes Atlantis. Das Tidenwasser reagierte auf die Phasen des alten Mondes, denn er war wahrscheinlich bei der Kollision mit einem anderen Himmelskörper von der Erde losgerissen worden und umkreiste uns nun sehnsuchtsvoll. Das Wasser kommunizierte noch mit den trockenen Lavameeren, wenngleich von fern.

Die Wellen unterhielten sich auch mit den Winden. Manchmal war ihr Gespräch so erregt, dass die kardanisch aufgehängten Tische wie Pendel ausschlugen, um mit Essen und Porzellan in der Waagerechten zu bleiben. Dabei verloren viele den Appetit, so dass ein fast intakt gebliebener Braten am Mast hochgezogen wurde, wo die frischen Winde ihn kühl hielten.

Zu den Ufern brachten die Wellen stattdessen Geschenke von entlegenen Küsten. Bei einem Landgang auf einer Insel sammelte ich glatte Steine in allen Farben. Sie erzählten davon, wie das Meer seit Millionen Jahren Steilküsten und Klippen bearbeitet hatte und wie die abgelösten Bruchstücke, die die Strömungen mitnahmen, vom Sand abgeschliffen worden waren. Auf diese Weise wurden selbst die schärfsten unter ihnen zu weichen Ovalen aus Licht.

Die Sandkörner waren die kleineren Geschwister der Steine, und auch sie verband eine lange Beziehung mit dem Meer. Unaufhörlich mahlte es Felsen zu Steinen und

Steine zu Sand, so dass jede Sekunde eine Milliarde neuer Sandkörner geboren wurde. Gemeinsam kündeten ihre Ablagerungen von verschwundenen Landschaften, und trotzdem waren alle einzigartig, weil sie auf ihrer Reise im Wasser unterschiedlich geformt worden waren. Als Antoni van Leeuwenhoek im siebzehnten Jahrhundert ein Sandkorn unter sein neues Mikroskop legte, meinte er fantastische Formen zu sehen. In seinen Augen glich es der Ruine eines Tempels mit knienden Gestalten. Als Sandkörner später hundertmal stärker vergrößert werden konnten, erinnerten sie am ehesten an Planeten mit chaotischen Landschaften.

Schon ihre Größe konnte Sandkörnern unterschiedliche Schicksale bescheren. Die allerfeinsten durften die Zeit in Stundengläsern messen oder die Tinte in alten Manuskripten trocknen. Andere konnten von tibetanischen Mönchen zu heiligen Mandalas geformt werden, die ins Meer zurückgekippt werden sollten. Mit robusteren Sandkörnern bauten Kinder ihre kleinen Burgen am Strand.

War nicht der Sand geeignet, das Maß des Lebens zu illustrieren? Der Philosoph Heraklit verglich die Zeit mit einem Fluss, und daraufhin war die Geschichte nur ein Kind, das seine Sandburgen baute. Alle brauchten Wasser zur Stabilisierung. Astronomen verglichen ihrerseits die Erde mit einem kleinen Sandkorn im Weltraum. In diesen Dimensionen hätte die Sonne einen Durchmesser von zehn Zentimetern und läge elf Meter von uns entfernt. Die Entfernung zum nächstgelegenen Stern betrüge dann dreitausend Kilometer, und das Weltall könnte mehr

Sterne haben, als es Sandkörner auf alle Stränden und in allen Wüsten der Erde gab. Außerdem wurden ständig neue gebildet. Aus diesem unfassbaren Kosmos stammten die Materie und das Wasser der Erde.

***

Auf dem Meer kamen einem leicht Gedanken über das Leben in den Sinn, weil die Erde eigentlich eine Wasserkugel ist. Nicht genug damit, dass zwei Drittel von Meer bedeckt sind. Fügt man dieser Weite ihre Tiefe hinzu, ergibt das achtundneunzig Prozent der Lebenssphäre auf der Erde. Und warum empfanden wir in den übrigen zwei Prozent das Meer dann als eine fremde Welt? Mit seinen Seesternen, Planktonwolken und fliegenden Fischen war es beinahe wie ein eigener Kosmos.

Alles darin ist in ständiger Bewegung. Wenn im Frühling die Zugvögel über den Himmel ziehen, wird das Meer gleichsam von einer Widerspiegelung glitzernder Fischschwärme überquert. Lachse und Aale durchmessen ganze Ozeane, um in den Bächen ihrer Kindheit zu laichen. Den Weg dorthin finden sie mit Hilfe des Erdmagnetismus und von Pheromonen und den unterschiedlichen Geschmacksnuancen der Strömungen, und sie registrieren jede noch so kleine Veränderung in Temperatur und Druck. Ebenso unermüdlich machen Meeresschildkröten ihre Weltumseglungen zu dem Strand, an dem sie einst geboren wurden und auf dem sie nun ihre eigenen Eier legen wollen. Sie kommen als urzeitliche Tiere, gesteuert von Erinnerungen.

Dennoch ist das Leben im Meer etwas anderes als eine Widerspiegelung des Lebens in der Luft. Es hat andere Voraussetzungen, die andere Sinne erfordern. So bewegt sich das Licht im Wasser langsamer als in der Luft und verflüchtigt sich schnell, deshalb senden viele Fische in der Tiefe selbst Licht aus. Töne verbreiten sich dagegen schneller und länger im Wasser, obwohl das über der Wasseroberfläche nicht zu hören ist. Wie eine unsichtbare Wand trennt sie die zwei verschiedenen Elemente. Man muss ein Ruder senkrecht durch sie eintauchen und das Ohr an den Schaft legen, um die Geräusche unter ihr wahrzunehmen. So machten es die Fischer der Südsee und Westafrikas, und im fünfzehnten Jahrhundert entdeckte auch Leonardo die Methode. Erst in den vierziger Jahren begannen Forscher jedoch, den Geräuschen des Wassers zu lauschen, und was sie daraufhin hörten, überwältigte sie. Sie wussten kaum, wie sie all die verschiedenen Klänge beschreiben sollten. Da war ein Knarren, Gluckern, Knacken, Krächzen und Trommeln. Es rauschte, heulte, schnatterte, jammerte, flötete und ploppte. Es klang wie zischende Steaks, kreischende Sägen oder schwere, rasselnde Ketten. Wie entstanden die Laute? Es stellte sich heraus, dass manche Fische mit den Zähnen klapperten, andere bliesen Luft aus und wieder andere klopften mit speziellen Muskeln auf ihre Schwimmblasen. Heringsschwärme konnten so eigenartige Laute hervorbringen, dass die schwedische Marine sie einmal in dem Glauben verfolgte, es würde sich bei ihnen um ein U-Boot handeln.

Die Aufnahmen von Fischlauten, die ich selbst gehört

hatte, waren genauso verblüffend. Manche erinnerten an die Echos läutender Glocken, andere klangen wie das Geräusch, wenn ein Silberlöffel in einem kleinen Glas umrührt, und wieder andere erinnerten an das Surren eines Kreisels. Die Geräusche waren wie Stimmen aus einer fernen und zugleich verwandten Welt. Von der kleinsten Garnele an schienen sich alle einander mitzuteilen. Schon die Tonlage konnte etwas aussagen, denn sie war bei älteren und größeren Fischen tiefer als bei jüngeren und kleineren. Ein liebeskranker Dorsch knurrte dumpf, während ein Schellfisch grollte.

Aristoteles mutmaßte, dass die Fische sich unterhielten, und so scheint es tatsächlich zu sein. So lernte ein Forscher Fischlaute zu unterscheiden, die »Verdruss«, »Warnungen« und »Kampfbereitschaft« bedeuteten. Hinzu kamen alle Nuancen der Körpersprache, so etwa, wenn die Flossen eine andere Haltung einnahmen oder der Körper Farbe und Muster veränderte. Manche Fische besaßen außerdem elektrische Felder, die einem potenziellen Partner Art, Alter, Geschlechtsreife und Persönlichkeit anzeigten.

Man hatte mit anderen Worten die Kommunikation in achtundneunzig Prozent der irdischen Lebenssphäre übersehen. Nur die dünne Wasseroberfläche trennte diese Welt von unserer, und unter dieser liefen die Schallwellen dicht an dicht. Sie enthielten alles vom Sologesang bis zu Duetten und Chören. Genau wie Vögel scheinen auch Fische im Morgengrauen und in der Abenddämmerung gern für ihre Weibchen zu singen, und die Grundeln, von denen junge Dorsche leben, können sich nicht einmal paaren, ehe die Weibchen ihren Gesang gehört haben. Leider geht er heutzutage oft im Lärm von Freizeitbooten unter, so dass die Überfischung wohl nicht der einzige Grund für das Verschwinden des Dorschs ist.

***

Auf meinem alten Schulschiff hatte man von den Gesängen der Wale erzählt. Das helle Zwitschern der Belugawale war durch den Schiffsrumpf zu hören, deshalb wurden sie die Kanarienvögel der Meere genannt. Die Gesänge der Buckelwale waren dagegen dumpf. Sie konnten stundenlang weitergehen, wobei manche Abschnitte wie ein allgemeiner Refrain wiederholt wurden. Man glaubt heute, dass ihr Gedächtnis von etwas unterstützt wird, das Reimen ähnelt, denn obwohl ein Gesang hunderte Elemente enthält, erinnern sich auf dem Weg zu den Fortpflanzungsgewässern alle an ihn. Aber nach und nach mischt sich die Zeit durch neue Partien, die ein schnelleres Tempo bekommen, in den Gesang. Nach acht Jahren ist der gesamte Gesang so umgestaltet worden, dass sich das Repertoire erneuert hat.

Ich fand, dass die Veränderung im Walgesang ein schönes Zeitmaß war. Auf dem Schulschiff erklang eine Glocke, wenn das Stundenglas umgedreht wurde und die Wachen einander ablösten, während die Seemeilen aufeinanderfolgten. Ein Walgesang dauerte ungefähr so lange wie ein Glasen auf dem Schiff, und danach begann er von vorn.

Wie bei Vögeln schien der Gesang auch für Wale sowohl Ausdruck als auch Kommunikation zu sein. Und warum sollte man nicht auch im Meer den Willen haben, Schönheit zu erschaffen? Auf dem Meeresgrund hatte man einen kleinen Kugelfisch beobachtet, der mit seinen Flossen hübsche Blütenformen in den Sand zeichnete. In der Schlussphase dekorierte er die große Sandblume dann mit Schnecken, die der Fisch im Maul trug, denn wenn das Kunstwerk vollendet war, konnte er ein Weibchen dorthin locken. Die gleiche schöpferische Lust gab es sicher auch bei Walen.

Pottwale hatten trockenere Stimmen mit kleinen Kaskaden aus Klicklauten, die kilometerweit zu hören waren. Für ein menschliches Ohr wurde daraus ein einziges Knarren, aber sie selbst unterschieden offenbar noch kleinste Details, denn die Laute waren Identitätsnachweise, Versammlungsrufe und Warnungen. Außerdem konnten sie zu einer sensiblen Echoorientierung werden, die ihnen half, sich auch in tausend Meter Tiefe zurechtzufinden.

Pottwale haben das größte Gehirn der Welt. Aber wozu wird es benutzt? Was denken sie? Man wusste es nicht. Die einzigen Meeressäuger, mit denen man versucht hatte zu kommunizieren, waren Delfine in Gefangenschaft, allerdings nicht, um etwas über sie zu erfahren. Ihre Trainer versuchten ihnen stattdessen beizubringen, menschliche Worte auszusprechen, obwohl Delfine keinen Kehlkopf besitzen. In Zeichensprache erfassten sie jedenfalls etwa sechzig Signale für unsere Substantive und Verben, und mit Hilfe dieser verstanden sie um die tausend Sätze. Meistens im Stil von »Berühr die Frisbee-Scheibe mit dem Schwanz und spring dann über sie«.

Ich hatte das in einem Delfinarium gesehen und war

hinterher ein wenig bedrückt gewesen. Der Mensch ist in seiner Selbstfixierung manchmal so einfältig. Schließlich erforderte das freie Leben der Delfine eine weitaus größere Intelligenz als ein paar Bühnenkunststücke, und ihre Kommunikation unterschied sich selbstverständlich grundsätzlich von unserer. Sie war an einen Lebensraum mit eigenen Bedingungen angepasst, so dass wir ihre Sprache niemals beherrschen werden. Ein Delfin sendet in einer Sekunde siebenhundert Klicklaute aus, um sich mit Hilfe des Echos ein Bild von etwas in hundert Meter Entfernung zu machen. Er kann daraufhin nicht nur Materialien wie Kupfer von Aluminium unterscheiden, sondern fühlt vor allem, ob etwas lebendig ist, und wenn ja, ob es freundlich gesinnt oder aggressiv ist.

Untereinander kommunizieren Delfine mit Pfiffen. Jeder scheint seinen eigenen Signalton wie eine Art Namen zu haben, und eine Forscherin hat darüber hinaus einhundertachtundsechzig verschiedene Pfiffe ausgemacht, die sie in zwanzig Klassen für unterschiedliche Handlungen eingeteilt hat. Das sah nun wirklich nach einer eigenen Sprache aus.

Wenn sie nahe zusammen waren, gingen sie stattdessen zu Gesten oder Berührungen über, die sich auch auf andere Arten ausdehnen konnten, da Delfine ihre soziale Veranlagung nicht auf die eigene Verwandtschaft beschränkten. Aristoteles beschrieb, dass kleine Jungen auf ihnen reiten durften, und ich hatte während einer griechischen Odyssee gesehen, wie sie ungestüm vor dem Schiff sprangen, als wollten sie es lotsen. Sie spielten mit uns und nahmen unseren Kurs so blitzschnell wahr, dass sie ihn bereits im

Voraus zu erahnen schienen. Griechische Seeleute deuteten es mit Vorliebe so. Es heißt, Apollo habe die Gestalt eines Delfins angenommen, als er sich zum Festland begab, um ein Orakel zu errichten, und deshalb wurde es nach dem Delfin Delphi genannt.

Besaßen Delfine sogar eine archaische Verwandtschaftserinnerung an uns? Wir haben tatsächlich eine gemeinsame Urahnin, obwohl die Verwandtschaft sich später auf komplizierte Weise verzweigt hat. Vor fünfzig Millionen Jahren waren Meeressäuger auch mit Paarhufern verwandt und führten ein amphibisches Küstenleben. Aber warum kehrten sie ins Meer zurück? Geschah es aus Treue oder aus Weitblick?

* * *

Ja, warum hatte es mich selbst zum Meer hingezogen, und warum saß ich jetzt da und spähte durch die Lücke der abgerissenen Wand zum Sund hinunter? Ich war mit meiner Faszination für das Meer bestimmt nicht allein, denn es hat viele Schriftsteller angelockt. Lyriker haben es gern zu einem Symbol gemacht, während Romanciers es mit Fantasien gefüllt haben. Im neunzehnten Jahrhundert konnten die Wale, die wegen ihres Trans für die Maschinen der Industrie professionell gejagt wurden, auf alten Karten zugleich als Seeungeheuer beschrieben werden.

Zur klassischen Beschreibung des Walfangs wurde Melvilles Roman *Moby Dick*, der auf dem Schulschiff im Regal stand. Ich hatte blätternd meine Erinnerung daran aufgefrischt, wie das Leben an Bord darin beschrieben wurde, denn Melville konnte auf eigene Erfahrungen auf mehreren Walfangschiffen zurückgreifen und hatte außerdem ein Gespür für die Ähnlichkeit des strömenden Wassers mit dem Leben. Außerdem hatte er sich angelesen, was er über die Biologie der Wale gefunden hatte, und sich von einer wahren Begebenheit inspirieren lassen.

Etwa dreißig Jahre vor dem Erscheinen von *Moby Dick* wurde der Walfänger *Essex* von einem gereizten Pottwal gerammt, der gesehen hatte, wie seine Familie harpuniert worden war. Erst versetzte er dem Schiff einen Schlag mit der Schwanzflosse, dann mit dem Kopf und schließlich mit allen fünfzig Tonnen seines Körpers. Bevor das Schiff sank, konnte die Besatzung sich mit Navigationsinstrumenten und Proviant in einige Fangboote retten, aber in diesen waren sie bald darauf genauso wehrlos wie die Wale, die sie kurz zuvor gejagt hatten. Vielleicht sogar noch mehr, weil sie sich in einem fremden Element befanden. Fünfzehn Meter hohe Wellen schlugen über die Boote, und als das Salzwasser den Schiffszwieback imprägniert hatte, wurde der Durst unerträglich. Die Männer waren vom Meer umgeben, aber nur ein Prozent des Wassers auf der Erde ist das Süßwasser, das Säugetiere trinken müssen.

Außerdem fürchteten sie sich vor Menschen. Auf den nächstgelegenen Inseln lebten möglicherweise Kannibalen, die sie zur Beute machen würden. Als eine verlassene Insel auftauchte, war diese vorübergehend ihre Rettung, aber sie beraubten sie so ungestüm allen Essbarens, dass sie bald wieder aufs Meer hinausmussten. Und dort begannen sie am Ende, sich gegenseitig zu verspeisen.

Wenn *Moby Dick* diskutiert wurde, galt das Interesse

natürlich nicht dem Problem des Walfangs, sondern der Symbolik des Buchs. Für Kapitän Ahab war der weiße Wal so böse wie der Leviathan des Alten Testaments, weil er bei einer früheren Begegnung mit ihm ein Bein an ihn verloren hatte. Melville sah das jedoch offensichtlich nicht so. Manche Interpreten sahen in Kapitän Ahab im Gegenteil ein Symbol für die schonungslose Profitjagd, die uns zum Verhängnis werden würde.

Auch andere Literaten des neunzehnten Jahrhunderts schrieben Romane mit maritimen Motiven, allerdings ohne die Meere persönlich erlebt zu haben. Seeromantik war in Mode, und die Tiere des Meeres waren noch so unbekannt, dass man frei fabulieren konnte. In *Die Arbeiter des Meeres* beschrieb Victor Hugo einen angreifenden Tintenfisch als Monster aus einer anderen Welt, und als Jules Verne einen Tintenfisch Kapitän Nemos U-Boot angreifen ließ in *20 000 Meilen unter dem Meer*, war dieser wie gemacht für den Science-Fiction-Charakter des Buchs.

Seltsamerweise regten die Tintenfische die Fantasie jedoch am meisten in den Tatsachenberichten der Biologen an. In ihnen schienen sie tatsächlich für eine andere Welt zu stehen, was mein Interesse weckte, denn das Andersartige kann neue Blickwinkel eröffnen. Tintenfische zeigten sogar etwas, das die Geschichte des Lebens berührte.

Jede der vielen hundert Tintenfischarten hat ihre Eigentümlichkeiten. Die größte misst vierzehn Meter, und die älteste, die kleinen Perlboote, hat sich praktisch unverändert durch fünfhundert Millionen Jahre navigiert und ihren Auftrieb dabei gesteuert wie ein vorzeitliches U-Boot. Andere Arten können in ihrer Umgebung verschwinden, indem sie plötzlich die Gestalt einer Flunder, einer Schlange oder einer Koralle annehmen.

Doch am sonderbarsten sind trotz allem die Achtarmigen Tintenfische. Sie haben drei Herzen, ein Hauptherz und zwei Kiemenherzen mit edlem blauem Blut, neun Gehirne und acht tastende Arme, oder wenn man so will, sechs Arme und zwei sogenannte Beine. Jeder der Arme ist in gewisser Weise eine eigene Welt mit Sehzellen, Tastzellen, einem raffinierten Geruchs- und Geschmackssinn und mit einer Art Kurzzeitgedächtnis, so dass die Tintenfische die Definition des Individuums erweitern.

Sie sind zweifelsohne vielseitig. In Aquarien können sie mit Hilfe ihrer Arme Puzzle legen, Schraubdeckel öffnen und Korken aus Flaschen ziehen, wenn sie nicht gerade neugierig Gegenstände untersuchen, die man zu ihnen hinablässt. Sie sind genaue Beobachter und lernen schnell von der Art anderer Tintenfische, Probleme zu lösen, außerdem haben sie ein gutes Gedächtnis, so dass sie sich merken, welche Menschen unfreundlich gewesen sind und welche sie mit Futter versorgt haben. Da sie es spüren, wenn sie beobachtet werden, fühlen sie sich von den Zuschauern im Aquarium schnell gestört, so dass manche kleine Barrikaden aus Steinplatten errichten, während andere Kokosnussschalen herangeschleppt haben, um sich dahinter zu verstecken. Einige haben erkannt, dass es zu einem Kurzschluss und barmherziger Dunkelheit kommt, wenn sie Wasser auf die Scheinwerfer über ihnen spritzen. Ein Tintenfisch hat Steine auf das Aquarienglas geworfen, und einem anderen ist tatsächlich mit Hilfe geistiger und körperlicher Geschmeidigkeit die Flucht gelungen.

Zunächst presste er seinen knochenlosen Körper zusammen und zwängte sich durch eine Spalte im Aquariumsdach. Dann kroch er auf den Fußboden hinunter und zu einem Bodenabfluss, wo er über ein Abflussrohr den Weg zurück ins Meer fand. Und nach ihm waren schon bald andere achtarmige Ausbrecherkönige an der Reihe. Einige verließen nachts ihre Wassertanks, um sich quer durch den Raum zu begeben und in Aquarien voller Krabben zu gleiten. Nachdem sie dort genüsslich geschmaust hatten, kehrten sie lammfromm in ihre eigenen Zisternen zurück, und das Personal begriff nichts, bis man eine versteckte Kamera installierte.

Tintenfische können sich also aus der Begrenzung des Hier und Jetzt befreien, indem sie Erinnerungen mit Plänen und komplizierten Handlungen kombinieren. Ich fand das spannender als jeden Horrorfilm, denn es zeugte von einer beachtlichen Intelligenz.

Trotzdem passen Tintenfisch nicht in unsere Intelligenztheorien, die im Grunde wohl eher eine Beschreibung unserer eigenen Fähigkeiten sind. In vielen Fällen werden sie notdürftig von Walen gestützt, aber Tintenfische sabotieren sie auf schändlichste Weise. Intelligenz wird in der Regel durch eine lange Fürsorge während des Aufwachsens erklärt, ein langes und geselliges eigenes Leben und die Fähigkeit, sich an unterschiedliche Lebenswelten anzupassen. Nichts davon trifft auf achtarmige Tintenfische zu. Sie leben kurz und verhungern, während sie zärtlich ihre hunderttausenden Eier schützen, so dass sie keine Chance bekommen, ihren Nachfahren während des Aufwachsens etwas beizubringen. Außerdem sind sie nicht gesellig, und jede Art hält sich an ihre gewohnte Lebenswelt. Am peinlichsten ist letztlich aber, dass diese begabten Wesen zu den Weichtieren gehören. Tatsächlich heißt es, wir seien enger verwandt mit Seegurken als mit Tintenfischen. Offenbar hat sich Intelligenz im Laufe der Evolution in mehrere Richtungen entwickelt und bei verschiedenen Arten in unterschiedlichen Elementen. So wie die Echoortung sowohl bei Delfinen als auch bei Fledermäusen entstanden ist, findet man Scharfsinn sowohl bei Tintenfischen als auch bei Krähen. Die Entwicklung hat also keine bestimmte Richtung oder kein bestimmtes Ende, sondern kennt nur Verzweigungen wie Tintenfischarme, und alle können auf etwas Bemerkenswertes im Leben hindeuten.

***

Ein plötzlicher Windstoß ließ die blaue Persenning im Sommerhaus hochflattern. Es klang, als sollten die Segel des Schulschiffs von vielen Armen gerefft werden, denn die Segelfläche war genauso groß wie das Deck, und das Schiff konnte sich mit dem massigsten aller Meeresbewohner messen. Die Tragkraft des Wassers ermöglicht ja nicht nur Seefahrzeuge von gewaltigen Dimensionen – ihr ist es auch zu verdanken, dass der Blauwal zum größten Tier geworden ist, das jemals gelebt hat.

Auch mich hatte dieser Koloss fasziniert, obwohl ich mich allmählich fragte, ob die Größe nicht Gegenstand eines absurden Interesses geworden war. Die einhundertfünfzig Tonnen des Blauwals basieren auf den kleinsten

Wesen des Meeres, und auch wenn diese nicht so charismatisch sind wie Wale, wären die Meere ohne sie tot. Folglich konnte das kleine Leben das größte balancieren und das gleiche Gewicht bekommen.

Blauwale ernähren sich von Plankton, das mit den Strömungen treibt. Tierisches Plankton kann aus Larven von Fischen, Krabben, Muscheln, Seesternen oder Seepocken bestehen, aber der größte Anteil ist Krill. Ein Blauwal frisst problemlos vier Tonnen Krill am Tag, so unfassbare Mengen werden benötigt, und die meilenweiten Krillschwärme sind dementsprechend auch gewaltiger als alle Vogel- oder Insektenschwärme. Das Guiness Buch der Rekorde hat sie die größten Tieransammlungen der Erde genannt, denn sie sind sogar aus dem Weltall gesichtet worden. Ein Krillschwarm kann aus ebenso vielen Individuen bestehen, wie ich Zellen in meinem Körper habe.

Lassen sich die Schwärme sogar als eine Art Superorganismen betrachten? Krill bezeichnet stets die Gesamtheit, weil sich einzelne Wesen in ihrer kompakten Masse schwer erkennen lassen. Während sie gemeinsam durchs Meer treiben, halten ihre kleinen schwimmenden Beine einen gemeinsamen Rhythmus wie in einer einzigen Atmung. Dennoch sah ein Forscher, der sie studierte, plötzlich, dass ein kleines Wesen aus dem Schwarm ausscherte, um ihn zu betrachten. Es war nur zwei Zentimeter lang, wirkte mit seinen dunklen Augen und nach vorn gerichteten Fühlern jedoch neugierig. Auge in Auge ergründeten zwei Individuen aus der jeweiligen Gattung einander, und ihre Größe spielte dabei keine Rolle.

Bei meinem eigenen engen Kontakt mit ihnen waren

sie Nahrung gewesen. Der Fischer, der sie mir verkaufte, meinte, sie würden ähnlich wie Garnelen schmecken, mit einem Hauch von Krabbe. Aber es war nicht der Geschmack, der mir vor allem in Erinnerung blieb. Als sie am Abend gegessen werden sollten, begriff ich, warum sie auch Leuchtgarnelen genannt werden, denn in dem unbeleuchteten Raum schimmerten sie phosphoreszierend, was eine Anmutung der Tiefsee vermittelte.

Es sind nämlich diese dunklen Tiefen, in denen Krill am besten geschützt ist. Dorthin treiben nur Fragmente toter Meerestiere wie ein stiller Schneefall. Erst in der Abenddämmerung steigen sie zur Oberfläche auf, um zu fressen, und ihre Nahrung besteht dann aus noch kleinerem Plankton, das manchmal so klein ist, dass eine Million davon auf einem Esslöffel Platz findet. Man spricht von pflanzlichem Plankton, aber da ihm Wurzeln und Blätter fehlen, handelt es sich eigentlich nicht um Pflanzen. Sie gehören zum gewaltigen Reich der Algen.

***

Algen sind schon seltsam. Obwohl es hunderttausende Arten von ihnen gibt, sind die meisten bislang nicht erforscht, und sie können sehr verschieden sein. Einige sind mikroskopisch klein, während andere sechzig Meter lang werden, manche schimmern wie Meeresleuchten, und andere verbreiten, wie etwa der Blasentang, Eier und Sperma unter dem Vollmond im Juni. Manche können ihre rote Farbe an Schalentiere und Korallen abgeben, während andere Fische mit Omega-3-Fettsäuren versorgen, und wieder andere verbreiten ein Gift, wenn sie zersetzt werden. Viele von ihnen leben zudem außerhalb des Meeres, in allem von feuchten Landflächen bis zu Quellen und Seen.

Der Biologe, mit dem ich früher mein Leben teilte, war Experte für Süßwasseralgen, und wenn er sie in Seen suchte, begleitete ich ihn manchmal. Dort hatten Waljagd und Meeresromantik ihren friedvollen Gegenpol. Auf dem Spiegel der Wasserfläche konnte man in aller Ruhe rudern, um an blühenden Ufern die grüne Basis des Lebens zu suchen. Unter den kleinen Fischen erahnte man den Seegrund, und wenn die Tropfen glänzend von den Ruderblättern fielen, bildeten sie Ringe im Wasser. Die Zeit kam zur Ruhe. Wenn der Biologe sich in den Bug legte und durch sein Unterwasser-Teleskop spähte, musste ich das Ruder übernehmen. Seinem gebeugten Rücken sah ich an, wie erwartungsvoll er war, wenn der mehrarmige Draggen mit seiner gemischten Ernte hochgezogen wurde, fast so, als wären wir auf Schatzsuche gewesen. Eine nach der anderen wurden die kleinen Dosen auf der Ducht mit Proben gefüllt, und wenn sie später unter dem Mikroskop untersucht wurden, wiesen viele Algen tatsächlich eine Schönheit auf wie Schmuckstücke.

Hatten so einige der ersten Kinder des Wassers ausgesehen? Algen waren ja mehr als die Basis in der Nahrungskette des Meeres – sie gehörten zum ältesten Leben auf der Erde. Während sie sich über Millionen von Jahren hinweg still von Sonnenlicht ernährten, wandelten sie Kohlendioxid in Kohle und Sauerstoff um, und erschufen so unsere Lebensluft.

Weil das Leben vor etwa vier Milliarden Jahren entstand, war es ein wenig unklar, wie sich das abgespielt hatte. Es könnte geschehen sein, als Energie aus Blitzeinschlägen Wasserstoff, Ammoniak und Methan in organische Stoffe verwandelte, die miteinander reagierten, aber es könnte auch durch Vulkanausbrüche auf dem Meeresgrund passiert sein. Jedenfalls gingen die meisten davon aus, dass es sich im Meer ereignet hatte, in heißen Quellen darunter oder in einem warmen See. Wasser bildete eine Voraussetzung. In antiken Wasseruhren wurde die Zeit durch Tropfen gezählt, was mir richtig erschien. Ließ man ihnen Zeit, konnten sie Steine aushöhlen und ganze Meere füllen. Und so wurde das Leben auch in Tropfen geformt, als Energie und Feuchtigkeit in mikroskopischen Membranen eingefangen wurden. Dort gab es eine schwache elektrische Energie, und so wurden die Zellen geboren, die zum Innersten in allem Lebendigen wurden.

Obwohl sie nur ein paar Tausendstel Millimeter maßen, enthielten sie alles, was das Leben verlangt – Stoffwechsel, Beweglichkeit und Kommunikation. Das kam mir bekannt vor. War es nicht etwas, das bis heute in jedem Haushalt vorging? Man isst für seinen Stoffwechsel, man bewegt sich, um verschiedene Tätigkeiten auszuführen, man kommuniziert miteinander oder sieht aus dem Fenster. Genau das hatten wir auch im Sommerhaus getan. Plötzlich sah ich eine eigentümliche, inspirierende Parallele zwischen ihm und den Zellen. So wie das Sommerhaus waren die Zellen kleine Einzimmerwohnungen mit porösen Wänden, und dass die Wände undicht waren, bildete die Voraussetzung für etwas Wichtiges. Eine andere, einfachere Zelle – allem Anschein nach eine Bakterie – drang durch sie hindurch. Aber sie war ein guter Untermieter, der seinen Beitrag zur Energieversorgung leistete, wodurch die Zelle ihren kleinen Raum erweitern konnte.

Dass dem Sommerhaus etwas Vergleichbares geschehen würde, war wenig wahrscheinlich, denn in der Welt der Zellen dauerte die Verwandlung geraume Zeit. Dennoch bahnte die durchstoßene Zellwand den Weg für ein neues, expansives Lebenskapitel, in dem Pflanzen entstehen konnten.

Aber Zellen vereinigten sich auch auf andere Weise, und eine ließ sich noch bei den porösen Schwämmen des Meeresgrunds beobachten – die nach ihrem Tod zu Waschschwämmen werden. Presst man lebende Schwämme durch ein Sieb, werden sie einfach zu Krümeln, legt man sie aber in Wasser, sammeln sie sich nach und nach zu einem Schwamm, wie man ihn gerade zerdrückt hat. Diese Krümel wollen wirklich zusammengehören. Sogar abgerissene kleine Stückchen können neue Schwämme bilden. Sie müssen also ein eigenes, sich selbst organisierendes System besitzen.

An irgendeinem Punkt in diesem Mysterium entwickelte sich das Leben. Es stellte sich heraus, dass Zellen eine genauso soziale Natur besitzen wie Ameisen. Durch ihre Membranen konnten sie Stoffe austauschen und mit Hilfe von Proteinen kommunizieren. Und das war eine Kommunikation, die mich berührte, weil sie mich am Leben erhielt. Wie alles Lebendige bestehe ich schließlich aus Zellen. Sie besitzen eine Sprache, geschrieben in

Wasser, und sie ist allen Lebewesen der Erde gemeinsam. Durch sie tragen wir alle zusammen etwas vom Anbeginn des Lebens in uns.

* * *

Auf meiner Möchtegernveranda wurde es allmählich kühl, so dass ich in die Küche ging und mir eine Tasse Tee machte. Als im Topf Dampf aufstieg, dachte ich daran, wie fließend Wasser zwischen Meer und Wolke, Regen und Eis wechselte. Darüber hinaus existiert es in allem, was lebt, und in allem, was man isst, ja sogar in diesem trockenen Knäckebrot. Wenn etwas wirklich als die Grundlage des Lebens bezeichnet werden konnte, dann das Wasser. Ich ging mit meiner Teetasse in die Schreibstube und schloss die Tür, damit es warm blieb. Vier Wände umschlossen mich wie in einer kleinen Zelle, und warum auch nicht? Schließlich wurde das Leben in Zellen geschrieben. Aber wie konnte es selbst beschrieben werden? Es hatte sicher keine einfache Geschichte. Erzähler vermeiden Verzweigungen, aber beim Leben sind sie entscheidend. Zellen kommunizieren in alle Richtungen und vermischen die unterschiedlichsten Alphabete. Eins hat einhundertsieben Buchstaben für chemische Elemente, ein anderes gilt allen Chromosomen der Zelle, und ein drittes betrifft die vier Basen der DNA-Spirale mit ihren unendlich vielen Kombinationen. Etwas so Gewaltiges konnte ich niemals in den linearen Zeilen des Alphabets einfangen.

Trotzdem wollte ich die Geschichte verstehen, die das Leben schrieb. Lassen Sie uns deshalb sagen, dass sie drei bis vier Milliarden Jahre vor meiner Geburt begann. Seit jener Zeit kam eine Reihe von Kapiteln dazu, und jedes von ihnen dauerte einige Millionen Jahre. Weil manche ereignisreicher waren als andere, blätterte ich in Gedanken zum Kambrium vor etwa fünfhundertvierzig Millionen Jahren zurück.

Damals hatten die Bewegungen der Kontinentalplatten den Ort, an dem ich saß, zu einem warmen, mit Korallenformationen geschmückten Grundwassergebiet gemacht. Es waren äußere Skelette kleiner, blumenähnlicher Nesseltiere, die durch eine Symbiose mit Algen Farbe und Energie erhalten hatten. Einmal im Jahr sandten sie bei Vollmond Spermien und Eier aus, so dass die Skelette neuer Larven das Korallenriff ausbauten, und an anderen Orten wurden sie zu den größten Bauwerken der Erde, in denen ein Viertel aller Meeresarten ein Zuhause fand.

Ein ähnlich großes Erbe hinterließen die Trilobiten. Sie wiederum glichen am ehesten Asseln, aber auch wenn sie äußerlich nicht viel hermachten, waren sie möglicherweise die Ersten, die unsere Welt sahen, denn Augen waren damals etwas völlig Neues. Die Augen der Trilobiten bestanden aus sechseckigen Teilen wie die Facettenaugen, die Insekten später bekommen sollten, und weil die Linsen kristalline Kalkprismen waren, sind sie erhalten geblieben.

Es war nicht so, dass die Trilobiten das Wasser entdeckten. Um es einordnen zu können, benötigt man Vergleiche und Distanz. Aber das diffuse Panorama der Trilobiten über das Wasser blieb während der dreihundert Millionen Jahre vorherrschend, in denen ihre Tausenden von Arten das Meer dominierten. Gleichzeitig starben sie wie alle Individuen und schwebten mit ihren kalkhaltigen

Augen zum Meeresgrund, um sich dort mit Schnecken und Korallen zu vereinen. In Millionen Jahren wurde das alles dann zu jenem Kalkstein komprimiert, der in einer Sekunde der Erdgeschichte zu Pyramiden, Kathedralen, Straßen, Kunstdünger und Zahncreme wurde. Darin waren also einige der ersten Augen des Lebens auf der Erde eingeschlossen.

Ich stellte die Teetasse auf dem Tisch am Fenster ab, wo eine Schale mit Fossilien Meeresgeschichte und Sommererinnerungen vermischte. Neben versteinerten Korallen und Armfüßern lagen einige jüngere Schnecken mit geriffelten Schichten in ihren Schalen. Eine Turmschnecke ähnelte den Spiralformen, über die ich mir als Kind im Marmor der Eingangstreppe Gedanken gemacht hatte, wogend von alten Bewegungen der Zeit. Aber die Spiralen des Marmors waren Orthoceras, Tintenfische, die vor vierhundert Millionen Jahren gelebt hatten.

Ungefähr zu der Zeit füllte sich das Meer allmählich mit Fischen. Auch sie brachten eine wichtige Neuentwicklung mit; sie hatten eine Wirbelsäule, die empfindliche Nervenfasern zwischen Gehirn und Körper schützte. Von ihnen stammten später sämtliche Reptilien, Vögel und Säugetiere ab. Der griechische Naturphilosoph Anaximander ahnte den Zusammenhang, als er vor zweitausend Jahren Fossilien studierte. Und auch ich hatte ein Fossil vor Augen, als ich über das Leben nachdachte. Neben dem Schreibtisch hing ein kleiner zappelnder Fisch, erhalten geblieben in Stein. Er war einer meiner Urahnen.

***

Am Nachmittag stellte sich heraus, dass Fische auch meinen größer werdenden Hunger stillen mussten. In meiner Eile, zu der morschen Wand zu kommen, hatte ich vergessen, etwas Richtiges zu essen mitzunehmen, aber in der Küche gab es ein paar Klassiker des Vorratsschranks, unter anderem eine Büchse Sardinen und ein Glas Heringshappen. Das passte ja gut. Beide gehören zu meinen Lieblingsfischen, und ich wusste, dass viele meinen Geschmack teilten, denn beide waren feste Bestandteile der Kulturgeschichte.

Salzheringe bildeten tausend Jahre lang ein nordisches Grundnahrungsmittel an Land und zur See. Für die Wikinger waren sie Reiseproviant, und für die Hanse wurden sie so wichtig, dass es zum Niedergang des gesamten Kaufmannsverbunds führte, als die Heringsschwärme sich für andere Küsten entschieden. Wenn ich es recht bedachte, waren solche Schwärme auch in den letzten Jahrzehnten immer seltener geworden, obwohl das heute wohl am industriellen Fischfang lag, der die Meere durchkämmte. Deshalb sollte ich vielleicht lieber zu der Dose Sardinen greifen.

Sardinen waren Teil einer südeuropäischen Kulturgeschichte, die auch ihre Verpackung einschloss. In der Antike wurden gesalzene Sardinen in Amphoren gelegt, die nach dem Fall des Römischen Reichs von immensen Holzfässern ersetzt wurden. Und als diese später gegen Dosen ausgetauscht wurden, lag dies an Napoleons vielen Kriegen, denn Hunderttausende von Soldaten benötigten leicht zu transportierenden Feldproviant. Zunächst wurde eine Konservierungsmethode mit Gläsern getestet, die man in kochendes Wasser gesenkt hatte, die später von Eisenkisten mit bleiverlöteten Deckeln ersetzt wurden. Aber weil sie schwer und kompliziert zu öffnen waren, wurden diese wiederum gegen Zinndosen mit kleinen Öffnungsschlüsseln ausgetauscht, woraufhin sich der Erfolg einstellte. Ganze Schiffsbesatzungen erhielten Sardinendosen, sogar für eine Weltumseglung, so dass die Sardinen in ihren Dosen weiter herumgekommen sind als alle anderen Fische.

In der Zwischenzeit hatten die Briten immer deutlicher die Herrschaft über die Weltmeere übernommen und verpflegten ihre Matrosen mit Heringsfängen. Es kam einem beinahe so vor, als wären die napoleonischen Kriege nur mit Hilfe der kleinen Fische weitergegangen. Dabei sind Sardinen und Heringe nicht besonders unterschiedlich. Conrad Gessner hatte im sechzehnten Jahrhundert große Probleme, den Unterschied zwischen ihnen zu erklären, denn auch die Sardinen gehören zur Familie der Heringe. Ich selbst hatte gelernt, die kleineren Heringe der Ostsee von den größeren der Nordsee zu unterscheiden, aber heute vermischen sich beide in den Meeren. Auf Grund der klimatischen Veränderungen haben Sardinen außerdem begonnen, sich bis in die Nordsee hinauf zu bewegen, so dass die Arten sich zu vermengen scheinen. Als ich mir die Dose der Firma *Sardinmästaren* genauer ansah, wurde mir das bestätigt. Als ihr Inhalt wurden dort Sprotten genannt. Die Frage der Wahl zwischen Heringen und Sardinen hatte sich von selbst gelöst.

Als ich die Hering-Sardinen auf eine Scheibe Knäckebrot gelegt hatte, versuchte ich, mir ihre Körper lebendig vorzustellen. Der Größe nach lagen sie irgendwo zwischen

Krill und größeren Fischen, und im Wasser hätten sie sich zu silbrig wogenden Ellipsen gesammelt, die kilometerlangen Wesen glichen. Sie würden auch fast mit dem Meer verschmelzen, denn jeder einzelne Fisch reflektierte es in tausenden Schuppen. Drehten sie sich zur einen Seite, wurde das Licht der Meeresfläche gespiegelt, und drehten sie sich zur anderen, wurde das Dunkel der Tiefen zurückgeworfen. Weil die Fische am äußeren Rand des Schwarms der Nahrung, aber auch den Raubfischen näher waren, wechselten sich alle ab, die Außenposition einzunehmen. Jeder einzelne Fisch half außerdem, Plankton zu finden und Gefahren wie Wale, Robben, Seevögel oder größere Fische zu entdecken. Alle im Schwarm fühlten miteinander, denn wenn einige von ihnen gefangen wurden, stieg die Herzfrequenz bei ihren Nachbarn. Vielleicht würde nur ein Fisch von zehntausend in einem Sardinenschwarm seine Jugend überleben, aber die es schafften, konnten andererseits fünfzehn Jahre alt werden, und bei den Heringen gab es sogar Fünfundzwanzigjährige. So gesehen gab es in einer Sardinendose bestimmt ganz unterschiedliche Lebensschicksale.

Während ich das vermeintliche Sardinenöl vom Teller abspülte, lief Wasser über meine Hände, und etwas in mir reagierte darauf. Wie Fische bestand ja auch ich zu fünfundsechzig Prozent aus Wasser. Weil es ständig nachgefüllt werden musste, war der Brunnen im Grunde der wichtigste Punkt auf meinem Grundstück, aber meine eigene Körperfeuchtigkeit kam aus einem Meer. Das spürte man am Salzgehalt in Tränen, Schweiß und Schleim, und das Fruchtwasser, in dem ich meine erste Zeit verbracht hatte, war ebenfalls salzig.

Offenbar wäre ich gern darin geblieben. Föten sollen sich ja eigentlich zur Öffnung der Gebärmutter drehen, aber ich legte mich immer wieder quer. Wie ein altmodischer Telefonhörer lag ich da und lauschte den Geräuschen draußen. Sie waren schärfer als in dem kleinen Urmeer, an das ich mich gewöhnt hatte. Meine hochschwangere Mutter wurde durch mich so schwer, dass wir durch einen morschen Bootssteg krachten. Das Meer zog mich eindeutig an.

Als ich schließlich in die Luft hinausgekommen war, verlor ich dagegen das Gefühl von Geborgenheit im Wasser. Die Schwimmabzeichen machte ich erst, als dies für den Segelschein erforderlich war, und da war es mit einem gewissen Grauen verbunden. Zur Prüfung gehörte ein obligatorischer Sprung ins Wasser. Als ich auf dem schwingenden Sprungbrett stand, wurde mir schwindlig, und es zu verlassen, war eine ebenso große Herausforderung, wie es einst gewesen war, das Fruchtwasser zu verlassen. Säugetiere wie ich konnten ertrinken. Als mein Körper schließlich die Wasseroberfläche durchschnitt, empfand ich es als eine existenzielle Prüfung. Es war die Begegnung mit einem Element, das einem das Leben schenken, aber auch den Tod bringen konnte.

***

Auch meine Urahnen unter den Fischen zögerten lange, ehe sie sich in ein anderes Element begaben. Während sie sich im Meer etablierten, waren andere Lebensformen bereits dabei, sich aufs Land vorzutasten. Die Algen waren auch hier die Ersten und verliehen der Erde nach und nach einen hoffnungsvoll grünen Ton. Dann erhöhte sich der Sauerstoffgehalt der Luft durch die Farne und Bärlappgewächse des Devon. Gleichzeitig verbesserte sich das Erdreich durch Pilze mit hartgesottenen Essgewohnheiten, denn sie waren fähig, Steine zu verspeisen. Wenn ihre Säuren die Außenschicht der Felsen aufgelockert hatten, saugten die Wurzelfäden Mineralien aus ihnen heraus.

So wie die Korallen im Meer verbündeten sich auch die Pilze der Erde mit den Algen, die etwas von ihrer Sonnenlichtenergie abgaben. Dadurch entwickelte sich eine neue Pflanzengruppe, die Flechten. Auch sie bedienten sich aufweichender Säuren, wodurch sich mit der Zeit Erdtaschen bildeten, in denen Moose keimen konnten. Das Land wurde immer bewohnbarer. Vorsichtig krochen Quastenflosser und Lungenfische in Gesellschaft von kleinen Milben und Spinnentieren aus dem Meer.

So vergingen Millionen Jahre, während das Klima sich veränderte und das Meer abwechselnd stieg und sank. Zwischen den neuen Nadelbäumen, gigantischen Libellen und meterlangen Tausendfüßlern des Karbon entstanden Sümpfe mit vermodernden Pflanzen.

Während der Erdbeben und Dürreperioden des Perm folgte ein Massensterben, bei dem neunzig Prozent aller Arten im Meer verschwanden. Dazu gehörten auch die Trilobiten, und zu den Überlebenden gehörten einige dickhäutige Reptilienarten. Aus einer von ihnen sollten sich später die Urahnen der Säugetiere entwickeln. Eine andere Art war dagegen Urahn der Dinosaurier, die daraufhin einhundertfünfzig Millionen Jahre das Leben auf der Erde dominierten, also genauso lange, wie die Trilobiten im Meer geherrscht hatten. In der Zwischenzeit wurden meine Säugetiervorfahren zu spitzmausgroßen, verängstigten Wesen, die sich nur nachts hinauswagten, wenn die Dinosaurier schliefen.

Der Wendepunkt kam vor fünfundsechzig Millionen Jahren, als ein Meteor die Erde traf. Der Staub von seinem Einschlag verdunkelte monatelang die Sonne, und mehr als die Hälfte aller Arten starb aus, darunter die Dinosaurier. Eine gefiederte Art von ihnen überlebte jedoch genau wie meine spitzmausartigen Urahnen, die sich endlich aus ihren Schlupflöchern herauswagten.

Im Küchenfenster war eine Spinne aus dem Devon dabei, ein Netz zu spinnen. Draußen zwitscherte ein Nachfahre der Dinosaurier in einem Baum. Ich ging zwischen die alten, erfahrenen Kiefern, die Farne und Flechten hinaus. Unter ihnen lagen Meeresablagerungen und Fragmente seit Langem verschwundener Berge. Im Moos krochen mikroskopisch kleine Bärentiere wie unsichtbare Michelinmännchen mit acht Beinen. Sie hatten fünf Massensterben überlebt, weil sie Trockenperioden, extreme Temperaturen, Vakuum, hohen Druck und radioaktive Strahlung aushielten. Inmitten aller Vergänglichkeit existierte eine zähe Lebenskraft.

***

Woher kam diese Lebenskraft? Sie wurde von etwas viel Kleinerem vermittelt als den kleinen Bärentieren, denn sie lag in den DNA-Molekülen. Dort wurden Erinnerungen und Zukunft miteinander durch ein Doppeltross verknüpft, das in ausgerollter Form zwei Meter lang wäre, und es barg eine Chronik über die Geschichte des Lebens in sich. Die kleinsten Teile waren von Anfang an dabei gewesen.

Alles wurde in Mikroschrift beschrieben. So fand das Manuskript an mich selbst Platz in einer millimetergroßen, befruchteten Eizelle, und dennoch würden die darin enthaltenen Informationen fünfundzwanzig Kubikmeter aufeinandergestapelte Lexika erfordern, falls sie in Worte gekleidet werden sollten. Meine Schreibstube wäre nicht einmal für ein Drittel groß genug gewesen. Dann bekam jede neue Zelle Kopien von allem. Ein paar Zellen würden mein Herz bilden, andere mein Gehirn und wieder andere meine Wirbelsäule. In ihnen arbeiteten tausende chemische Reaktionen, und auf wundersame Weise übernahmen alle Zellen ihre jeweiligen Rollen, was dadurch erleichtert wurde, dass sie wie Puzzleteile etwas unterschiedliche Ränder hatten und alle Anlagen bereits in den Chromosomen des Zellkerns lagen. Ich war ja Teil einer alten, fünfhundert Millionen Jahre lang weitergegebenen Geschichte, wenngleich sie bei jedem neuen Satz kleine Variationen erhielt.

Während meiner Zeit als Embryo wurde die ganze Evolution durchgespielt. Sobald die befruchtete Eizelle sich geteilt hatte, begann sie zu flimmern wie ein rotierendes Kaleidoskop. Bald darauf glich ich einem Keim, dann einer Kaulquappe. Ich hatte einen Schwanz, der wieder verschwand, und Kiemenbögen, die sich in Mittelohr, Kehlkopf und einen Teil des Unterkiefers verwandelten.

Unablässig fügten die Zellen etwas hinzu oder entfernten andere Teile. Meine Hand glich einer Schnecke, die fünf Verzweigungen bekam, und dazwischen bildete sich eine Schwimmhaut, die sofort abstarb, weil Finger geformt werden sollten. So war es überall im Körper. Sämtliche Zellen wussten, wann es Zeit war, sich zu entwickeln, sich zu teilen oder zu sterben, denn sie waren empfindsam füreinander. Am Ende starben fast neunzig Prozent aller Zellen in meinem Fötus für die Gesamtheit. Nur die Krebszellen, die vom ewigen Leben träumten, ignorierten andere und setzten ihre Teilung endlos fort. Deshalb war ich all den anderen, die gestorben waren, doppelt dankbar. Ihr Erbe und ihr Tod hatten mein Ich geformt.

***

Weil mir die Vergangenheit so nahe zu sein schien, wäre ich fast erschrocken, als mein Handy in der Schreibstube surrend auf sich aufmerksam machte. Es war der Chef der Handwerker, der erklärte, dass sie ihre Arbeit hatten abbrechen müssen, am nächsten Tag aber wiederkommen würden. So rückte die Gegenwart plötzlich näher. Schließlich war ich zum Sommerhaus gefahren, um über das Wandproblem zu sprechen.

Dennoch freute ich mich, einen Tag für mich allein bekommen zu haben, an dem die Situation aus anderen Blickwinkeln betrachtet werden konnte als aus einem rein praktischen. Eine erweiterte Zeitperspektive rückt die Proportionen so zurecht, dass menschliche Lappalien schrumpften. Die Katastrophen, zu denen es auf der Erde gekommen war, hatten wahrlich andere Dimensionen gehabt als eine morsche Wand, und sie hatten häufig auch den Weg für etwas Neues geebnet, auch wenn es gedauert hatte. Sogar der Regen, der hinter der berühmten Sintflut stand, hatte Geologen zufolge möglicherweise Millionen Jahre angedauert.

Die Geschichte des Lebens hatte generell derartige Ausmaße, dass man sie zu einer Woche zusammenschrumpfen lassen musste, um sie anschaulich zu machen. War der glühende Ball der Erde daraufhin in einer Sonntagnacht geformt worden, entstand das erste Leben am Dienstag. Es waren Cyanobakterien, die den Planeten für sich allein hatten, bis am nächsten Samstag die marinen Tiere auftauchten. Der letzte Sonntag verlief dann allerdings hektisch. Am Morgen krochen die ersten Pflanzen an Land, und ein paar Stunden später folgten Amphibien und Insekten. Im Laufe des Nachmittags eroberten die großen Reptilien die Erde, und eine halbe Stunde später gab es auch Säugetiere, wenngleich sie vier Stunden im Schatten der Dinosaurier leben mussten. Die Vögel tauchten zur Abendessenszeit auf. Kurz vor Mitternacht kletterten Menschenaffen in die Bäume, und dreißig Sekunden, bevor es zwölf schlug an diesem letzten Tag, begann der Homo sapiens, auf zwei Beinen zu gehen. Die gesamte menschliche Geschichte fand Platz im Bruchteil einer Sekunde.

So nahmen wir im letzten Moment an einer gemeinsamen Lebensreise teil, die nicht nur unsere war. Sie war voller Geschichten über unzählige Arten, Familien und Individuen. Ohne sie wäre unsere eigene Geschichte anders verlaufen, denn zu ihr trugen auch andere bei.

Die Jagd auf Auerochsen war eine Herausforderung gewesen, aber als man das muskulöse Tier vor achttausend Jahren gezähmt hatte, wurden seine Nachfahren unsere Milchkühe und Zugtiere. Sie mühten sich auf unseren ersten Äckern, und mit einem gut bestellten Landgut konnte man sich daraufhin anderen Dingen widmen, als Nahrung zu jagen. Die Bevölkerung konnte wachsen, und mit ihr wuchs zugleich die Notwendigkeit einer organisierten Gesellschaft. In dieser hing so viel von kostbaren Tieren und Pflanzen ab, dass die Sumerer eine Schriftsprache entwickelten, um sie zu verzeichnen. Pferde verlängerten Verkehrswege und kriegerische Eroberungen, und der Handel mit Schafwolle ließ eine Marktwirtschaft entstehen, in der Reichtümer ebenso gut aus Heringen und Tran wie aus Purpurschnecken, Seidenraupen und Elfenbein entstehen konnten.

Zur dramatischsten Veränderung überhaupt kam es, als die Pferdestärken von fossilen Brennstoffen ersetzt wurden. Sie verbargen Erinnerungen an das frühere Leben auf der Erde, denn die Kohle bestand aus den vermoderten Pflanzen des Karbon und das Rohöl aus den Billionen Algen, dem Plankton und Tieren, die auf alten Meeresböden zusammengepresst worden waren. Wenn sie verbrannt wurden, schienen all die Millionen Jahre, die seit ihrer Zeit vergangen waren, zu einer gewaltigen Explosion komprimiert zu werden, die in einem Wimpernschlag die Welt verwandelte. Während sich aus den agrarischen Gesellschaften Industrieländer entwickelten, wurden die Schoner der Meere gegen Containerschiffe und Tanker ausgetauscht, und gleichzeitig musste das Öl, das alles antrieb, aus immer größeren Tiefen hochgepumpt werden. Manchmal gelangten auch ein paar hunderttausend Tonnen ins Meer hinaus, in dem alles begonnen hatte.

***

Ich hatte es gemeinsam mit ein paar alten Schiffskameraden aus nächster Nähe gesehen. Ein Tanker hatte so viel Öl in die Ostsee abgelassen, dass die nötige Sanierung zusätzliche Arbeitskräfte erforderte, und wir wollten mithelfen. In dem Militärhubschrauber, der uns zu den äußeren Schären bringen sollte, saßen wir bereit, um wie Soldaten zu kämpfen. Durch die Fenster sahen wir pfauenfederartige Farben auf dem Meer unter uns treiben, so anders, verglichen mit den changierenden Farben, die wir sonst zwischen den Wellen sahen.

Die Felsen der Schäreninsel, auf der uns der Hubschrauber absetzte, waren von einem pechschwarzen Morast bedeckt, den wir in Säcke schaufeln sollten, aber sosehr die Spaten auch kratzten, er blieb weiter auf den Felsplatten haften. Er drang in Felsspalten ein und klebte an Blumen, und wir wussten, dass brütende Seevögel noch am kleinsten Ölfleck in ihrem Gefieder sterben würden.

Das ereignete sich in den achtziger Jahren, und für die geologische Epoche, in der wir uns befanden, war erst kürzlich ein neuer Begriff geprägt worden. Die alte Bezeichnung, Holozän, leitete sich vom griechischen Wort für Ganzheit ab. Nun wurde vorgeschlagen, den Begriff gegen Anthropozän auszutauschen, was vom griechischen Wort für Mensch kam. Der Namenswechsel sollte keine

Huldigung sein. Bisher waren die Katastrophen auf der Erde von den Konvulsionen des Planeten oder äußeren Kräften wie zerstörerischen Meteoren ausgelöst worden. Stattdessen waren es nun wir, die für eine gewaltige und immer schnellere Umwälzung mit Folgen für alles von Ökosystemen bis zum Klima standen.

Als ich damals auf der schwarzen Schäre stand, sah ich, wie die Zukunft von einem Schatten verdunkelt wurde. Als das Meer in meiner Lyrik auftauchte, geschah es noch aus dem Staunen über die Tropfen heraus, die das Leben gebildet hatten, und über die Fische, die es so rätselhaft in die Sargassosee zog. Doch unter der Oberfläche schlichen auch Atom-U-Boote, und auf dem Meeresgrund lagen verbrauchte Brennstäbe, die hunderttausend Jahre lebensbedrohlich bleiben würden. Die Zeitperspektive war während eines krebsartigen Wachstums gestorben.

Ein paar Jahrzehnte nach jenem Tag, umgeben von schwarzen Felsen, war alles, wovor man damals gewarnt hatte, schon unbestreitbar eingetroffen. Man hatte das Gefühl, dass die Geschichte der Erde an einen Wendepunkt gelangt war, als vermoderte Organismen aus ihrem schwarzen Totenreich geholt wurden. Als das Öl zu Plastik geworden war, gelangten jede Minute fünfzehn Tonnen davon ins Meer, wo Millionen Seevögel, tausende Wale, Schildkröten und Robben von ihm getötet wurden, während die Fragmente über die Fische die Nahrungskette hinaufwanderten. Als das Öl Energie geworden war, wurden jede Minute zehn Millionen Liter davon verbrannt, und das Kohlendioxid bildete in der Atmosphäre ein immer größeres Treibhausdach, während die Wärme aufstieg. Plötzlich hieß es, ein Drittel der Weltbevölkerung sei von Wassermangel bedroht, und gleichzeitig steige das Meer durch das Schmelzwasser tausender Gletscher an, das andere Küsten bedrohte. Und es hieß, dass biologische Arten inzwischen tausendmal schneller verschwänden als früher, so dass wir auf dem Weg zum sechsten Massensterben auf der Erde seien. Als herrschende Kaste des Globus erkannten wir, dass sich unser prometheisches Feuer immer mehr gegen uns wandte. Wohin die Reise ging, merkte man an den Flüssen, die unsere Zivilisationen hervorgebracht hatten. Es wurde vor einer Sintflut gewarnt.

***

Draußen wurde es dunkel, und auf dem Sund waren die Positionslichter der Boote eingeschaltet worden. Als ich über das Grundstück ging, sah ich außerdem einen Lichtpunkt, der sich am Himmel bewegte. Vermutlich war es einer der Satelliten, die mittlerweile die Erde umkreisten, um sie zu bewachen oder Klänge und Bilder zu übertragen. Manche hatten unfreiwillige Passagiere dabeigehabt wie den Weltraumhund Laika in seiner glühenden Raumkapsel. Später wurden tausende Tiere in die Satelliten gehoben – Schnecken, Käfer, Schmetterlinge, Heuschrecken, Wespen, Spinnen, Fliegen, Frösche, Schildkröten, Mäuse, Affen und Katzen. Man wollte sehen, wie alle Lebewesen der Erde im Weltraum zurechtkamen, sollte die Erde unbewohnbar werden.

In der Küche suchte ich gegen die Dunkelheit eine Taschenlampe heraus. Irgendwo in dem offenen Lagerraum musste eigentlich ein Schlafsack liegen, der mich an Land und zur See begleitet hatte. Er lag in einer Truhe ganz hinten, und ich war froh über den Lichtkegel, denn am äußeren Rand meines Gesichtsfelds schien sich etwas zu bewegen. Vielleicht war es eines der Tiere, die sich nachts als Erste hinauswagten, wenn die Menschen schliefen.

Es war windig geworden, und in dem Haus mit den drei Wänden flatterte die blaue Persenning, als wollte sie davonsegeln. Als ich in die Schreibstube zurückgekommen und mich in die Koje geschoben hatte, fühlte ich mich erneut an das alte Schulschiff erinnert. Ich hatte das Gefühl, unterwegs zu sein, und in gewisser Weise war ich das wohl auch. Aus einer größeren Perspektive betrachtet ist ja jedes einzelne Lebewesen ein Fluss von etwas, das gewesen ist, zu etwas, das bevorsteht.

Aber als ich mich in dem engen Schlafsack umdrehte, wurde mein Blickwinkel dennoch allmählich enger. Das war nötig, denn am nächsten Morgen würden die Handwerker wiederkommen. Konnte eine Verbesserung erreicht werden, während man die abgerissene Wand ersetzte? Schließlich hatte sich das Leben durch eine poröse Zellwand hindurch entwickelt.

Vielleicht hatte sich mein Blickwinkel im Laufe des Tages erweitert, denn nun war ich in der Lage, das Problem umzudrehen und das Haus aus einer anderen Richtung zu betrachten. Das alte Häuschen bildete einen rechten Winkel zum Küchenanbau. Der Winkel hatte zwei Wände, und wenn sie durch eine weitere Wand und ein Dach ergänzt wurden, entstand ein Raum. Er würde nur drei Wände haben, aber das reichte.

Denn war der Ausblick von einer Veranda aufs Wasser nicht genau das, was noch gefehlt hatte? Dort konnte das Sommerhaus zu einer weiteren Perspektive geöffnet werden als der, die man innerhalb seiner eigenen Wände hatte. Im Meer lebten Wesen mit anderen Sinnen, anderen Gesängen. Sie waren anders, aber auf ihre Art ebenso bemerkenswert wie unsere. Unter ihnen zeugten Milliarden Sandkörner von verschwundenen Landschaften, denn wenn die Geschichte des Lebens so tief war wie der Marianengraben, war unsere eigene Zeit nur etwas Schaum auf der Oberfläche. Trotzdem hatten wir es bereits geschafft, das Leben so ernsthaft zu bedrohen, dass wir schnell Kurs auf eine andere Zeit nehmen mussten. Oder konnte die Entwicklung nur von Katastrophen umgekehrt werden?

Durch das Ticken meines Weckers hindurch hörte ich den Wind im Sund heulen. Er sprach von aufgewühlten Wellen in dem Meeresreich, aus dem ich gekommen war, und das ich noch in mir trug.

Die Kraft der Wildnis

Es dauerte eine Weile, die morsche Wand zu ersetzen. Man merkte, dass alle Seiten in einem Haus zusammenhängen, denn es musste auch ein Teil des Fußbodens herausgerissen werden. Außerdem mussten darunter Stromleitungen zu den Steckdosen der neuen Wand gezogen werden, und wenn die Elektriker schon einmal dabei waren, konnten sie auch gleich Leitungen zu den Schuppen auf dem Grundstück verlegen.

Ihr Arbeitsplatz war anfangs dunkel und eng. Nachdem sie in den Kriechkeller gerobbt waren, mussten sie auf der Erde liegend arbeiten, und die Gespräche von da unten klangen dumpf. Als die jungen, großgewachsenen Männer endlich aus dem Untergrund des Hauses herauskrabbeln konnten, mussten sie in das meterhohe Pumpenhaus hinabkriechen, um dort einen Sicherungskasten für die Schuppen anzubringen. Sie freuten sich sicher darauf, Leitungen über das Grundstück verlegen zu dürfen, aber es sollte sich als der mit Abstand mühsamste Teil der Arbeit herausstellen. Angesichts des Terrains musste von Hand in der kargen Walderde gegraben werden, und das schafften die Elektriker nicht. Sie mussten sich damit begnügen, die

Kabel in Rohren auf die Erde zu legen. Und wer konnte sie anschließend vergraben? Der erste, der gefragt wurde, weigerte sich schon, als er das Grundstück nur sah. Das Ganze würde also vermutlich dauern.

Aber die Elektrizität war das Kennzeichen der Modernität, die sich nun endlich bis in die kleineren Gebäude erstrecken sollte. Eine kleine Abendlaterne auf dem Grundstück wäre auch eine feine Sache, denn die Dunkelheit empfand man als einen Rest des Unbekannten jenseits der Zivilisation. In manchen Häusern waren deshalb die ganze Nacht Lampen eingeschaltet, obwohl das die Sterne löschte. Man wollte gern in urban beleuchteten Verhältnissen auf dem Land sein.

Galt das auch für mich? Es war nicht unbedingt eine Wildnis, wonach ich mich sehnte. Ich hatte ein zwiespältiges Verhältnis zum Wilden. Als Schriftstellerin suchte ich differenzierende, verdeutlichende Worte, wusste aber, dass ungeplante Streifzüge geeignet sind, sie lebendiger zu machen, ähnlich wie in Carl Jonas Love Almqvists Märchen *Ormus und Ariman*. Ormus war ein ordentlicher Gott, der tagtäglich alles organisierte, während Ariman ein unberechenbarer Gott war, der nachts ändern konnte, was Ormus geplant hatte. Das Ergebnis war beunruhigend, anders und schön.

Das Wilde war schon als Begriff vage. Manchmal wurde damit etwas Freies oder etwas Verlassenes beschrieben, manchmal etwas Ungezähmtes oder etwas Gewaltsames. In anderen Sprachen gab es andere Assoziationen, zum Beispiel im Französischen *sauvage*. Das Wort konnte für wilde Arten stehen, aber auch für Einzelgänger, und vielleicht gehört beides zusammen, weil wilde Tiere in der Regel eine große Integrität besitzen.

Es war wohl zum Teil eine solche Distanz zu anderen, die Thoreau suchte, als er seine abgelegene Blockhütte am Walden Pond erbaute. Eine Einöde war es sicherlich nicht, denn der nächste größere Ort war fußläufig erreichbar, aber sie lag dennoch außerhalb der gesellschaftlichen Sphäre. In der Stille konnte er sich auf seine Gedanken konzentrieren, während er den Tieren nahekam, die wild lebten. Alles, was er dort fand, hielt er mit einem Werkzeug fest, an dessen Gestaltung er selbst mitgewirkt hatte. Es war ein Bleistift, der für die Stiftfabrik seines Vaters entwickelt worden war. Dort wunderten sich alle, dass er ein blühendes Unternehmen verlassen hatte, um fortzugehen und im Wald herumzulungern, aber er lag genauso wenig auf der faulen Haut wie die Tiere, die ihn umgaben. Wie sie ging auch er täglich auf eine einsame Jagd, die seine ganze Aufmerksamkeit erforderte. Es war ein ziemlich typisches Schriftstellerdasein.

***

Weil ein Bauarbeiter mir halbwegs versprochen hatte zu kommen, blieb ich mit meinen Papieren eine Weile im Sommerhaus. Die Tage vergingen jedoch, ohne dass er sich blicken ließ, vielleicht war ihm etwas dazwischengekommen. Ich habe Verständnis für das Unvorhersehbare, denn es mischt sich auch in mein Schreiben ein. Manchmal scheint dieses unbekannte X sogar der Kern der Gleichung zu sein.

Auf meinem Grundstück hatte sich das Unerwartete offenbar ebenso eingerichtet wie im Haus. Die Zuckerschale, die ich im Frühling hinausgestellt hatte, um die Ameisen von der Küche wegzulocken, war eines Nachts auf mysteriöse Weise verschwunden. Das gleiche Schicksal ereilte einen kleinen Keramikvogel und ein Paar Schuhe, die ich vor der Tür stehen gelassen hatte. Wer nahm sie mit? Das Grundstück hatte zwar keinen Zaun, aber auch diffuse Grenzen konnten ja wohl respektiert werden. Auch als ich allein war, hatte ich das Gefühl, dass sich jemand um das Haus herumbewegte.

Eines Tages sah ich einen fremden Mann über den Hügel gehen. »Hallo!«, rief ich und eilte zu ihm hinauf. Er erklärte leicht verlegen, er sei beim Nachbarn zu Besuch und habe nicht gewusst, wo die Grundstücksgrenze verlaufe. Er sei einem Wildwechsel gefolgt, den er mir zeigte. »Sie waren zuerst hier«, ergänzte er. »Sie oder die Vorbesitzer haben direkt auf den Wildwechseln gebaut.«

Da hatte er natürlich recht. Ein Revier ist etwas anderes und älteres als eine Grundstücksgrenze. Es ist eine Kreuzung aus Zeit und Raum, an der das Gelände von Erinnerungsspuren markiert worden ist. Eigentlicher Besitzer dieses Grundstücks waren die wilden Tiere, die alle seine Details kannten und von ihnen lebten.

Sie waren es auch, die den besten Überblick hatten. Den lautstarken Reviermarkierungen der Vögel konnte man nicht entgehen, und da sie nur der eigenen Art galten, war auf dem Grundstück Platz für mehrere Vogelreviere. Die Kleiber reagierten wie Lichtschranken auf alles, was sich bewegte, so dass sie häufig zu hören waren. Mit Sicherheit gab es auch mehrere vierbeinige Tiere. So hatte ich einen Rehbock gesehen, der eine Ricke über den Hügel jagte.

Dass das Revierdenken des Eichhörnchens stark ausgeprägt war, wusste ich ja schon. Und eines Abends lenkte es meine Aufmerksamkeit auf jemanden, der vorbeischlich. Ich saß auf der halb fertigen Veranda und schrieb, als es in der benachbarten Birke mit ruckendem Schwanz wütend schnatterte. Es saß zur Nordseite gewandt, so dass ich dorthin schaute und gerade noch einen anderen rotbraunen Schwanz in Richtung Gemeindewiese verschwinden sah. Der buschige Schwanz gehörte einem Fuchs.

Daraufhin verstand ich endlich, wer die Dinge auf dem Grundstück genommen hatte. Ein Fuchs unterscheidet selbstverständlich nicht zwischen »mein« und »dein«, sondern betrachtet alles Verwendbare als seins, so ähnlich, wie auch wir selbst es in der Natur machen. Hinzu kam, dass mein Grundstück offensichtlich zu seinem Revier gehörte, wir waren also Nachbarn.

Daraufhin begannen meine Gedanken um ihn zu kreisen. Und meine Neugier wurde anscheinend erwidert. Es tauchten heidelbeerfleckige Reviermarkierungen auf Baumstümpfen und Steinen rund um das Haus auf, und ich hatte den Eindruck, dass sie immer näher kamen.

Weil der Mann, der die Kabel vergraben sollte, nicht auftauchte, packte ich meine Sachen, um aufzubrechen. Der letzte Abend war lau, und ich setzte mich ein weiteres Mal unter das Dach der Veranda, um zu schreiben. Ich war in Gedanken weit weg, als ich aus den Augenwinkeln erahnte, dass jemand näher kam. Ich blickte auf, und der Stift fiel mir auf die Erde. Über den Rasen kam der Fuchs.

Er war groß und grau gesprenkelt wie ein Wolf, und als sich unsere Blicke begegneten, machte er einen Schritt direkt auf mich zu. Um seinen halb offenen Mund schien ein Lächeln zu spielen.

Binnen einer Sekunde spürte ich meinen Blutdruck in die Höhe schießen. Wilde Tiere kommen eigentlich nicht auf Menschen zu, sondern meiden sie. Verwirrt schaffte ich es, die Hand in einer abwehrenden Geste zu heben, und wie in Zeitlupe machte der Fuchs kehrt.

Als ich bei Einbruch der Nacht in meine Koje kroch, hörte ich von der Gemeindewiese her Fuchsbellen. Es klang heiser und wild. Am nächsten Morgen fand ich die Visitenkarte des Fuchses an der Tür.

***

Durch den Fuchs bekam die Frage des Wilden mehr Gewicht für mich. Es existierte nicht nur in der Natur. Als Kind assoziierte ich es mit unseren Cowboy-und-Indianer-Spielen, obwohl ich weder wusste, warum Indianer und Weiße sich stritten, noch wer die Sioux waren. Ein Vierteljahrhundert später waren mein damaliger Lebensgefährte und ich unterwegs zu ihnen. Wir wollten eine Serie von Reportagen über die Indianer Amerikas schreiben.

Seit der amerikanischen Siedlerzeit des neunzehnten Jahrhunderts, als das Land westlich des Mississippi der Wilde Westen genannt wurde, hatte sich viel verändert. Bevor das Gebiet zu einem Teil der Vereinigten Staaten wurde, betrachteten die herbeiströmenden Einwanderer es lediglich als eine Wildnis, die es zu besiegen galt, und als die Landstriche 1890 in die Territorien der USA aufgenommen wurden, war die Ära des Wilden Westens vorbei. Den Schlusspunkt markierte das Massaker der amerikanischen Armee an den Indianern am Wounded Knee.

Nach dem Verständnis der Urbevölkerung war die Erde ebenso Allgemeingut wie die Luft, weshalb man das Land nicht besitzen konnte. Die Sioux, die Oglala genannt wurden, hatten sich frei über die Prärie bewegt, auf der Unmengen von umherstreifenden Büffeln sie mit Nahrung und Fellen für Tipis und Kleider versorgten. Den Büffel betrachteten sie deshalb als eine Essenz der Welt. Als man im neunzehnten Jahrhundert Grenzen und Eisenbahnstrecken über die Prärie zog, wurde jedoch das Land, durch das die Indianer sich bewegt hatten, zerstückelt. Innerhalb von zwei Jahren wurden von Soldaten, Eisenbahnarbeitern und weißen Jägern sechs Millionen Büffel ausgelöscht. Die Weiten, auf denen die Prärieindianer gelebt hatten, verschwanden, und stattdessen wurden in Gebieten, deren Land als unbrauchbar für landwirtschaftliche Nutzung galt, Indianerreservate eingerichtet. Als sich herausstellte, dass sie Metalle enthielten, verloren auch diese Verträge ihre Gültigkeit.

Die Geschichte der Indianerreservate in den USA war kein Einzelfall. Weiße Kolonisatoren hatten seit Kolumbus Ursprungskulturen unterjocht, und ähnliche Prozesse haben sich überall auf der Erde abgespielt, auch im Fall der samischen Bevölkerung Schwedens. Der Unterschied bestand darin, dass sie niemals Stoff für die Populärkultur wurden.

In den siebziger Jahren des vorigen Jahrhunderts begann dennoch eine neue Generation von Indianern in den USA zu protestieren, und zwar sowohl gegen das historische Unrecht als auch gegen das korrupte Amt für indianische Angelegenheiten. Die Oglalas demonstrierten, indem sie Wounded Knee besetzten, wo das historische Indianermassaker stattgefunden hatte, und danach setzten sich die Unruhen in ihrem Reservat Pine Ridge fort. Dorthin waren mein schreibender Mann und ich unterwegs.

Als wir an der Endhaltestelle des örtlichen Busses ausstiegen, um zu Fuß zum Reservat zu gehen, warnte uns der Fahrer: »Seien Sie vorsichtig. Diese Indianer mögen keine anderen Leute, an der Grenze zum Reservat ist es zu Schießereien gekommen.« Wir setzten unsere Rucksäcke ab und sahen uns fragend an. War hier ein wiederauferstandener Wilder Westen? Aber das Gesetzlose schien ja in erster Linie außerhalb des Reservats zu existieren, und so beschlossen wir weiterzugehen.

Wir kamen an, als Vertreter der Oglalas sich gerade zu einer großen Versammlung treffen wollten, und die Männer, die uns entgegenkamen, empfingen uns misstrauisch. Wer waren wir? Anthropologen? Die Grenzkontrolle bestand aus einem langen, forschenden Blick. Dann waren wir akzeptiert. Wir gewannen sogar ihre Freundschaft, die so weit ging, dass wir eines Abends zu ihrer religiösen Zeremonie eingeladen wurden.

Der Ort bildete einen Kontrast zu allen reich verzierten Kirchen. Es war ein schmuckloser Raum, in dem die Rollos heruntergelassen wurden, weil indianische Religionen damals noch bekämpft wurden. Alle setzten sich einfach auf den Boden, versammelt um ein Tablett mit Sand, das die

Erde symbolisieren sollte. Auf ihm waren Tabaksbeutel in Bänder gebunden worden, die mit ihren unterschiedlichen Farben die Richtungen der Welt markierten – Osten und Westen, Norden und Süden, Himmel und Erde. Eigentlich hätte auch Büffelfleisch auf den Altar gelegt werden sollen, aber es musste durch Präriehundefleisch ersetzt werden.

Dass der Raum karg war, erwies sich als unwichtig, denn im Dunkeln wurden alle Leben der Erde miteinander verknüpft. Sobald das Licht gelöscht worden war, ertönte einige Minuten eine Schamanentrommel, ehe sich ein Sprechgesang von Stimmen anschloss. Sie beteten für »unser ganzes Geschlecht«, womit kein einzelner Stamm gemeint war. Die Ahnen der Oglalas waren nach Büffeln, Elchen und Adlern benannt worden, weil sie lange vor Darwin ihre Verwandtschaft mit den anderen Tieren der Erde begriffen hatten. Ebenso ehrfürchtig bezogen die Gebete die Tiere ein, die man regelmäßig aß. Das große Geschlecht erweiterte nach und nach die Wände des Raums, als würde die Prärie sich von Neuem ausbreiten, und gleichzeitig dehnte sich die Zeit. Meine Beine waren bald eingeschlafen, aber ich bewegte mich in einer Welt, die grenzenlos ganz war. Denn in der Dunkelheit erkannte ich, dass Worte wie »Ganzheit« und »Heiligkeit« eine verwandte Wurzel haben. Das Große bestand darin, dass alles zusammengehörte und den gleichen Wert besaß.

Dann verbreitete sich der Duft von Salbei, und eine Wanne mit reinigendem Wasser wurde herumgereicht, damit alle daraus tranken. Der Moment für die heilige Pfeife war gekommen. Sie wurde auch mir gereicht, und ich nahm sie entgegen. Als ich den Rauch einsog, dachte ich daran, dass das Mundstück von den vielen Lippen berührt worden war, die im Dunkeln die Gebete geformt hatten. War auch ich nun eine von ihnen, die für das große Geschlecht des Lebens gebetet hatten?

Die Zeremonie der Oglala wirkte in mir lange als etwas Tieferes als eine exotische Erinnerung nach. Sie war von einem Geist getragen, den ich bei vielen indianischen Kulturen fand. So schildert ein Märchen der kalifornischen Pit-River-Indianer eine lange Wanderung, bei der Vater Bär, Mutter Antilope, Sohn Fuchs und Tochter Wachtel einer Reihe anderer Tiere aus ihrem großen Geschlecht begegnen. Einer ist der alte Medizinmann Großvater Coyote, der in dem unbändigen Sohn Fuchs seinen Seelenverwandten sieht.

Der Coyote wird in den Indianermärchen häufig zu einem Trickster, zu jemandem, der sich jenseits einer geordneten Welt bewegt. Wie ein Joker kann er die Spielregeln des Lebens unerwartet in andere Richtungen wenden, aber er ist nicht böse. In der indianischen Mythologie wurde die Welt nicht von einem königlich Recht sprechenden Gott, sondern von Tieren mit der Rätselhaftigkeit des Wilden geformt. In ihr kann auch der Fuchs als Trickster betrachtet werden, und in manchen Stämmen ist er verehrt worden. Thoreau verstand das. Für ihn verkörperte der Fuchs genau wie die Urbevölkerung Amerikas ein natürlicheres Leben als die weiße Gesellschaft. Dass er die Freiheit des Ungezähmten behalten hatte, war in Thoreaus Augen lobenswert.

***

Im Herbst überließ ich das Grundstück seinem Schicksal, aber als im Januar eine Kältewelle einsetzte, fragte ich mich, wie Haus und Tiere zurechtkamen, weshalb ich mit einer Tüte Vogelfutter hinfuhr.

Auf dem Grundstück empfing mich ein Stickmuster aus Spuren im Schnee. Zwischen leichten, kleinen Eichhörnchensprüngen gab es Fuchsspuren und Abdrücke gespreizter Rehklauen. Spuren können wie Kot und abgenagte Äste Zeichen sein, die sich deuten lassen, und so stand ich nun nachdenklich vor einer frischen Vergangenheit. Ich hatte gelesen, dass Rehe, die abrupt die Laufrichtung ändern, ein Sekret zwischen ihren gespreizten Klauen herauspressen können. Es war eine Methode, um Verwandte vor etwas zu warnen, was sie sahen. Verbargen sich auch in den vermischten Spuren vor mir Duftmitteilungen?

Natürlich war das Grundstück mit Sicherheit das ganze Jahr über voller Spuren, obwohl ich sie erst jetzt, im Schnee, sah. Unter ihm hatten bestimmt Waldmäuse ihre Gänge, und einer führte offenbar zum Haus, wo ich unter der Spüle Mäusekot fand. Er lag gesammelt in einer Ecke neben dem Putzlappen, der vielleicht als Mäusematratze gedient hatte, Toilette und Bettstatt waren also säuberlich voneinander getrennt worden. Hätten die Mäuse noch etwas anderes gefunden als einen alten Spülschwamm, hätte wohl auch das einen eigenen Platz bekommen. Bei meinem ersten Lebensgefährten, von dem ich getrennt wohnte, sammelten die Hausmäuse Zuckerwürfel in einer Couch, und als ich eine großäugige Maus im Vorratsschrank ertappte, hatte sie sich gerade vor dem täglichen Zuckertransport mit etwas Gorgonzola gestärkt. Sie war bezaubernd, aber danach bekam die Küche eine Mausefalle.

Da Mäuse gezwungen sind, ständig zu essen, benötigen sie Nahrung in ihrer unmittelbaren Nähe. Deshalb zieht es sie zu gut gefüllten Häusern und Scheunen, obwohl man das nie zu schätzen gewusst hat. Ich erinnerte mich an eine Anekdote, laut der an einem einzigen Tag siebzigtausend Mäuse in einem Weizensilo getötet worden waren, was ein Licht auf unser Verhältnis zu Mäusen wirft.

Dabei waren auch unsere eigenen Säugetiervorfahren einst mausähnliche Wesen gewesen. Außerdem teilen wir achtzig Prozent unserer Gene mit Mäusen sowie einige Charakterzüge. So sind Mäuse sehr gesellig, und wenn sie nicht mit ihren Ultraschalllauten kommunizieren, lesen sie die Gefühle der anderen einfühlsam anhand von Düften und Mienen ab. Als sie in einem fürchterlichen Experiment andere Mäuse leiden sahen, zeigten sie deutliches Mitgefühl.

Wir nehmen natürlich weder die Ultraschalllaute noch die subtilen Mienen wahr, aber es heißt, wenn man den Klang zu einer Frequenz herunterhole, die Menschen hören können, ähnele er Vogelgesang. Männliche Mäuse wollen mit ihrem Gesang genau wie Vögel Weibchen beeindrucken, und es heißt, ein Paar singe gemeinsam recht komplizierte Duette. Die Veranlagung zum Singen ist offensichtlich angeboren, denn sie wird vom gleichen sogenannten FOXP2-Gen gesteuert, das dem Vogelgesang und unserem eigenen Sprechen zugrunde liegt. Wenn dieses Sprachgen mutiert, singen Mäusemännchen wesentlich einfachere Lieder, die keine Weibchen anlocken.

Ich lebte einmal in unmittelbarer Nähe zu dieser kleinen Welt, denn als Kinder hatten meine Schwester und ich zwei Tanzmäuse. Für uns zählten sie fast zur Familie, und damit sie es gemütlich hatten, baute ein Bekannter ein kleines Mäusehaus aus harter Pappe. Hob man das Dach ab, konnte man sehen, wie sie sich dort zwischen Zeitungspapier, das sie zu hieroglyphenähnlichen Figuren genagt hatten, die wir nicht verstanden, eingerichtet hatten. Uns verstanden sie vermutlich auch nicht. In ihren Augen waren wir vielleicht furchterregende Herrscher, die manchmal unerwartet eine Hand hinunterstreckten und sie aus ihren Hamsterrädern heraushoben. Ich versuchte dennoch, meine Zärtlichkeit zu übertragen, wenn der Zeigefinger ihr Fell streichelte.

Am deutlichsten ist mir der Tag in Erinnerung geblieben, an dem es schwerfiel, das Dach zurückzusetzen, nachdem wir in das Mäusehaus geschaut hatten. So sehr ich auch presste, es gab einen Widerstand. Ein Mäusehals war zwischen die harte Pappwand und das Dach geraten. Als ich die getötete Maus in meine Hand legte, sah ich kleine Eruptionen in ihrem Fell. Sie ähnelten den wirbelnden Sternen, die van Gogh gegen Ende gemalt hatte, aber es waren meine herabtropfenden Tränen, durch die sich die weißen Haare bewegten. Das Verhältnis zwischen Mäusen und Menschen ist immer kompliziert gewesen.

Eine Tanzmaus führt natürlich ein ganz anderes Leben als eine Waldmaus. Sie kann ein Haustier für Kinder oder ein Versuchstier für Forscher sein, während Waldmäuse frei leben. Andererseits werden sie von anderen Tieren wie

Füchsen gefressen, auch ihr Dasein ist also stressbeladen. Als ich einen Futterspender in der Birke füllte und dabei ein wenig auf die Erde fiel, fand ich, dass die Mäuse das verdient hatten.

Ich selbst kochte mir eine Suppe, bevor ich ins Bett ging, um mich in dem ausgekühlten Sommerhaus warm zu halten. Nachdem ich eine Weile gelesen hatte, schaltete ich das Licht aus und lauschte der Stille, oder vielleicht eher dem, was ich Stille nannte. Draußen war bestimmt alles voller Signale, die mir entgingen.

Gegen Mitternacht wurde ich von einem Schrei geweckt. Er schien von der Gemeindewiese zu kommen und klang beängstigend wild. Ihm folgte jammerndes Winseln. Ich richtete mich in der Koje auf. Was passierte da draußen in der Dunkelheit? Irgendwo spielte sich offensichtlich eines jener Dramen ab, in die unterschiedliche Lebewesen verstrickt sind wie in einem Feuilleton aus Nahrung und Tod. Wer war sich begegnet? Wahrscheinlich war der Fuchs beteiligt, aber wer noch? Die Ungewissheit regte meine Fantasie an, mir schreckliche Szenen auszumalen, während sich das, was ich Stille nannte, von Neuem herabsenkte.

***

Als ich nach Stockholm zurückkam, begann ich, mehr über Füchse zu lesen. Wenn ich sie besser verstand, würde ich vielleicht auch dem flüchtigen Wesen des Wilden auf den Grund gehen können. Das Erste, was mir bei der Lektüre auffiel, war aber stattdessen, wie wir sie gesehen hatten. Füchse wurden nicht nur in Märchen, Fabeln und Mythen verleumdet. Schon im Hohen Lied in der Bibel wurde man ermahnt, die Füchse zu fangen, die Zerstörer der Weinberge, denn ursprünglich hatten sie es auf Trauben abgesehen, nicht auf Vogelbeeren. Der Fuchs wurde stets listig genannt, auch von Aristoteles, der Intelligenz sonst zu schätzen wusste. Warum? List hat einen Beigeschmack von etwas Hinterhältigem, aber die Füchse hatten nie einen Hehl daraus gemacht, dass sie Nahrung haben wollten. Ganz besonders schien man ihr ungezähmtes Leben zu verabscheuen, das sich unserer Kontrolle entzog.

Natürlich mussten die Füchse uns überlisten. Wie hätten sie sonst überleben sollen? Unzählige Fuchsjagden hatten sie gelehrt, doppelte Eingänge zu ihrem Bau zu haben und Verfolger zu verwirren, indem sie in ihren eigenen Spuren umkehrten oder ins Wasser sprangen. Vielleicht hatte die Jagd sogar ihre Fähigkeit geschärft, Auswege zu finden. Heute lebten sie jedenfalls überall auf der Erde, in unwirtlichen Wüsten genauso wie in den Bergen.

Ihre körperlichen Möglichkeiten halfen ihnen in vielen Situationen. Kletternd oder grabend überwanden sie unterschiedliche Hindernisse, und in unebenem Gelände funktionierten die Tasthaare der Pfoten wie Sensoren. Bei der Jagd konnte ihr langer, schlanker Körper einerseits schnell und weit laufen, sich andererseits heranrobben, um dann blitzschnell zu attackieren. Nagetiere wurden bevorzugt mit dem sogenannten Wühlmaussprung gefangen, bei dem der Fuchs einige Sekunden auf Bewegungen in der Erde lauschte, um anschließend einen meterhohen Sprung zu machen. Indem er mit dem Schwanz lenkte, stieß der Fuchs mit der Schnauze ungefähr dort herab, wo die Wühlmaus sich befand, und wenn er gen Norden gewandt stand, schien er mit Hilfe des Erdmagnetismus einen genauen Kurs setzen zu können.

Die größte Stärke des Fuchses war jedoch eindeutig seine Flexibilität. Was seinen Speiseplan anging, wurde er als Opportunist bezeichnet. Auch das klang unzuverlässig. Warum konnte man sein Verhalten nicht als kreatives Interagieren mit wechselnden Bedingungen betrachten? Füchse träumten mit Sicherheit von wohlgenährten Hühnern, aber diese waren ganz sicher keine Alltagskost. Deshalb galt es zuzugreifen, wenn sich ihnen eine Gelegenheit dazu bot, und den Überfluss für zukünftige Tage zu vergraben. Grundnahrungsmittel waren dagegen kleine Nager, und fehlten sie, gab es immer noch Würmer, Insekten, Kadaver, Eier und erdnahe Vögel, Heidelbeeren und Brombeeren. Im Notfall begnügten sie sich auch mit Pilzen, Wurzeln und einigen Grasarten, denn für die Zähne der Füchse war Nahrung aus dem Tier- und dem Pflanzenreich gleichermaßen geeignet.

Diese Vielseitigkeit verschaffte ihnen mehrere Vorteile. So benötigten Wölfe weite Gebiete für ihre Rudeljagd auf große Beutetiere, und als die Bebauung in die Domänen des Wilden eindrang, wurden sie deshalb zurückgedrängt. Für den Fuchs ergab sich daraus ein doppelter Gewinn, denn er wurde häufig von Wölfen getötet und fand zwischen den Häusern zusätzlich Futter. In einem mageren Nadelwald brauchte er zwei Quadratkilometer, um Nahrung zu finden, in einem Stadtviertel lebte er dagegen im Überfluss. Mülleimer erwiesen sich als lukrativ, weil die Menschen große Mengen Lebensmittel wegwarfen. Vorortgärten verfügten über Komposthaufen, Früchte und Beeren, und Pflanzengift gab es dort weniger als auf dem Land. Als ein besonderer Vorzug war die Jagd in bebauten Gebieten verboten, und Städter standen Füchsen nicht sonderlich abweisend gegenüber.

Während der Urbanisierung in den dreißiger Jahren des vorigen Jahrhunderts stellte man fest, dass Füchse begonnen hatten, in Englands Städte vorzudringen. Gegen Ende des zwanzigsten Jahrhunderts gab es in Europa hunderttausende Stadtfüchse. Weil man überall ein menschliches Milieu geschaffen hatte, in das nur hier und da ein wenig Natur eingestreut worden war, mussten viele Tiere lernen, in den dunklen Nischen der Bebauung zu leben. In den Außenbezirken der Städte sah man immer öfter Rehe, Hasen, Elche, Biber und Wildschweine, bis schließlich die Hälfte aller Tierarten der nördlichen Halbkugel in Dörfern und Siedlungen vertreten war.

Nicht, dass sie uns verdrängen würden. Vor tausend Jahren machten wir Menschen und unser Vieh zwei Prozent aller Säugetiere auf der Erde aus, aber seither haben sich die Proportionen umgekehrt. Da unsere Zahl sich regelmäßig verdoppelt hat, bilden wir und unsere domestizierten Tiere heute über neunzig Prozent der Säugetierfauna auf der Welt. Außer aus uns selbst besteht diese in erster Linie aus unseren Milliarden Kühen und Schweinen, und darüber hinaus besitzen wir eine halbe Milliarde Hunde und eine halbe Milliarde Katzen. Dagegen sind nur noch knapp zwanzigtausend Löwen übrig, die man zu den Königen des Tierreichs ernannt hat, denn gut die Hälfte aller wilden Tiere ist binnen kurzer Zeit verschwunden.

Eine Bewegung, die sich *Rewilding* nennt, möchte deshalb mit Unterstützung des WWF Teile Europas »verwildern«. Für Fische muss es leichter werden, in den Wasserläufen zu wandern, und wilde Tiere müssen freien Auslauf auf nicht länger bewirtschaftetem Ackerland erhalten. Im Grunde verlangt jeder Quadratkilometer Stadt eine hundertmal größere Naturfläche, auf der Nahrung wachsen und Abfall gereinigt werden kann, so dass es im Interesse aller ist, der Natur mehr Raum zu geben.

All das wusste ich. Aber wie konnte ich persönlich Platz für das Wilde schaffen? Konnte man den Fuchs als eine freiere Variante des Hundes sehen? Er verlangte eigentlich nichts anderes, als in seinem Revier in Frieden gelassen zu werden. Konnte er vielleicht sogar eine Art Wegweiser sein? Schließlich müssen Füchse die Natur kennen, von der sie so geschmeidig leben, und wenn sie alle Möglichkeiten wahrnehmen, scheinen sie den Weg zu ahnen, noch ehe es ihn überhaupt gibt.

***

Im April fuhr ich wieder zum Sommerhaus hinaus. Begleitet wurde ich von dieser frühlingshaften Unruhe, die man am besten in der Natur kuriert, und eventuell würde auch ein Bauarbeiter vorbeikommen. Während ich auf ihn wartete, wollte ich die Hinterlassenschaften meiner Mutter und der früheren Besitzer in dem offenen Lagerraum aufräumen.

Ich hatte ja schon gesehen, wie sich Häuser mit drei Wänden von denen mit vier unterschieden. In dem offenen Lagerraum bedeutete dies anscheinend auch, dass sich dort viele willkommen fühlten. Auf einem Schrank lag ein geplündertes Vogelnest, und an Mutters alter Couch war das Polster der Armlehne aufgekratzt worden. Ich nahm in beiden Fällen an, dass eine Katze dahintersteckte. Als ich ein Bild wegnahm, das an der Wand gelehnt hatte, fand ich ein halbes Dutzend kleiner Würstchen in dem schmalen Zwischenraum dahinter. War das die Vorstellung der Katze davon, stubenrein zu sein?

Um weitere Angriffe auf die Couch zu verhindern, legte ich entrüstet als Reviermarkierung einen zusammenklappbaren Liegestuhl darauf, aber als ich am nächsten Tag zurückkehrte, wurde ich von etwas Unerhörtem empfangen. Auf dem Liegestuhl lag eine andere Reviermarkierung als ebenso entrüstete Antwort. Sie stank und war braun.

Mit offenem Mund betrachtete ich den frechen, kleinen Haufen. Das ging jetzt wirklich zu weit! Und was hatte das eigentlich zu bedeuten? Das war doch die Reviermarkierung eines Fuchses. Teilten eine Katze und ein Fuchs sich tatsächlich den Lagerraum?

Wenn ich es recht bedachte, gab es zweifellos Ähnlichkeiten. Beide sind nächtliche Einzeljäger mit empfindlichen Schnurrhaaren, rauer Zunge und vertikalen Pupillen, die es ihnen ermöglichen, in schwachem Licht zu sehen. Beide können auf den Zehen schleichen und buckeln, und beide schlingen gern den Schwanz um sich, wenn sie sitzen oder schlafen. Beide können mit der Pfote fischen und mit Wühlmäusen oder anderen Mäusen spielen, die sie erbeutet haben, und beide sind gute Kletterer – Graufüchse können sogar die Krallen einziehen, um sie scharf zu halten, genau wie Katzen. Obwohl Füchse zur Familie der Hunde gehörten, hatten sie sich an eine ähnliche ökologische Nische angepasst wie Katzen.

Trotzdem lebten sie in völlig verschiedenen Welten. Katzen waren die ersten Tiere, die Menschen zu ihrem Vergnügen bei sich aufnahmen. Auch wenn sie Mäuse fingen, waren sie im Gegensatz zu Hunden weder für die Jagd, noch als Wachposten oder zum Hüten von Schafen geeignet, und sie behielten stets etwas von ihrer Wildheit. Im Haus kratzen sie Möbelpolster auf, und im Freien töten sie zehntausende Vögel, aber Katzen verzeihen wir das alles nur zu gern. Nach ihrer nächtlichen Jagd dürfen sie sich auf Kissen und dem Schoß ausruhen und werden mit Leckereien verwöhnt.

Für Füchse gilt das Gegenteil, obwohl auch sie Mäuse jagen. Ein Bild dafür, wie unsportlich sie gejagt wurden, vermittelten die dreißig speziell abgerichteten Treibhunde der englischen Fuchsjagd. Ich verabscheute Treibjagden, was einer besseren englischen Tradition entsprach: Man hält zu dem, der unterlegen ist. Das Motto lautet *You go with the underdog*. Wenn der Fuchs ein *underdog* war, schlug ich mich gern auf seine Seite.

Allerdings stellte er meine Geduld wirklich auf die Probe. Als ich aus dem offenen Lagerraum hinausging, sah ich etwas, das mir entgangen war. Zwischen Tischlerschuppen und Hügel stand eine alte Kiefer, die unter harten Winden lange gezwungen worden war, am Erdboden entlangzukriechen. Auf dem liegenden Stamm wuchsen dann mit der Zeit Moos und sogar eine kleine Fichte, und unter dieser Mesalliance streckte die Kiefer verlegen kreuz und quer ihre Wurzeln aus. Zwischen ihnen entdeckte ich ein großes Loch.

Es war ein klassischer Fuchsbau. Die Füchse graben ihn in der Regel unter Bäumen an Böschungen, und hier gab es gratis einen Reserveausgang im Kriechkeller des Tischlerschuppens. Außerdem lagen sämtliche Schätze des Lagerraums gleich nebenan, so dass die Lage für den Fuchs große Vorteile haben musste.

Ich konnte mir dagegen keinen schlechteren Ort vorstellen. Nicht genug damit, dass der Bau die Kiefer unterhöhlen könnte. Er lag an der Tür des Tischlerschuppens, und kein Mensch möchte wilde Tiere um die Füße haben, wenn man zu seinen Werkzeugen hineingeht. Ich hatte zwar auf einen grabenden Arbeiter gewartet, aber nicht auf diesen! Natürlich durfte der Fuchs weiter auf meinem Grundstück bleiben, aber konnte er nicht etwas mehr Distanz halten? Nun kam es darauf an, das Loch abzudichten, sobald der Fuchs seinen Bau am Abend verlassen hatte. Er lief ja ohnehin nicht Gefahr, eingeschlossen zu werden, da es einen zweiten Ausgang gab.

Es dämmerte bereits, als ich zurückkehrte, um die Zwangsräumung zu planen. Von fern sah ich, dass sich etwas am offenen Lagerraum bewegte, und fragte mich, ob es die Katze oder der Fuchs war. Als ich näher kam, sausten stattdessen jedoch zwei kleine, dunkle Bündel in verschiedene Richtungen. Das eine verschwand in einer Ecke des Lagerraums, und das andere stürzte sich in den Bau hinunter. Es waren junge Füchse.

Die Begegnung mit mir löste bei ihnen unterschiedliche Reaktionen aus. Das eine Jungtier schaute neugierig aus seiner Ecke hervor, während das andere ängstlich in seinem Versteck blieb. Ich selbst zog mich zum Haus zurück, denn ich reagierte genauso wild wie die Füchse.

***

In seiner Erzählung *Der kleine Prinz* lässt Antoine de Saint-Exupéry einen Fuchs von Freundschaft erzählen. In ihr darf keiner das Kommando übernehmen, deshalb muss man langsam das Vertrauen des anderen gewinnen. Weil der Prinz sich jeden Tag vorsichtig ein wenig näher setzte, konnte der Fuchs gezähmt werden.

Freundschaft zwischen Mensch und Fuchs hat es offenbar gegeben. Anfang des neuen Jahrtausends wurde im Mittleren Osten ein sechzehntausend Jahre altes Grab gefunden, in dem ein Mann dicht neben einem Fuchs lag. Die Archäologen waren bestürzt. Gräber, in denen man Hunde zusammen mit Menschen gefunden hatte, waren viertausend Jahre jünger. Konnte ein Fuchs lange vorher jemandem so viel bedeutet haben, dass er zu einem Begleiter im Tod wurde? Lag es daran, dass wir damals als Jäger und Sammler genauso wild lebten wie die Füchse?

Ich hatte kein Interesse daran, den Fuchs auf meinem Grundstück zu zähmen. Als ich erfahren hatte, dass er in der Nachbarschaft gefüttert worden war, begriff ich, warum er nicht menschenscheu war, aber ich wollte ihm weder Futter noch einen Namen geben. Mich interessierte vielmehr die Selbstständigkeit des Fuchses. Er suchte kein

Herrchen oder Frauchen, sondern gehorchte nur seinem eigenen Willen und dem des Lebens.

Vor mehreren Millionen Jahren hatte sich die Familie der Hunde in die wolfartigen *Canis* und die fuchsartigen *Vulpes* aufgespalten. Der Haushund stammte von der wolfartigen Gattung *Canis* ab. Es könnte damit begonnen haben, dass einige Wölfe an menschlichen Siedlungen von Schlachtabfällen angezogen wurden, und die furchtloseren unter ihnen bekamen mehr zu fressen, so dass sie auch mehr Jungtiere bekamen. Diese gewöhnten sich wiederum daran, Menschen als eine Futterquelle zu sehen und im Laufe der Zeit konnten ihre Nachfahren gezähmt werden. Weil Wölfe im Rudel jagen, herrscht bei ihnen eine strikte Hierarchie, in der die Alphamännchen nicht in Frage gestellt werden, so dass auch ein Mensch bei einem einsamen Wolf die Leitposition einnehmen kann. Als das erst einmal geschehen war, wurden unzählige Arten von *Canis* gezüchtet. Bernhardiner und Pudel, Jagd- und Wachhunde, Spür- und Schäferhunde – alle, bis zum kleinsten Schoßhündchen, besitzen Wolfsgene.

Füchse ernähren sich dagegen vor allem von kleineren Nagern, die nicht im Rudel gejagt werden können, und die kleinen Happen, die ein aufmerksamer Fuchs finden mag, sind auch nichts für eine Gruppe. Hieß das, Füchse konnten nicht gezähmt werden? Diese Frage stellte sich in den fünfziger Jahren des vorigen Jahrhunderts der russische Forscher Dmitri Beljajew, und sie führte zu einem Experiment. Er wollte herausfinden, ob sich die Domestizierung des Wolfs bei sibirischen Silberfüchsen wiederholen ließ.

Das Experiment wurde auf einer Pelzfarm durchgeführt, auf deren Gelände Käfige mit etwa tausend Silberfüchsen in hallenden Metallschuppen standen. Kein Wunder also, dass die Tiere aggressiv waren, weshalb man zentimeterdicke Schutzhandschuhe tragen musste, um sich ihnen nähern zu können. Beljajews Plan lautete nun, dass seine Mitarbeiterin Ljudmila Trut dafür sorgte, dass sich die friedfertigsten Füchse miteinander paarten, und im nächsten Schritt sollten deren ruhigste Jungtiere wiederum miteinander gepaart werden. Als man bei zahmen Hunden durch Zucht bestimmte Züge herausgearbeitet hatte, war die Verwandlung schnell gegangen.

Tatsächlich ließ sich auch bei den Silberfüchsen erstaunlich schnell eine mentale Veränderung feststellen. Nach sechs Generationen begannen die Jungen, mit dem Schwanz zu wedeln, wenn Ljudmila kam. Sie legten sich sogar auf den Rücken, um sich von ihr kraulen zu lassen, und leckten ihre Hände. In der achten Generation blieben nicht nur das welpenhafte Vertrauen und die Verspieltheit erhalten – die Füchse behielten auch einige äußerliche Welpenzüge. Die Schnauzen wurden weniger spitz, die Ohren konnten ein wenig hängen und die Schwänze eine kleine Rundung bekommen.

Auch hormonell bestand ein Unterschied. Die Experimentfüchse wiesen in Blutproben einen höheren Serotoningehalt auf als Füchse in einer ungezähmten Kontrollgruppe, was bestätigte, dass die Aggressivität sich verringert hatte. Dass diese Veränderung genetisch bedingt war, wurde anschließend anhand eines weniger erfreulichen Experiments festgestellt. Embryonen ruhiger Fuchsweibchen wurden aggressiven Weibchen eingepflanzt, und die Jungen, die daraufhin geboren wurden, suchten den Kontakt zu Menschen, obwohl ihre ungezähmte Stiefmutter sie dafür bestrafte.

Danach wollte man sehen, ob das ruhigste Jungtier eine Einquartierung bei Ljudmila bewältigen würde. Damit ging man einen Schritt weiter, als die Füchse nur so weit zu zähmen, dass sie Menschen vertrauten. Wenn es gelang, war es eine Domestizierung. Das Wort kommt vom Lateinischen *domus*, »Haus«, es geht also um Haustiere innerhalb von Wänden oder Zäunen. Das Jungtier, das bei Ljudmila untergebracht wurde, hielt davon anfangs gar nichts. Nachdem es von seinen Geschwistern getrennt und im Haus eingesperrt worden war, schien es die Lust am Leben zu verlieren und weigerte sich zu fressen. Als es schließlich resignierte, geschah es im Bett seiner Versorgerin, wo es Schutz suchte.

So hatte man durch Zucht Silberfüchse domestiziert. Später wurden sie für tausend Dollar pro Stück verkauft, denn viele fanden es schick, ein ungewöhnliches Haustier zu besitzen. Sie wurden dressiert, auf Kommando Sitz zu machen, sie wurden schamponiert und ihr Fell wurde mit einem Föhn aufgeplustert, und sie legten sich auf den Rücken, um sich kraulen zu lassen, wobei sie wimmernd mit dem Schwanz wedelten. Trotzdem unterschieden sie sich immer noch ein wenig von Haushunden. Sie hatten sich noch so viel Selbstständigkeit bewahrt, dass sie nicht ganz leicht zu bändigen waren.

Waren die domestizierten Füchse glücklicher als ihre Vorfahren? Weil sie in einem ewigen Welpendasein lebten, mussten sie keine Verantwortung für ihr eigenes Leben übernehmen, und die Risiken, die mit der Freiheit einhergingen, waren verschwunden. Aber etwas anderes war vielleicht verloren gegangen.

Ich hatte einmal einen Fuchs gesehen, der geradewegs über einen Platz geführt wurde und kriechend an seiner Leine zerrte, um auf der freien Fläche den Blicken zu entkommen. Er besaß noch die Scheu des Wilden. Und ich hatte zahme Füchse gesehen, die in einem Wohnzimmer gefilmt wurden, wo sie umhertollten wie hyperaktive Kinder, denn im Haus fehlte ihnen nicht nur die Freiheit: Dort gab es weder die Herausforderungen noch die wechselnden Eindrücke, mit denen Füchse im Wald leben. Wir suchen uns Herausforderungen in Sportarten, beim Spiel und anderen sicheren Sensationen, aber wilde Tiere kennen keine Langeweile, da ihr Leben ständig auf dem Spiel steht. Und so tun sie auch alles, um zu überleben. Gleichzeitig werden heute immer größere Summen für Antidepressiva für Haustiere ausgegeben.

* * *

Die Begegnung mit den beiden Jungfüchsen veränderte auf einen Schlag meine Haltung zu dem Fuchsbau am Tischlerschuppen. Er wurde zum Höhepunkt einer Familiengeschichte, die sich mir nun im Nachhinein erschloss. Füchse paaren sich im Winter, damit die Jungen pünktlich unter den besseren Umständen des Frühjahrs geboren werden, und auch Paare, die zusammenbleiben, beginnen zu der Zeit mit kleinen, verspielten Einladungen. Das Weibchen fordert heraus, indem es sich auf den Rücken legt oder das Männchen mit dem Hinterteil anstößt, um sich im nächsten Moment neckisch unnahbar zu geben. Wenn es schließlich bereit ist, sind die Partner lange unzertrennlich, und sie sind so lautstarke Liebende, dass man ihre wimmernden Schreie häufig als Misshandlung interpretiert hatte. Was ich in der Januarnacht gehört hatte, waren mit anderen Worten wilde Paarungsrufe gewesen, und während fürchterliche Dramen vor mir sah, schliefen die Füchse wahrscheinlich schon zärtlich zusammengekauert miteinander.

Sie trennten sich auch hinterher nicht, auch wenn jeder für sich jagte, und teilten die Verantwortung für die Aufzucht der Jungen unter sich auf. Das Weibchen musste für einen Bau sorgen, in dem es die Jungen warf, und anschließend bei ihnen bleiben, denn Fuchsjunge leben gefährlich. Weil sie abhängig von ihrer Milch, Wärme und ihrem Schutz waren, musste das Männchen Nahrung für sie herbeischaffen, aber ohne hineingelassen zu werden. War er spät dran, rief sie ihn manchmal bellend, und deshalb war auch sein Leben anstrengend.

Die Fuchsfamilie brauchte jedenfalls ihren Bau und durfte bleiben. Vorerst waren sie ungestört, denn auch diesmal tauchte kein Bauarbeiter auf, wofür ich jetzt dankbar war. Ich selbst musste für eine Weile nach Stockholm fahren, so dass es einige Zeit dauerte, bis ich zum Sommerhaus zurückkehrte.

Und als es so weit war, versuchte ich dann, möglichst diskret zu sein. Weil es von Füchsen heißt, dass sie das Ticken einer Uhr noch in dreißig Metern Entfernung hören können, hielt ich am Abend nur durchs Fenster

Ausschau nach der Fuchsfamilie. Im gedämpften Frühlingslicht leuchtete das Torfmoos zwischen den Kiefern, und mit der Zeit stellte sich eine meditative Stimmung ein. Füchse sah ich nicht, aber die Natur, in der sie lebten, prägte sich mir ein. Das Wilde zu erblicken, hieß möglicherweise, sich für etwas Unerwartetes zu öffnen, ähnlich wie in der Lyrik? Über diesen Gedanken schlief ich ein.

Im Morgengrauen wurde ich von einem Klopfen geweckt. Als ich zum Fenster hinaussah, stand draußen ein Reh und zog Blätter von einem Johannisbeerstrauch ab, so dass die Zweige gegen die Wand schlugen. Ich schlich mich auf die Treppe hinaus und erstarrte. Direkt vor mir stand ein Fuchs, dem weder ich noch das Reh bewusst war. Er hielt vielmehr Ausschau nach Vögeln in den Birken.

Sein Anblick verwirrte mich völlig. Fliegende Vögel waren keine leichte Beute, außerdem hatte ich geglaubt, der Fuchs wäre groß und grau gesprenkelt. Nun war er stattdessen klein und rot. Dass er sich als das Männchen herausstellte, kehrte die Verhältnisse zusätzlich um, denn Fuchsmännchen sind in der Regel größer als die Weibchen. Die Füchse entzogen sich wirklich einer eindeutigen Festlegung. Manchmal waren sie ein bisschen Katze, manchmal ein bisschen Hund und immer unvorhersehbar.

Jetzt tauchten sie gelegentlich auch zu unerwarteten Uhrzeiten auf, um alle Mäuler zu sättigen. Mitten am Nachmittag sah ich das Weibchen suchend über den Hügel streifen. Ihre Konzentration ließ mich eine erfolgreiche Jägerin erahnen, denn jeder Schritt verschmolz mit dem nächsten, als hätte sie bereits alles wahrgenommen, was sie erwartete. Etwas Ähnliches hatte ich empfunden, als ein Reh in Richtung Straße geradewegs zwischen den gespannten Drähten eines Eisenzauns hindurchsprang. Den Raum, durch den sich der Körper bewegen würde, hatte es im Bruchteil einer Sekunde berechnet. Im Wilden schien jeder Moment eine Welt zu enthalten.

***

Ja, es gab viel, was die jungen Füchse lernen mussten, und auf ihre Art hatten sie damit sicherlich schon begonnen. Als ich in den Tischlerschuppen schlich, um einen Schraubenzieher zu holen, hörte ich sie im Kriechkeller kläffend mit etwas herumziehen. Unter mir rief sich ein anderes Lebensmuster in Erinnerung, während ich inmitten von geordneten Werkzeugen stand. Es war eine spielerische Erprobung aller Möglichkeiten der Welt.

Auch der offene Lagerraum war offenbar zu einem Spielzimmer geworden, denn ein paar Seile schienen zum Tauziehen benutzt worden zu sein, es sei denn, die jungen Füchse wollten nur wissen, wie lang sie waren. Und bald darauf wagten sie es, sich weiter vom Bau zu entfernen, woraufhin ich sie eines Abends unter mir im Kriechkeller des Sommerhauses hörte. Kurz darauf sah ich sie direkt unter meinem Fenster spielen.

Anfangs waren sie nur zu zweit. Es heißt, die Zahl der Fuchsjungen passe sich dem erwarteten Vorkommen von Wühlmäusen im Frühling an, obwohl es mir völlig unverständlich blieb, wie Fuchskörper so etwas sollten erahnen können. Jedenfalls schien die Wühlmausprognose gar nicht so schlecht ausgefallen zu sein, denn mit der Zeit tauchte ein drittes Jungtier auf. Gemeinsam übten die Geschwister den Wühlmaussprung an Käfern und durchsuchten das Gras, als wartete überall ein Schatz. Manchmal stießen sie etwas an, manchmal fraßen sie etwas. Wahrscheinlich waren es Würmer. Es wird behauptet, dass Fuchsjunge am schnellsten in regnerischen Gebieten wachsen, wo häufig Regenwürmer aus der Erde kommen.

Doch die Mäuler wurden nicht nur zum Fressen, Beißen oder Fangen benutzt. Sie standen auch einander zugewandt ein wenig offen, als wollten sie etwas sagen, und auf ihre Art taten sie das vielleicht auch. Es heißt, ein halb offenes Fuchsmaul sowie angewinkelte Ohren und ein gerundeter Schwanz würden zum Spielen einladen.

Die Hierarchie zwischen ihnen entsprach offenbar ihren Charakteren. Das Junge, das am liebsten im Bau blieb, war möglicherweise ein kleines Weibchen, denn Fuchstöchter bleiben manchmal bei ihren Müttern und helfen ihnen bei neuen kleineren Geschwistern. Anschließend übernehmen sie das Revier manchmal selbst. Aber jetzt überwachte stattdessen der kleine Vater von fern das Spiel der Jungen, während die Mutter Nahrung beschaffte. War sie einfach die bessere Jägerin? Als ich die Familie das nächste Mal sah, nahm sie die Jungen zu einer kleinen Jagdlektion mit. Zunächst machte sie mit dem Mamajungen auf den Fersen einen Abstecher zum Kompost hinunter. Sobald sie stehen blieb, sprang das Junge an ihr hoch, und drehte sie sich um, rollte es sich schmusend auf den Rücken. Das selbstständigste Jungtier wollte dagegen auf eigene Faust zu Entdeckungsstreifzügen losziehen, so dass ich mich fragte, wie die Jagdlektion ablaufen würde.

Die Fuchsmutter hatte eine bewundernswerte Geduld, und ihre Kommunikation mit den Jungtieren war offensichtlich sehr eloquent. Einige der vierzig Fuchslaute werden nur von den Müttern benutzt. Im Bau sprechen sie sanft mit perlendem Schnauben, und im Freien werden die Jungen leise mit einem maunzenden Knurren angelockt, ein hustendes, dunkles Bellen schickt sie dagegen in den Bau zurück. Man hat auch festgestellt, dass sie individuell angerufen werden können, worauf sie antworten, als hätten sie einen Namen.

Und wie klingt die Fuchssprache? Sie lässt sich ebenso wenig in Worten beschreiben wie jede menschliche Sprache. Manchmal bellen Füchse wie Rehe, manchmal schuhuhen sie wie Eulen und schnattern wie Wacholderdrosseln, während das Kläffen der Jungen wie Seevogelrufe klingt. Als hätten sie alle Laute des Wilden in sich gesammelt, um jede einfache Benennung zu überlisten.

* * *

Die Mitglieder der Fuchsfamilie wurden jedoch keine vertrauten Nachbarn. Ein junger Gärtner sollte auf dem Grundstück einiges anpflanzen und schulterte heroisch die Aufgabe, auch die Elektrokabel im Erdboden zu vergraben. Deshalb zog die Fuchsfamilie an einen ruhigeren Ort um, wahrscheinlich auf der anderen Seite des Hügels, wo ich später die trippelnden Silhouetten der Jungfüchse sah. Dass mein Grundstück weiter Teil ihres Jagdreviers war, merkte man allerdings eines Abends, als die Fuchsmutter mit einem jungen Eichhörnchen im Maul vorbeirannte. Danach verbarrikadierte ich den Bau mit schweren Holzscheiten.

Trotzdem lockte das versperrte Loch weiterhin Leben an. Eines Tages waren die Holzstücke fortgerissen worden, und rund um die Kiefer lag das Innere der Höhle verstreut. Es war weiß und weich. Der Bau war mit der Wolle gepolstert gewesen, den eine frischgebackene Fuchsmutter von ihrem Bauch reißt, um die Zitzen zu entblößen und ihren Jungen ein weiches Lager einzurichten. Als ich sie in die Hand nahm, spürte ich all die Zärtlichkeit darin. Das Erdreich ist in solchen Höhlen feuchtkalt, aber hier war sie mit daunenweicher Wärme ausgekleidet worden. Gut möglich, dass die Isolierung mit etwas Polstermaterial aus einem Sitzkissen im offenen Lagerraum verstärkt worden war. Aber was war mit dem Bau passiert, nachdem die Füchse umgezogen waren? In der Wolle lagen mehrere Insektenbeine. Sie schienen Hummeln gehört zu haben, die Höhle war also offenbar von Erdhummeln übernommen worden, denen die Wolle bestimmt gefallen hatte. Aber wer hatte die Holzscheite weggeschoben und das Futter herausgescharrt? Das musste jemand getan haben, der an das Hummelnest herankommen wollte. Und wer liebt Honig und erträgt die Stiche wehrhafter Hummeln? Nun, ein Dachs.

Ich hätte die Zeichen schon viel früher erkennen müssen. Es war kein Fuchs gewesen, der in der Erde gewühlt und die Schalen gefressener Weinbergschnecken zurückgelassen hatte. Sicher, Füchse und Dachse leben beide von dem, was in und auf der Erde lebt, aber sie haben unterschiedliche Persönlichkeiten und Verhaltensweisen. Weil

Dachsen die Geschmeidigkeit der Füchse fehlt, müssen sie das durch Gründlichkeit kompensieren. Deshalb werden Nager auf die gleiche Art ausgegraben wie Wurzeln, und ihre nächtliche Fressrunde wird mit einer kurzsichtig wie ein Detektor hin- und herschwingenden Schnauze durchgeführt. Regenwürmer werden mit einer speziellen Spaghettitechnik genüsslich aufgeschlürft, aber auch alles andere Essbare wird verspeist, selbst wenn es sich um schleimige Schnecken, giftige Frösche oder wütende Wespen und Hummeln handelt.

Aus der Distanz, die Bücher schaffen können, war ich mit dem Leben der Dachse vertraut. In einem Sommerprogramm im Radio hatte ich sogar ihre perlenden Paarungslaute gespielt. Genau wie Füchse kommunizieren Dachse mit Lauten, die man eigentlich mit anderen Tieren in Verbindung bringt, denn abhängig von der jeweiligen Situation können sie gackern, grunzen, schnattern, knurren, bellen, schnauben, fauchen, schreien oder wimmern. Mit ihren Jungen schnurren sie zudem wie Katzen, zwitschern wie Singvögel oder gurren wie Tauben. Ein verängstigter oder verletzter Dachs kann herzzerreißend mit den Zähnen knirschen, jaulen und wimmern.

Trotz seines großen Repertoires von Ausdrücken ist der Dachs ein ziemlicher Einzelgänger. Wie der Fuchs sucht auch jeder Dachs allein seine Nahrung, und wenn Dachse sich begegnen, ignorieren sie einander, oder sie streiten sich. Zwischen dominanten Individuen kommt es leicht zu Konflikten, bei denen Männchen einander in den Hintern beißen, während Weibchen sich das Gesicht des anderen Tiers vornehmen. Trotzdem beharren sie darauf, zusammenzuwohnen, denn es hat Vorteile, sich einen Dachsbau zu teilen.

Ich wusste, wo in unserer Gegend der Dachsbau war. Er lag in einem Geröllhaufen etwas weiter entfernt in Richtung Straße, und aus einem Heckenrosendickicht daneben hatte ich eines Tages ein grollendes Fauchen gehört, das man zwischen den Rosen so nicht erwartet hätte, aber dem Klang nach zu urteilen lud man mich nicht unbedingt ein, der Sache nachzugehen.

Es hieß, der Bau beherberge acht Dachse, und damit war er von mittlerer Größe. Andere Dachsbaue konnten mehrhundertjährige Ahnen und bis zu vierzig unterirdische Höhlen haben, die durch Tunnel verbunden waren. Schlafsäle für die Allgemeinheit kamen nur während des Winterschlafs in Frage, wenn man sich gegenseitig wärmen musste. Im Sommerhalbjahr wollte jeder sein eigenes Zimmer haben wie in einem Mehrfamilienhaus. Verglichen mit einem schlichten Fuchsbau war ein Dachsbau grandios.

Das wohlhabende Dachsheim, das Kenneth Graham vorschwebte, als er *Der Wind in den Weiden* schrieb, war wirklich komfortabel. Der sympathische Dachs konnte dort seine Freunde, die Ratte und den Maulwurf, mit üppigen Mahlzeiten und gemütlichen Gästebetten empfangen und inmitten aller Zimmer an den Fluren gab es ein Wohnzimmer mit einem wärmenden Kaminfeuer. Diese Kinderbuchidylle passte nicht wirklich zum wilden Leben der Dachse.

Natürlich benötigen sie einen gewissen Komfort in ihrem Bau, schließlich verbringen sie da unten drei Viertel ihres Lebens. Aber in Ermangelung von Kaminfeuern müssen die kalten Wände des Baus mit Moos und Laub verkleidet werden, und in einzelnen Fällen sollen sie sie auch mit gefundenen Säcken tapeziert haben. Weil die Erde alles andere als steril ist, werden Bettstroh und Schlafzimmer regelmäßig gewechselt, und im Frühjahr wird eine umfassende Grundreinigung durchgeführt. Die Exemplare, die in der Gruppenhierarchie ganz oben stehen, rollen dann kiloweise Gras heran, während andere eventuelle Essensreste aus dem Bau schaffen. Anschließend werden die Böden mit Gras und Farnen bedeckt, und wenn duftender Bärlauch zur Hand ist, kann er das Ungeziefer ein wenig in Schach halten. Sollte während des Winters ein Dachs gestorben sein, wird um ihn herum rasch eine Erdwand aufgeschüttet, so dass ein abgetrenntes Grab entsteht. Die allgemeinen Latrinen liegen ein Stück jenseits des Baus, mit Vorliebe entlang der Reviergrenze, damit die kräftigen Gerüche mitteilen, wer zur Gruppe gehört.

Man muss also schon sagen, dass Dachse ordentlich sein wollen. Trotzdem können sie nicht sämtliche unterirdischen Parasiten loswerden, die sich in ihr Fell setzen, so dass ein wichtiger Teil des Dachslebens darin besteht, sich zu kratzen. Da ihnen keiner dabei hilft, erzwingt das eine Akrobatik, mit der sie ihre Glieder vor den nächtlichen Wanderungen lockern, und so gesehen bekommen auch kleine, unerwünschte Bettgenossen eine Aufgabe.

Die erdnahen Dachse hatten etwas, das meine Zärtlichkeit weckte. Linné betrachtete sie als Bären, und später glaubte man, sie wären mit den Stinktieren verwandt, aber sie gehören zur Familie der Marder. Ohne die Geschmeidigkeit des Wiesels oder das Wasserleben von Ottern zu haben, können sie sowohl klettern als auch schwimmen, wenn es sein muss, aber ihre Welt liegt in der Erde. Sie ist ihr Element wie die Luft es für Vögel und das Wasser für Fische ist. In ihrem Bau hängen Wurzeln wie abgerissene Stromleitungen, denn ihr bester Schutz ist die Dunkelheit. Seit die Wildnis geschrumpft ist, während wir uns weiter ausgebreitet haben, ist es immer schwieriger geworden, uns aus dem Weg zu gehen, so dass immer mehr Tiere in die Nacht fliehen. Die Coyoten Kaliforniens, die Braunbären Alaskas, die Leoparden Gabuns und die Löwen Tansanias haben allesamt begonnen, Nachttiere zu werden, was auch für die kenianischen Elefanten gilt, obwohl sie im Dunkeln schlecht sehen. Die Nacht entwickelt sich zum letzten Vorposten des Wilden.

* * *

Der Nacht ist eine Rätselhaftigkeit eigen, die Furcht einflößt. Wenn die Dunkelheit sich herabsenkt, schalten wir Lampen ein und schließen die Türen zu dem, was draußen die Oberhand gewinnt. Raubtieraugen leuchten zwischen Schatten und Geräuschen, die wir nicht verstehen. Urtierartige Fledermäuse loten verborgene Welten aus, und Asseln, die mit Kiemen atmen, kriechen heraus, um etwas Vermodertes in Erde zu verwandeln. Sie alle bewegen sich ganz selbstverständlich in der nächtlichen Dunkelheit, die wir scheuen. Aber da auch sie zum Leben gehören, kann man ihnen früher oder später begegnen.

In Sommernächten weht ja auch eine poetische Brise.

Wenn die Erde sich abkühlt, bewegen sich Weinbergschnecken zu grünen Blättern oder zu jemandem, mit dem sie sich in der sanften Paarung der Schnecken vereinen können. Wenn der Wind sich legt, verweilen Düfte und berühren die Antennen der Nachtfalter. Auf die Dämmerung folgen möglicherweise auch die schnurrenden Flüge der Ziegenmelker oder die Klangkaskaden der Nachtigallen. In solchen Nächten geht man gern hinaus.

Der Gärtner hatte gerade die Stromkabel vergraben, die unterirdisch ihre Energie übermitteln sollten. Ich war mit meinen Papieren im Haus geblieben, um mich der Poesie des Vorsommers zu ergeben. Etwas in mir antwortete offenbar dem Wilden, denn meine Sinne wurden jenseits des sozialen Surrens geschärft. Während ich schrieb, meinte ich Geräusche von Flügeln oder leises Rascheln zu hören. Ich blickte von meinen Blättern auf. Was ging da draußen vor?

Stilles Licht zog mich hinaus, und auf der Treppe wurde ich von einem aprikosenfarbenen Mond empfangen. Dann entdeckte ich zu meinen Füßen etwas Blinkendes. Ich bückte mich, um es aufzuheben und hielt ein Glühwürmchenweibchen in der Hand. Ihr smaragdgrünes Rücklicht war gerade eingeschaltet worden, um einem Männchen den Weg zu weisen.

Zwischen dem Licht des Monds und des Glühwürmchens wurde der Abend magisch. Selbst die Steine schienen zum Leben zu erwachen, denn einer von ihnen bewegte sich sachte hinter dem Heidelbeerkraut. Aber es war kein Stein. Etwas, das einer afrikanischen Schamanenmaske glich, offenbarte sich.

Ich war eher erstaunt als erschrocken. Die Streifen aus Licht und Dunkel erinnerten an jene Kerbe im Tagesverlauf, wenn die Tiere der Nacht die des Tages ablösen. Dort befanden wir uns nun, der Dachs und ich.

Manche haben die Gesichtszeichnung des Dachs als eine Camouflage gedeutet, um mit der Natur zu verschmelzen. Andere haben darin eher einen Weg gesehen, Angst einzuflößen, weil ein unterwürfiger Dachs sein Gesicht verbirgt. Biologen haben darüber hinaus ein Dutzend Körperhaltungen für unterschiedliche Situationen wie Gefahr, Verteidigung, Einladung oder Aggression ausgemacht. Aber der Dachs vor mir plusterte sich weder auf, noch duckte er sich, und der Blick, der meinem begegnete, war ruhig.

Es war ein bemerkenswertes Wesen, das da vor mir stand. Obwohl Dachse beharrlich gejagt worden sind, ist vieles über sie unbekannt, und das zweifarbige Fell spiegelt eine paradoxe Natur. Sie sind Einzelgänger, obwohl sie zusammenleben. Sie sind scheu, obwohl sie sich und die ihren tapfer verteidigen. Sie sind Nachttiere, obgleich sie schlecht sehen, weshalb man sie am häufigsten als blutige Bündel am Straßenrand findet. Aber nun war es ein lebendiger Blick, der den Abend mit mir teilte.

Einander in die Augen zu sehen, ist für wilde Tiere eine Herausforderung. Wir taten es unverblümt fragend. Vielleicht war ich ein rätselhafter Anblick im Mondschein oder meine Haltung zeigte, dass ich keine Angst bekommen hatte, sondern nur erstaunt war. Manche Begegnungen werden erst möglich, wenn man die Kontrolle aufgegeben hat, und das hatten wir beide jetzt getan. Erst als ich mich bewegte, zog der Dachs sich gemächlich zwischen Steine und Heidelbeerkraut zurück. Die schwer rollende Bewegung war ein Teil der Vorstellung.

* * *

Unser Treffen war wohl früher oder später unvermeidlich gewesen. Denn jetzt wurde mir klar, dass Dachse die Wege zwischen den Heidelbeerpflanzen hindurch gebahnt hatten. Als Gewohnheitstiere halten sie sich an ihre ausgetretenen Pfade und hinzu kam – einer von ihnen führte zur Schreibstube, um im Kriechkeller weiterzugehen. Ahnungslos hatten wir uns den Weg geteilt, weil uns der Tag gehörte und ihnen die Nacht.

Aber als ich eines Abends in meine Arbeit versunken war, wurde die Zeitgrenze erneut überschritten. Ich war nachdenklich auf dem Weg von der Schreibstube zum Haus, als direkt vor mir unvermittelt zwei Dachsjunge auftauchten. Sie waren von der Hausecke und dem Heidelbeerkraut verdeckt gewesen, so dass keiner von uns vorbereitet war.

Unerwartete Situationen bewältigt man nicht mit Regeln. Sie können kleine Feuerwerke aus Impulsen auslösen, wie bei meiner ersten Begegnung mit den jungen Füchsen, und so war es auch jetzt. Das eine Jungtier versuchte, auf dem engen Pfad ungeschickt zurückzuweichen, so gut es mit seinem plumpen Dachskörper eben ging. Das andere näherte sich mir dagegen kurzsichtig interessiert. Offensichtlich hatte es weder den Ernst des Lebens noch die griesgrämige Dachsnatur verinnerlicht. Ich trat behutsam den Rückzug zur Schreibstube an und sagte mir, dass es aus Rücksichtnahme geschah. Schließlich befanden wir uns auf ihrer Seite des Tageslaufs, außerdem war mit Sicherheit eine Dachsmutter in der Nähe, die das Ganze falsch verstehen konnte. Wollte ich weitergehen, würde es ausreichen, ein bisschen herumzutrampeln, aber stattdessen schloss ich die Tür hinter mir und ließ die Nacht draußen in Frieden.

Zwei Nachtfalter tanzten unermüdlich gegen die Fensterscheibe. In ihren Augen wurde meine Tischlampe reflektiert, deshalb schaltete ich sie nach einer Weile aus und legte mich in die Koje. Draußen wühlten die Dachse bestimmt im verborgenen Leben des Erdreichs, aber die meisten anderen schliefen, weil sich unsere Seite der Erde vom Licht abgewandt hatte. In den Bäumen dösten Eichhörnchen und im Sund schlummerten Fische. Wie bei der indianischen Zeremonie, an der ich einst hatte teilnehmen dürfen, wurden in der Dunkelheit unterschiedliche Leben verknüpft.

Träume können innere Szenen in den unterschiedlichsten Reichen erschaffen. Dann zucken die Beine von Fruchtfliegen und träumenden Hunden. Ein Forscher, der sah, dass ein schlafender Tintenfisch die Farbe wechselte, glaubte, dass er im Traum eine Krabbe fing. Auch in den Windungen des Gehirns können sich nachts verschiedene Welten begegnen. Wenn die Sinneseindrücke gedämpft sind, dürfen sich die Spuren des Tages ungestört vereinen, so dass sich spielerische Visionen entfalten. Gleitende Bilder ergeben ganz eigene Zusammenhänge in dreidimensionalen Schichten weit jenseits von Gedankengängen, die von A nach B führen. Oft schenkt die Nacht mir Lösungen für die Probleme des Tages.

Jetzt wollte ich zu den sprachlosen Schichten hinunter, denn ich war müde und hatte es satt, Worte zu denken, die mich wach hielten. Wo waren die Träume? Wie lockte man sie zu sich? Ich hatte das Gefühl, Schritte in der Dunkelheit zu hören, aber es war mein eigener Puls, der die Nacht über weiterschlug.

Schließlich schlummerte ich eine Zeit lang ein, bis mich ein Klopfen weckte. Es kam weder von meinem Herzen noch von einem Blätter fressenden Reh. Es waren die jungen Dachse, die ihre wilde Nacht im Freien mit einem Ringkampf an der Wand abschlossen. Als ich zum Fenster hinauslugte, hörten sie auf, und einer von ihnen begann stattdessen, an der Türmatte zu schnüffeln.

Ich lächelte in mich hinein. Eine Schreibstube mit dunklen Dachsgängen glich fast schon überdeutlich einem psychoanalytischen Symbol. Ich hatte jedoch nie meine eigene Psyche erforschen wollen, sondern etwas, das ich mit anderen gemeinsam hatte. Ja, auch mit den Dachsen. Obwohl ich mit Worten lebte, wurde mein Gehirn von den gleichen stummen Prozessen gesteuert wie das wilde Leben da draußen. Der Ausdruck des Unbewussten ist manchmal Intuition, manchmal Instinkt genannt worden, aber er ist weitaus mehr als automatische Reflexe. Er ist etwas ebenso Altes wie das Leben, und er kann noch etwas Neues hervorbringen.

Liegt in den tiefsten Tiefen unter einem schöpferischen Leben etwas, das man mit den Tieren der Nacht teilt? Es hat eine fuchsgleiche Offenheit für unterschiedliche Möglichkeiten und eine Empfänglichkeit für jede flüchtige Spur, obwohl es auch ein dachsartiges Suchen erfordern kann. Das Wilde hat ja zahlreiche Facetten. Es ist scheu und kühn, einsam und verspielt, und es findet Widerhall bei suchenden Menschen. Auch wir sind trotz allem Kinder der Erde.

Der Hofbaum

Eins hatte ich schließlich begriffen: Die Stille auf meinem Grundstück war trügerisch. Es gab darauf immer Leben und Begegnungen, obwohl ich das meiste nicht mitbekam. Es war bezeichnend, dass ich den Tieren rund um das Haus in einer aufmerksamen Einsamkeit begegnet war. Wenn unser lebhaftes Familienleben erneut in Schwung kam, würden sie sich mit Bedacht fernhalten oder zu einem Hintergrundrauschen werden.

Anders war es mit den Pflanzen. Sie waren die ganze Zeit mitten unter uns, denn aus der Vegetation schöpften wir Urlaubskräfte. Die Bäume trugen Schaukeln, und die Blumen begleiteten uns häufig zum Küchentisch, und wir sorgten gern dafür, dass es mehr von ihnen gab. Bevor die Stromleitungen eingegraben wurden, hatte der Gärtner einiges gepflanzt, was nun allmählich gedieh. Vor dem steilen Anstieg im Norden standen schützende Fingersträucher und Flieder, und auf der Südseite kletterten einige Geißblattpflanzen. Ein gepflanzter Himbeerstrauch verkümmerte dagegen, aber stattdessen verbreiteten sich von der Gemeindewiese im Tal kommend süße Wildhimbeeren zu uns nach oben. Ähnlich erging es dem Gras, das einen seelenlosen Kiesplatz ersetzen sollte. Die Halme, die widerwillig auftauchten, bekamen Gesellschaft von Moosen, Ferkelkräutern, Leimkraut und kleinen Dickichten aus Großer Fetthenne, die sich selbst ausgesät hatten und hier den geeigneten Untergrund fanden.

Wie die Pflanzen hatten auch die Tiere ihren eigenen Willen. Das Futterhaus für Eichhörnchen, das wir installierten, wurde ignoriert, vielleicht um Selbstständigkeit zu demonstrieren. Genauso erging es einem kleinen Bienenhotel, das wir an der Südwand aufgehängt hatten. Die Wildbienen flogen souverän daran vorbei und erweiterten ihre Ansiedlung im Türrahmen um eine weitere im Fensterrahmen. Darüber hinaus hatten sie ihre eigenen Ansichten über die Vegetation und hätten einen artenarmen Rasen zweifellos abgelehnt. Begeistert waren sie dagegen von den Fetthennen, die von den Hummeln fleißig verbreitet wurden.

Im Grunde waren einförmige Rasenflächen auch nicht nach meinem Geschmack. Im achtzehnten Jahrhundert waren sie Statussymbole vor Palästen, aber heute gab es sie an jedem Haus, und in den USA bedeckten sie eine Fläche, die dreimal größer war als alle Maisfelder des Kontinents. Ihre Pflege schluckte Milliarden Dollar, Millionen Kilo Pflanzengift und einen Großteil des Trinkwassers ihrer Besitzer.

Tatsächlich war es befreiend, dass das Grundstück allein zurechtkommen wollte. Seit Adam und Eva aus dem Garten Eden vertrieben worden waren, haben ihre Nachfahren von einem eigenen Lustgarten geträumt, in dem sie im Schweiße ihres Angesichts arbeiten mussten. Ich selbst habe mich nie für das Jäten von Unkraut begeistern können, obwohl ich weiß, dass in einen gepflegten Garten oft viel Herzblut geflossen ist. Der Garten, den meine Schwester an ihrem Haus angelegt hatte, half ihr dabei, erste Wurzeln in einem anderen Land zu schlagen.

In der Walderde meines Grundstücks hätten sich Obstbäume sicher nicht wohlgefühlt, aber dort wuchsen Kiefern, Wacholderbüsche, Eichen und Birken. Die prächtigsten Birken standen zu beiden Seiten des Hauses, die eine vor der Tür und die andere an der nordöstlichen Hausecke. Die Eckbirke wuchs so nah am Haus, dass ein Ast es zu umarmen versuchte und die Wurzeln ein paar Steinplatten anhoben. Im Herbst würde der Gärtner den Baum wohl ein wenig beschneiden müssen.

Bäume und Häuser haben immer in einer engen Beziehung zueinander gestanden. Im Bauholz für Wände, Fußböden und Decken liegen schließlich Baumerinnerungen, und das Brennholz kann Zimmern eine gemütliche Wärme schenken. Neben den Häusern wurde früher auch ein Hofbaum gepflanzt, damit die Wurzeln Feuchtigkeit aus dem Grund saugten und die Seele des Baums das Haus behütete. Sah die Birke sich als Hofbaum?

* * *

Jedenfalls versammelten wir uns nahe der Birke, denn sie stand an der Veranda. Wenn es heiß war, saß man gern in ihrem Schatten, außerdem gab es dort einen großen Tisch. Als meine Schwester mit ihren jüngsten Kindern und Enkelkindern kam, gelang es drei Generationen, sich an ihn zu zwängen, und da die Veranda nur drei Wände hatte, durfte die Natur auch teilhaben.

Gelegentlich mischte sie sich sogar in das ein, was wir taten. Früher hatten die älteren Cousins der Kinder mit Weinbergschnecken gespielt. Jetzt fanden sie einen Grashüpfer, der Ferdinand getauft wurde und vorübergehend in einer mit Moos gefütterten Schale wohnte. Daraufhin erinnerte ich mich, dass meine Schwester mir einmal eine Geschichte über eine Ameise gleichen Namens erzählt hatte. Und genau wie sie konnte einer ihrer Söhne sich Geschichten ausdenken. Meine Lieblingserzählung handelte von einem Troll, der ein bisschen dumm wirkte, weil er so langsam war, aber wenn er seine Hände auf das Moos legte, bekam er Antworten auf alle Fragen, weil er von Anfang an dabei gewesen war. Ich fand, dass er ein kluger Troll war, da er verstand, dass die Pflanzen uns etwas erzählen können.

Es gab vieles, was auf der Veranda wiederauftauchte. Abends kamen Spiele auf den Tisch, genau wie damals, als meine Schwester und ich Kinder waren, so dass ich bei einer Partie Memory das Gefühl hatte, eine Doppelbelichtung zu sehen. In neuen Versionen und neuen Generationen begann alles wieder von vorn. Es kam mir ungefähr so vor wie bei Bäumen, die Jahresringe bekamen, während sie gleichzeitig neue Triebe entwickelten.

Jedes Frühjahr wiederholten sie ihren Zaubertrick, aus Sonne und Wasser Grün zu erschaffen, und trotzdem staunte ich jedes Mal aufs Neue. Wenn sogar die altehrwürdigen Kiefern Frühlingsgefühle aufkommen ließen, waren überall Pollen. Ich hatte gehört, dass einhundert Millionen Pollenkörner einen einzigen Quadratmeter pudern können, und bezweifelte es nicht. Auch die Pollenkörner, die auf Dächern und Fensterblechen landeten, strahlten Zukunftsglauben aus.

Vom größten Frühlingsschwindel wurden aber wohl die Birken erfasst. Ich verstand, warum sie mit der Frühlingsgöttin Freya oder dem Gott Frey verknüpft wurden, denn es hieß, ihr Saft spende Kraft und ihre Blätter seien eng mit den alten Fruchtbarkeitsriten zu Mittsommer verbunden, wenn der Frühlingskarneval seinen Höhepunkt erreichte. Er begann mit Blättern wie kleine Pailletten, und wenn die Schlehenblüten wie Bugwellen schäumten, lebten Präsens und Imperfekt ein Doppelleben. Es war jetzt, und es war gerade. Bald würde das Grün im Licht dunkler sein.

Die Pflanzen wussten alles über die Relativität und Unermesslichkeit der Zeit. Sie konnten sie in kleine Samen packen und unendlich ausstrecken. Hundert Millionen Jahre waren sie ununterbrochen verwelkt und neugeboren worden und entsprachen bis heute neunundneunzig Prozent der Biomasse. Die Proportionen brachten mich ins Grübeln. Wir und alle anderen Tiere machten also nur ein knappes Prozent von ihr aus. Der Planet gehörte zweifellos in erster Linie den Pflanzen.

Sie waren ja auch in fast allem, was uns umgab, wenn auch verwandelt in Wände und Wärme, Kleiderfasern und Gerätschaften, Medikamente und Farben, und letztlich standen sie hinter allem, was wir aßen und tranken, weil auch die Fleisch liefernden Tiere von Pflanzen oder Pflanzenfressern lebten. Jeder unserer Atemzüge war außerdem von dem Sauerstoff erfüllt, den sie produziert hatten. Wenn es etwas gab, das man versuchen sollte zu verstehen, dann sie.

***

Ich hatte damit begonnen, ihre Persönlichkeiten und Formen mit Hilfe von Namen zu suchen. Schon unter den Gräsern, die man windblütig nennt, entdeckte ich eine vielfältig wogende Welt. Sie war gleichzeitig filigran und so stark, dass eine Rot-Schwingel-Pflanze tausend Jahre alt werden konnte. Für die Ameisen waren sie sicher Wälder, in denen das Wollige Honiggras Kiefern entsprach, das Zittergras Espen und das Rote Straußgras Birken.

Dort auf dem Erdboden lebten auch die Samen, die ein Ergebnis der Frühjahrsbegegnung zwischen Pollen und Stempeln waren. Mich berührte die elterliche Fürsorge, mit der die Pflanzen sie umgaben, denn bevor die kleinen Samen in die Welt entlassen wurden, erhielten sie sowohl Proviant als auch Instruktionen für unterschiedliche Situationen. Die Abenteuer, die sie erwarteten, hatten ein ganzes Buch des Biologen Thor Hanson gefüllt.

Die Nahrung, die ihnen mitgegeben wurde, erschien natürlich vielen Tieren begehrenswert, aber auch für diesen Fall war vorgesorgt. Manche Samen bekamen harte Schalen wie etwa Nüsse, und andere erhielten einen abschreckenden Geschmack oder giftigen Stoff. Als Nächstes mussten alle im Leben weiterkommen können. Einige wurden in süße Beeren oder Früchte eingebettet, so dass sie in Tiermägen transportiert wurden, ehe sie in einem düngenden Haufen entlassen wurden. Andere wurden mit kleinen Haken ausgerüstet und durften daraufhin in Tierfellen und Vogelfedern mitreisen. Die meisten Samen erhielten jedoch eigene Flügel, Propeller oder Fallschirme. Dadurch hatten die Bäume zumindest Erinnerungen an einen Flug.

Obgleich die Mehrzahl von ihnen in der Nähe der Elternpflanze blieb, trugen die Winde sie manchmal weit weg. Man hat Samen hoch über der Baumgrenze des Himalaya gefunden, und unter denen, die auch von Wasser getragen werden, schafften es die flauschigen Samenbälle des Baumwollstrauchs über den ganzen Atlantik.

Dann folgte das Gegenteil des Flugs, die Ruhe, die Fähigkeit zu warten.

Denn wie viel Zukunft liegt nicht in einem Samen? Als das British Museum im Zweiten Weltkrieg bombardiert wurde, regnete es durch das Dach herein, und plötzlich begannen einige dreihundert Jahre alte Samen in einem Herbarienband zu keimen. Ihre Eltern hatten in einer anderen Zeit und einem anderen Erdteil gelebt, aber sie waren offen für neue Möglichkeiten. In Samen können Jahrhunderte genauso schwer wiegen wie Augenblicke. Es ist sogar schon vorgekommen, dass Samenkörner nach tausenden Jahren in einem ägyptischen Grab gekeimt haben.

Während ihres Dornröschenschlafs war ihnen nicht gänzlich unbewusst, was um sie herum geschah. Sie warteten auf Signale für gute Voraussetzungen. Aus ihrer kleinen Welt heraus schienen sie sogar die Jahreszeiten abzulesen, denn sie konnten bei Bränden erwachen wie bei frühlingshafter Wärme.

Ich fand, dass die Samen von so vielen Geheimnissen

umgeben waren. Wie konnten sie Licht und Dunkelheit, Wärme und Feuchtigkeit spüren? Woher wussten sie so viel über die Erde und die Zeit? Wie erkannten sie, was ihre Anlagen zu Blättern und Wurzeln tun sollten, wenn der richtige Zeitpunkt gekommen war? Ja, wie konnten überhaupt die Erfahrungen von Millionen Jahren in ein kleines Samenkorn gepackt werden?

* * *

Streng genommen verdankten wir es der Fähigkeit der Samen, warten zu können, dass wir in einem Haus saßen und Brot aßen. Durch sie konnten unsere Vorfahren planende Bauern mit einem eigenen Zuhause werden. Als Sammler hatten sie von der Hand in den Mund gelebt, und auch als Sesshafte scheinen sie anfangs fröhlich von allem gegessen zu haben, was sie finden konnten. Das Essen in einer frühen syrischen Siedlung hatte, wie sich herausstellte, aus zweihundertfünfzig verschiedenen Pflanzen bestanden, denn man lebte in einem weit gestreckten grünen Vorratsschrank. Er existierte auch heute noch für jemanden, der nach ihm suchte, und als ich ein Kochbuch für wilde Pflanzen fand, nutzte ich die Gelegenheit, es während eines Sommerurlaubs mit meiner Schwester zu testen. Neugierig bereitete ich Fetthenne in Sauce, Steaks von Weißem Gänsefuß und Pfannkuchen mit Echtem Labkraut im Teig zu. Wie praktisch, die Zutaten direkt vor der Haustür zu haben! Meine Neffen reagierten mit einer Mischung aus Staunen und Ängstlichkeit und beäugten mich misstrauisch. Konnte man so etwas essen? Ihre Skepsis steigerte sich, als ich ihnen sagte, dass auch Nudeln und Weizenteilchen aus einer Art Gras gemacht seien, und als ich ihnen erzählte, dass Karamellbonbons eigentlich von den drei Meter hohen Stangen eines Grases, der Zuckerrohrpflanze, kamen, hielten sie es für ein Ammenmärchen.

Tatsächlich hatte eine Reihe von Grasarten in der Kost der frühen Siedler die Oberhand gewonnen. Hinzu kam, dass sie diese veränderten, bis sie ebenso verwurzelt waren wie sie selbst. Dadurch begann man, Land für sich zu beanspruchen und es mit neuen Pflanzen zu möblieren. In der Zwischenzeit verringerte sich die Zahl der Arten, die man aß, bis am Ende vor allem Getreidearten, Kichererbsen und Linsen übrig blieben.

Seltsamerweise geschah in unterschiedlichen Zivilisationen das Gleiche. Vor zehntausend Jahren begann man im fruchtbaren Halbmond des Mittleren Ostens, Gerste, Weizen und Roggen anzubauen. Ungefähr zur selben Zeit wurde in China Reis gesät und in Amerika Mais, und in Afrika entschied man sich für Sorghumhirse und Hirse. Am Ende waren siebzig Prozent des bestellten Lands mit Grasarten wie Reis, Gerste, Mais und Weizen bedeckt. Genmodifizierter Weizen sorgte für noch größere Ernten, wenngleich daraufhin auch mehr Pflanzengift und Kunstdünger erforderlich waren.

Samen gab es jedoch nicht nur im Getreide. Aus ihnen konnten auch Gewürze und Medikamente werden. Die intensiven Aromen und Gifte, die sie vor Insekten schützen sollten, wurden bei uns äußerst begehrt, denn vieles ist eine Frage der Proportionen. In Indien gelangten Gewürze sowohl ins Essen als auch in die ayurvedische Medizin, und in gleichem Maße wurden sie in Mesopotamien und China verehrt. Anschließend setzte sich ihr Siegeszug in Europa fort. Im alten Griechenland wurden mit schwarzem Pfeffer sogar Steuern bezahlt und im Römischen Reich Muskatnüsse als Währung akzeptiert. Und sobald die neue Zeit angebrochen war, begannen Schiffe rund um den Globus, Jagd auf noch mehr Gewürze zu machen. Kolumbus überquerte den Atlantik, um neue Wege zu ihnen zu finden, und Vasco da Gama suchte eine bessere Passage zu den Gewürzinseln des Indischen Ozeans. Die Jagd galt nicht nur geschmacksintensiven Samen, sondern auch dem Safran der Krokusse, den Vanillestangen der Orchideen und der Rinde des Zimtbaums. Die Gewinne der Niederländischen Ostindien-Kompanie aus dem Verkauf von Gewürzen konnten sich mit den heutigen Einnahmen für Öl messen. Auch die Pflanzen des neu entdeckten Südamerika erwiesen sich als wertvoller als alles Gold der Indianerreiche, obwohl man Kartoffeln, Erdbeeren, Tomaten und Mais zunächst skeptisch gegenüberstand.

Genauso interessant wurden schon bald eigentümliche Blumen, woraufhin die Spekulationen mit türkischen Tulpen in den Niederlanden zu einem Börsencrash führten. An manchen Orten war der Anbau exotischer Pflanzen außerdem mit dem wachsenden lukrativen Sklavenhandel verknüpft. Afrikaner wurden Wilde genannt, und das Wilde behandelte man nach Belieben. Und so wurden sowohl Sklaven als auch Pflanzen zu Plantagen auf der anderen Seite des Ozeans verfrachtet. Obwohl Zuckerrohr ein Gras mit rasierklingenscharfen Blättern ist, entwickelte es sich mit der Zeit zu der am meisten angebauten Kulturpflanze der Welt. Ebenso erfolgreich wurde die Baumwollpflanze, die eigentlich mit dem Hibiskus verwandt ist. In Südamerika war sie von den Azteken und den Inkas angebaut worden, und in Europa hatten sich die Baumwollpflanzen, die Alexander der Große aus Indien mitgebracht hatte, rund um das Mittelmeer verbreitet. In den Südstaaten Nordamerikas war Baumwolle dagegen etwas Neues und wurde dank der Sklaven zum ersten massenhaft produzierten Material der Erde.

Ausläufer dieser gewaltigen Pflanzenumverteilung waren immer noch spürbar, als wir auf der Veranda saßen. Neben uns gediehen türkische Fliedersträucher, und Baumwollzellstoff war nicht nur in unseren Kleidern, sondern auch in Speiseeis, Margarine, Kaugummi und Schminke. Wir tranken wie Milliarden andere unseren täglichen Kaffee, der inzwischen zu den führenden Waren des Welthandels zählt. Genau wie bei Tee, Kakao und Tabak wuchs der Reichtum natürlich nicht an den Anbauorten, sondern woanders, und die Pflanzen benötigten so viel Wasser, dass für eine einzige Tasse Kaffee einhundertvierzig Liter erforderlich waren.

Pflanzen können merkwürdige Verbindungen zu Geschichte und Kultur haben. Koffein lässt die Neuronen des Gehirns schneller reagieren, weshalb es heißt, es habe der Aufklärung den Weg geebnet. Voltaire und Diderot tranken jedenfalls täglich vierzig Tassen Kaffee in den Cafés, wo die Diskussionen so nüchtern wie lebhaft waren. Heutzutage lädt jeder Arbeitgeber eifrig zu Kaffee ein.

Eigentlich war das Koffein ein Pflanzengift gegen verschiedene Insekten. Eine Spinne, die in einer Kaffeetasse gelandet ist, spinnt seltsame Netze. Aber nichts ist absolut, und auch Kaffeesträucher benötigen Bestäuber, so dass kleine Dosen Koffein gewisse Bienen anlocken, statt sie in die Flucht zu schlagen. Ich konnte mir gut vorstellen, dass sie bei ihrer emsigen Arbeit erfrischt werden mussten.

***

Die exotischen Pflanzen, zu denen ich den meisten Kontakt gepflegt hatte, waren Topfpflanzen. Gewächse, die ins Haus genommen werden, sind stille Pendants zu Haustieren und zeigen einem manchmal, wie sie in ihren Heimatländern gelebt haben. So sind Geranien aus Afrika an Trockenheit gewöhnt und der Weihnachtskaktus blüht ungefähr zur selben Zeit, wie er es in Brasilien getan hatte. Von dorther kommt auch die Pfeilwurz, die am Abend ihre schönen Blätter schließt, wenn sich die brasilianische Dunkelheit herabsenkt.

Aber die meisten Bäume haben einheimische Wurzeln, und häufig scheinen sie es gewesen zu sein, die den Menschen ein Gefühl der Verbundenheit mit einem Ort geschenkt haben. So wie der Name Carl von Linnés sich von der Linde auf dem elterlichen Bauernhof ableitete, sind ganze Wälder aus anderen Bäumen in den schwedischen Familiennamen gewachsen. Dort findet man Birke (*Björk*) und Eiche (*Ek*), Linde (*Lind*) und Traubenkirsche (*Hägg*), Vogelbeerenblüte (*Rönnblom*) und Ahornblatt (*Lönnblad*), Haselnussast (*Hasselgren*) und Ulmenzweig (*Almkvist*), Erlenstrom (*Alström*) und Espenhain (*Asplund*), Kiefernland (*Furuland*) und Tannenzweig (*Grankvist*). Seinen Namen mit verwurzelten Bäumen gemeinsam zu haben, erdete einen offenbar. Basierte die Idee vom Hofbaum auf einem ähnlichen Gefühl?

Unsere Familie hatte natürlich tiefere Wurzeln. Obwohl sie weit verstreut lebte, gab es einem ein Gefühl von Geborgenheit, Erinnerungen und Eigenheiten zu teilen. Der Stammbaum, den ich für die Jüngsten zu zeichnen versuchte, war recht begrenzt, weil die Verzweigungen bald labyrinthisch wurden. Sie erstreckten sich über ein halbes Dutzend Länder, so dass die Wurzeln auseinanderliefen, und hundert Jahre weiter weg gab es tausende Verbindungen. Bei einem biologischen Entwicklungsbaum war es noch schlimmer, denn dort waren wir nur eine Art in einer Gattung in einer Familie in einer Ordnung in einer Klasse in einem Stamm in einem Reich in einer Domäne aller Lebewesen.

Dennoch war das Erbe natürlich ein Teil der Identität, aber gleichzeitig offen für Veränderungen, denn auch wenn aus einer Schlüsselblume niemals eine Rose wird, können Veranlagungen in einen Austausch miteinander und mit der Umwelt treten. Wie diese Variationen eigentlich entstanden, war bis Mitte des neunzehnten Jahrhunderts ein großes Rätsel gewesen. Dann begann ein Mensch, Erbsen zu säen, um endlich eine Erklärung zu finden.

Eigentlich wollte Gregor Mendel sich nicht mit Pflanzenanbau beschäftigen, obwohl seine Familie einen Bauernhof besessen hatte. Ihn interessierten die Fragen des Lebens. Durch Stipendien und Einkünfte als Privatlehrer konnte er sein Studium der Philosophie, Physik und Mathematik finanzieren, aber um zu forschen, war ein

Vermögen oder ein Mäzen nötig. Mendel hatte keines von beidem. Sein Professor riet ihm deshalb, in ein Augustinerkloster zu gehen, das naturwissenschaftliche Studien förderte.

Im Kloster waren seit dem Mittelalter Heilpflanzen kultiviert worden, und als Mendel eine Stelle als Lehrer bekam, ließ man ihn auch einige Universitätsseminare belegen. Dank ihrer und eines Mikroskops konnte er sich der Frage annehmen, die ihn beschäftigte.

Bauern kreuzten seit Langem verschiedene Arten, ohne zu verstehen, wie die Anlagen übertragen wurden, und in Linnés Klassifikation gab es auch keinen Raum für Kreuzungen und Hybride. Deshalb wollte Mendel ihnen mit Hilfe von Experimenten auf den Grund gehen. Zunächst versuchte er es mit Bienen, scheiterte aber, weil Bienen sich am Himmel paaren und einen ziemlich eigenwilligen genetischen Code besitzen. Vielversprechender entwickelten sich seine Versuche mit unterschiedlich gefärbten Mäusen, die jedoch dem Abt missfielen. Mäuse sind nie willkommen gewesen, und in einem Kloster war ihre Fortpflanzung außerdem viel zu animalisch.

Pflanzen waren da etwas völlig anderes. Erbsen konnten noch dazu einen Beitrag zur Küche leisten, und so bekam Mendel ein eigenes Gewächshaus im Klostergarten. Dort paarte er daraufhin ungestört seine Freunde in den Blumenbeeten, und im Laufe von acht Jahren gelang es ihm, mit Hilfe eines kleinen Pinsels zehntausende Erbsenpflanzen zu bestäuben. Er kreuzte grüne Erbsen mit gelben, gefurchte mit glatten, weiß blühende mit violetten, hochwachsende mit flachen, und konnte dank seiner mathematischen Ausbildung Tabellen über die Entwicklung aufstellen. Doch die erstaunten ihn. Wenn er lange Exemplare mit kurzen paarte, bestand das Ergebnis nicht aus mittellangen Pflanzen, sondern aus langen, und wenn weiß blühende und violette Exemplare gekreuzt wurden, ergab das nur weiße Blüten. Dagegen konnten Anlagen, die nicht in der ersten Generation erschienen, später auftauchen, sie waren also offenbar die ganze Zeit enthalten gewesen, wenn auch verborgen. So wie die Eltern zwei gewesen waren, musste es dominante und rezessive Merkmale im Paar geben.

Mendel veröffentlichte seine Tabellen in einer lokalen wissenschaftlichen Zeitschrift und schickte eins der etwa hundert Exemplare Darwin. Mendel hatte eine deutsche Übersetzung seiner Entwicklungslehre gelesen und sich detaillierte Notizen zu ihr gemacht. Darwins Exemplar sollte jedoch unaufgeschnitten bleiben, und ebenso gering war das Interesse anderer Zeitgenossen Mendels. Verglichen mit Darwins Theorien über unsere tierischen Vorfahren wirkten seine Tabellen über Erbsen in der Tat einigermaßen langweilig. Deshalb mussten seine Erkenntnisse ähnlich wie Samen eine andere Zeit abwarten, so dass sie erst nach seinem Tod Interesse weckten.

* * *

Als Mendels Theorien endlich wahrgenommen wurden, entwickelte sich die Genetik zu einem eigenen Wissenschaftszweig, aber es blieben Mysterien. Wie konnte die bunte Vielfalt des Lebens aus gut geordneten Genen entstehen? Das Problem musste von einer anderen Person und einer anderen Pflanze geklärt werden.

Barbara McClintock wurde geboren, als das zwanzigste Jahrhundert gerade angebrochen und die Mendel'schen Gesetze bekannt geworden waren. Auch sie musste sich zwischen eigenen Kindern und einer Forschung über die Genetik von Nachkommen entscheiden, denn an der Universität wurden Frauen entlassen, sobald sie heirateten. Andererseits hatte McClintock im Grunde gar keine Zeit für eine Familie. Ihre Forschungsarbeit füllte sechzehn Stunden am Tag, die sie zwischen ihrem Labor und den Feldern aufteilte, auf denen sie Maispflanzen anbaute, die für sie mehr waren als Forschungsmaterial. Als ihr Amor eilte sie von männlichen zu weiblichen Blüten, um sie zu befruchten, bevor ihr der Wind zuvorkam. Wenn sie sich durch die Felder bewegte, verschwand sie fast in ihnen, denn trotz ihres Spitznamens »Big Mac« war sie kleiner als die Pflanzen. Auch wenn sie die Maiszellen unter ihrem Mikroskop untersuchte, hatte sie das Gefühl zu verschwinden, allerdings auf andere Art. Dank ihres starken Einfühlungsvermögens wurde sie fast eins mit dem, was sie sah, und nahm deshalb mehr wahr als andere.

In ihrer Mikroskopwelt beschäftigte sie sich mit den großen Fragen der Vererbung und Veränderung des Lebens. In Mendels mathematischen Tabellen glichen die Gene der Chromosomen sorgsam geknüpften Perlenketten, aber ihre Ergebnisse zeigten etwas Wilderes, Unregelmäßigeres. Einige Gene sprangen auf schwer verständliche Weise umher.

Das Unregelmäßige unterliegt anderen Gesetzen als das

Regelmäßige und muss zum Teil auf andere Weise erfasst werden. McClintock tat dies so aufmerksam, dass es ihr schließlich gelang, den springenden Genen zu folgen, die Erbanlagen verändern können. Ihre Leistung sollte allerdings ebenso wenig Widerhall finden, wie es einst Mendels Tabellen getan hatten. Immer noch glaubte man nicht, dass Pflanzen etwas über uns aussagen konnten. Erst unter den Elektronenmikroskopen der siebziger Jahre sollten andere Forscher erkennen, was sie dreißig Jahre zuvor behauptet hatte. Chromosomenfragmente können ihre Position verändern. Das erklärt die Vielzahl von Formen in allen Arten, eine Erkenntnis, die ihr schließlich den Nobelpreis einbringen sollte.

Zu der Zeit hatte ihre Forschung auch einen Beitrag zur Kulturgeschichte geleistet. Der Mais hatte zehntausend Jahre die Indianer Lateinamerikas begleitet und die Zeitmarkierungen, die McClintock in der Entwicklung der Maischromosomen machte, ließen sich damit vergleichen, wie die Zivilisationen der Indianer einander abgelöst hatten. Dadurch hatten Pflanzenzellen unter ihrem Mikroskop sowohl die verschlungenen Wege der Vererbung dokumentiert als auch die Kulturgeschichte eines Kontinents.

* * *

Alles in allem erschien es mir ziemlich logisch, dass Pflanzen die Vererbung des Lebens erklärten, denn dies wurde ja von Stammbäumen vermittelt. Hinter ihnen allen stand außerdem ein Weltenbaum, der Wurzeln auf der ganzen Erde hatte. Man fand ihn in den Mythologien der Polynesier, der sibirischen Jakuten und der Oglala-Sioux, aber auch in den Upanischaden Indiens. Die Babylonier hatten sogar zwei Bäume, den Baum der Wahrheit und den Baum des Lebens, die später von Juden und Christen adoptiert wurden.

Sie alle waren sich einig, dass in den Ästen des Baums Wissen lag. Buddha hatte seine Erleuchtung unter einem indischen Bodhibaum, und von Zeus hieß es, er beantwortete die Fragen des Lebens durch das Rauschen in Dodonas griechischen Eichen. Die Botschaften nördlicherer Eichen wurden von gelehrten Druiden gedeutet, während die Wikinger mit ihren Göttern etwas brutaler in Opferhainen sprachen.

Detailliert wurde der Weltenbaum in der altnordischen *Edda* beschrieben, wo er Yggdrasil genannt wurde. Der Baum hatte drei Wurzeln, die jeweils in einer Quelle verankert waren. An der ersten Quelle saßen Nornen, die den Faden des Lebens spannen, zwirnten oder kappten. Sie glichen den Göttern des Erschaffens, Bewahrens und der Zerstörung in den Upanischaden Indiens. Yggdrasils zweite Wurzel wurden von Mimers Quelle genährt, in der das Wasser Wissen über alles besaß, was geschehen war und geschehen würde. Die dritte Wurzel war dagegen von einer kalten Hölle umgeben, wo eine Schlange unaufhörlich an ihr nagte.

Es kann schwierig sein, sich einen Weltenbaum mit kosmischen Dimensionen vorzustellen, auch wenn man selbst darin wohnt. Die Menschen, die in Yggdrasils Mitte lebten, will sagen in Midgard, verstanden nicht einmal, dass sie in einem Baum daheim waren. Zwar hieß es, ihre

Vorfahren Askr und Embla seien aus Holzstücken erschaffen worden, und das Runenalphabet, das die Ereignisse der Zeit erfassen konnte, war in Rinde geritzt worden. Aber die Einzigen, die in Yggdrasil den Überblick hatten, waren Odins Raben Hugin und Munin, oder das Denken und die Erinnerung, und die beiden saßen hoch oben in der Baumkrone. Mit ihren Verzweigungen und Ausläufern erinnerte sie tatsächlich an die zahllosen Synapsen des Gehirns.

Es wurde behauptet, Yggdrasil sei eine Esche gewesen, genau wie der klassische Hofbaum, aber bevor Linné auf den Plan trat, war die Taxonomie nicht so heikel. So hieß es etwa, Damhirsche würden die Rinde abweiden, was einen meiner Schriftstellerkollegen vermuten ließ, dass Yggdrasil in Wahrheit eine Eibe sei. In meinen Augen deutete das meiste darauf hin, dass er eine Birke war, weil sie der erste Baum war, der nach der Eiszeit in den Norden gelangte. Einiges in der Beschreibung Yggdrasils erkannte ich außerdem wieder. So waren Krone und Erde durch das Eichhörnchen Ratatöskr verbunden, das der Kurier zwischen Himmel und Erde war, genau wie das Eichhörnchen in unserem Hofbaum. Neben dem Baum, hieß es, würden Damhirsche äsen, und wenn man die wankelmütige Artbestimmung der Vorzeit bedachte, konnten es ebenso gut Rehe gewesen sein wie auf unserem Grundstück. Und Blätter musste Yggdrasil auch gehabt haben, denn es hieß, Bienen würden von tropfendem Honigtau angelockt, der ja von Blattläusen stammt. Weil das eine etwas anderes in den Bäumen entstehen lässt, enthalten sie alle Arten von Leben, von den Vögeln auf den Ästen bis zur Welt der Wurzeln, wo Erdhummeln, Ameisen, Waldmäuse und Füchse leben.

Aus wissenschaftlicher Perspektive war das Bild von Yggdrasil als unserem Urheim nicht abwegig. So fiel vor etwa 3,2 Millionen Jahren eine unserer Urahninnen von einem anderen Baum. Auf dem Erdboden konnte sie zwar einigermaßen aufrecht gehen, war da unten jedoch hilflos inmitten von schnellen Hyänen und Säbelzahntigern. Die Bäume boten ihr eine sicherere Zuflucht, und sowohl ihre starken Arme als auch ihre geschmeidigen Finger waren an das Klettern angepasst. Das Einzige, was ihr fehlte, war der leichte Körperbau des Eichhörnchens, denn sie wog annähernd vierzig Kilo. Trotz ihrer relativen Schwere hatte sie sich mindestens einmal in die schwankenden Baumwipfel in zwölf Metern Höhe begeben. Man konnte sich fragen, was sie da oben zu suchen hatte. Forscher, die den Beatlessong *»Lucy in the Sky with Diamonds«* gehört hatten, tauften sie Lucy. Der Titel bezog sich auf LSD, gab es oben in dem Baum also eine berauschende Frucht? War Lucy buchstäblich high? Jedenfalls verlor sie den Halt an ihrem Ast. Durch ihr Gewicht erreichte sie im Fallen außerdem ein hohes Tempo. Während des Sturzes wurde sie sechzig Stundenkilometer schnell, und das war einfach zu viel. Die Verletzungen, die sie erlitt, zeigten, dass sie noch dazu gekommen war, die Arme auszustrecken, um den Aufprall abzufedern, aber das hatte ihr nichts genutzt. Als der Baum sie nicht mehr trug, brachte die Erde ihr den Tod.

***

Warum haben Bäume eine solche Bedeutung in Mythen bekommen? Liegt es an alten Erinnerungen? Kinder klettern ja gern in Bäume. Auf unserem Grundstück würden die grazilen Äste der Birke so etwas kaum standhalten, aber dadurch, dass sie sich zur Erde neigten, entstand fast eine Laubhütte. Und bei mir wurden dadurch tatsächlich Erinnerungen an das Leben in einer Baumkrone geweckt.

Einer Ulme war es aus einem engen Hinterhof heraus gelungen, bis zu meinem kleinen Stockholmer Balkon aufzusteigen. Jahr um Jahr hatte ich gesehen, wie sie näher kam, und als ihr Laub schließlich den Balkon erreichte, kam es mir vor wie eine Laubhütte auf halbem Weg zum Himmel. Die Ulme war eine sagenhafte Gesellschaft. Im Frühjahr brachte sie mir kleine Früchte in runden Flügeln, die Silbermünzen glichen und Salate um eine nussige Note bereichern konnten. Passenderweise wurden sie bei uns Manna genannt. Dann schlugen die Bäume aus, und die Blätter waren von verzweigten Adern erfüllt, die denen in meinen Händen glichen. Dabei geschah auch etwas Besonderes unter ihnen. Damit alle sich der Sonne entgegenstrecken durften, richteten sie sich sehr demokratisch aus. Die Baumkrone nahm die Form einer Leiter an, bei der die untersten Blätter eine Spur größer wurden als die oberen, außerdem bekamen sie zusätzliche Pigmente, um damit das Sonnenlicht aufzunehmen. Die Idee des Baums war, dass so kein Ast bessergestellt sein würde als die anderen.

Nicht dass es den hunderttausend Blättern an Unterschieden gemangelt hätte. Abgesehen von ihren unterschiedlichen Plätzen wurden sie auch von einem genetischen Mosaik geformt. Trotzdem kamen sie aus demselben Stamm und teilten sich deshalb geschwisterlich das Wasser, das der Baum ihnen gab und an heißen Tagen verdunsteten sie hunderte Liter Feuchtigkeit, die auch anderen zugutekamen. In den Nächten fielen alle Blätter in einen entspannten Schlaf, der sie eine Spur tiefer hängen ließ. Im Herbst hielten einige Blätter länger durch als andere, und viele kamen noch zu einem eigenen kleinen Tanz, bevor sich alle auf der Erde sammelten. Zusammen würden sie so viel wiegen wie ein ganzer Koffer, und tatsächlich waren sie ja monatelang mit dem Baum und der Erde um die Sonne gereist.

Leider endete meine enge Beziehung zu der Ulme eines Tages. Ein Gutachter glaubte, die Wurzeln des Baums könnten in das Fundament des Hauses eindringen, woraufhin beschlossen wurde, ihn zu fällen. Ich erinnerte mich daran, dass eine ganze Bürgerbewegung in den siebziger Jahren zum Leben erwacht war, als einige der Ulmen Stockholms einem U-Bahn-Aufgang Platz machen sollten. Protestierende Ulmenfreunde hatten sich schnell in Hängematten und Zelten in und zwischen den Bäumen verschanzt und nach einigen Kämpfen gelang es ihnen, die Bäume zu retten. Ich hatte weniger Erfolg, so dass meine Ulme umgesägt wurde, was sich als unnötig erweisen sollte, denn die Wurzeln waren außerhalb des Fundaments geblieben. Aber zwischen ihnen sah man noch mehr. Die Geschichte der Ulme war nicht vorbei. Aus dem Baumstumpf wuchsen neue Schösslinge, und ich bekam eine Scheibe des Baumstamms, in die seine Geschichte eingeschrieben war.

Ich hatte die Ulme immer von oben gesehen. Es war ein ungewöhnlicher Blickwinkel, und jetzt sah ich sie von innen. Nahe der Mitte gab es ein Loch nach einem alten Angriff durch Fäulnis, die der Baum erfolgreich abgewehrt hatte. Darum herum wölbten sich Jahresringe, die vom Aufwachsen des Baums erzählten. Auf der Seite, die dem Haus zugewandt gestanden hatte, waren die Ringe schmaler als auf der anderen, wo es mehr Raum und Licht gegeben hatte. Manche Ringe waren außerdem dünner und in offenbar härteren Jahren entstanden. Als ich zählte, sah ich, dass die Ulme gerade vierzig geworden war. In diesem Alter pflegen Ulmen zu blühen. Wenn alles gut geht, können sie fünfhundert Jahre alt werden, falls ihr Holz da nicht längst in einen schön geäderten Tisch oder den Boden eines Segelboots verwandelt worden war.

Was kann das Innerste eines Baums uns sagen? Ist sein Holz für ein Musikinstrument bestimmt, wird die Lebensgeschichte des Baums in Betracht gezogen. Geigenbauer möchten für die Decke des Instruments Fichten haben, die im Lauf der Jahreszeiten langsam gewachsen sind, gern mit strengen Wintern und schneidenden Bergwinden, die den Bäumen starke Fasern gegeben haben. Der Boden der Geigen soll dagegen aus Griechischem Ahorn sein, der sich in einer gänzlich anderen Umwelt entwickelt hat. Damit die Holzarten harmonieren, muss ein sogenannter Stammstock zwischen ihnen Vibrationen vermitteln, und damit keine Nebentöne die Resonanz stören, müssen die Proportionen auf den Millimeter genau stimmen. Weil das Material lebt, muss man das Instrument dann auch regelmäßig spielen.

***

Kam etwas vom Wesen der Bäume in Geigen, Gitarren und Holzblasinstrumenten zum Ausdruck? Oder was sagten die lebenden Bäume selbst? Ihre Anatomie unterschied sich schließlich völlig von unserer, sie mussten also auf andere Weise kommunizieren. Ich hatte mit meiner Schwester darüber geredet, die in ihrem Garten regelmäßig mit einem Kirschbaum sprach. Ich selbst suchte lieber nach wissenschaftlichen Erklärungen, die sich tatsächlich einstellten.

Bäume sind nicht so einsam, wie sie aussehen, da sie eine Partnerschaft mit den größten Organismen der Erde eingegangen sind, mit Pilzen, die kilometerweite Wurzelsysteme haben können. Schon in der frühen Geschichte der Vegetation versorgten sie Pflanzen mit Mineralien, die sie aus dem Felsgrund aufsaugten, und als sie ihre Wurzelfäden um die Wurzeln der Bäume schlangen, gewannen beide Partner etwas. Die Bäume gaben etwas von der Sonnenenergie ab, die sie aufgenommen hatten, und die Pilze gaben ihnen im Gegenzug Nährstoffe und einen Zugang zum Netzwerk ihrer Wurzeln, durch das die Bäume die chemische Verbindung zwischen ihren inneren Teilen zu anderen Bäumen ausdehnen konnten. Sie erhielten ein verborgenes Kontaktnetz. Nach und nach arbeiteten die meisten Pflanzen mit Hilfe von Pilzen zusammen, obwohl die Kommunikation solchen, die man veredelt hatte, etwas schwererzufallen schien.

Jedenfalls ist es offensichtlich so, dass Bäume sich füreinander interessieren. Sie erkennen ihre Geschwister und können sich ein wenig nach ihren Bedürfnissen richten. Schlägt ein Baum wegen eines Insektenangriffs Alarm, können die Nachbarn schnell eine eigene Verteidigung mobilisieren. Eichen geben bittere Gerbstoffe an ihre Blätter ab und die der Sal-Weiden enthalten bitteres Salicin. Andere Stoffe locken die Feinde der Angreifer an, die dann ebenfalls die Attacke bekämpfen. Handelt es sich dagegen um einen natürlichen Schaden, bildet der Baum lediglich heilende Wundhormone und beunruhigt andere nicht.

Natürlich wirft die Kommunikation der Bäume Fragen auf. Es ist zwar ein Kontakt mit Hilfe von Molekülen, aber hinter jeder Kommunikation steht dennoch irgendeine Form von Bewusstsein auf beiden Seiten. Was ein Bewusstsein ist oder wo sein Sitz ist, darüber ist man sich nie wirklich einig geworden. Dennoch hatten Neurologen und Kognitionswissenschaftler erklärt, alle Tiere mit einem Nervensystem könnten subjektive Erlebnisse haben. Das galt für Tiere, aber wie sah es bei Pflanzen aus?

Diese Frage war seit der Antike immer wieder aufgekommen und unterschiedlich beantwortet worden. Demokrit sah in Bäumen auf den Kopf gestellte Menschen mit den Gehirnen in der Erde. Pythagoras hegte den Verdacht, dass die Seelenwanderung auch Pflanzen einschloss und aß deshalb keine Bohnen. Aristoteles störte die Unbeweglichkeit der Pflanzen, so dass er ihnen nur eine niedere Art von Seele zusprach.

In diesem Stil ging es weiter. Die sogenannten Panpsychisten sahen in allem Lebenden ein Bewusstsein, während Rationalisten wie Descartes in allem außer den Menschen seelenlose Maschinen sahen. Er war nämlich von der großen Erfindung des siebzehnten Jahrhunderts beeinflusst, der mechanischen Pendeluhr, die damals begonnen hatte, die Zeit zu registrieren. Im achtzehnten Jahrhundert wurde diese mechanische Sicht der Natur von Rousseau nachdrücklich verworfen, der sich im Gegensatz zu Descartes in der Natur bewegte und sie deshalb besser kannte. Aus ähnlichen Gründen klärte Linné darüber auf, dass Pflanzen sich vermehrten und außerdem schliefen, da sie nachts neue Stellungen einnahmen, was doch ein gewisses Bewusstsein im wachen Zustand voraussetzte. Im neunzehnten Jahrhundert brachte auch Darwin Argumente gegen Descartes' mechanisches Bild von der Natur vor. In seinen Augen gab es nur einen graduellen Unterschied zwischen dem Bewusstsein bei Menschen und bei anderen Tieren, und der Gedanke, dass auch Pflanzen eine Art Intelligenz besitzen konnten, war ihm ebenfalls nicht fremd.

Mit der Zeit fanden technische Experimente Eingang in die Diskussion. Eines von ihnen entstand eher zufällig in einem ungewöhnlichen Zusammenhang. 1966 wollte Cleve Backster, Vernehmungsspezialist bei der CIA, Polizisten beibringen, einen Lügendetektor oder Polygraphen zu bedienen. Dieser registriert unter anderem eine vermehrte Feuchtigkeit in der Haut, so dass Backster eines Morgens eine Idee kam, als er die Topfpflanzen im Büro goss. Konnte der Polygraph die Geschwindigkeit des Wassers von den Wurzeln zu den Blättern messen? Er schloss die Elektrode des Apparats an die Blätter an, aber es passierte nichts. Daraufhin machte sich seine Erfahrung als Vernehmungsleiter bemerkbar. Konnte eine härtere Vorgehensweise eine Reaktion hervorlocken? Was passierte, wenn er das Blatt ein wenig anzündete. Der Polygraph schlug sofort aus. Der bestürzte Backster wusste nicht, was er glauben sollte. Konnten Pflanzen sensibel auf Bedrohungen reagieren? Und wenn es so war, was für ein Kommunikationssystem besaßen sie?

Seine weiteren Experimente erregten Aufmerksamkeit und ernteten Widerspruch. Es war nicht abwegig, dass Pflanzen eine innere Kommunikation besaßen, da sie genau wie wir einen Kreislauf hatten. Dass sie sich untereinander verständigten, galt dagegen als absurd. Doch ein halbes Jahrhundert später stellte man auch an der Landwirtschaftsuniversität fest, dass sowohl Weizen als auch Maispflanzen einander über Wurzeln und Luft kleine Botschaften zukommen lassen konnten. Besaßen Pflanzen eine Sensibilität auf Zellen- oder Molekularniveau? Ein neues Forschungsgebiet war geboren und erhielt den Namen Pflanzenneurobiologie.

***

Zu ihrem Zentrum wurde das *International Laboratory of Plant Neurobiology* in Florenz, wo dessen Gründer Stefano Mancuso eine Hypothese erproben wollte. Besaßen Pflanzen eine Art Schwarmintelligenz wie Ameisen?

Ganz neu war die Idee nicht. Maurice Maeterlinck war ein ähnlicher Gedanke gekommen, denn neben seinen Büchern über Bienen und Ameisen schrieb er auch ein Werk mit dem Titel *Die Intelligenz der Blumen*, und ein Vergleich zwischen Pflanzen und Ameisen erschien ihm offenbar nicht weit hergeholt. Nun war Maeterlinck

Schriftsteller, kein Naturwissenschaftler, und Intelligenz lässt sich schon beim Menschen schwer definieren. Aber hundert Jahre nach seinem Buch klärte Professor Mancuso die Begriffe auf wissenschaftlichere Art. Intelligenz war für ihn die Fähigkeit, die Probleme zu lösen, mit denen das Leben einen konfrontierte, und technisch ließ sich das so beschreiben, dass auf äußere Stimuli flexible Antworten gegeben wurden. Das ließ sich im Prinzip auf elektromagnetischer oder molekularer Ebene studieren.

Mancuso war überzeugt, dass sich im Laufe der Evolution verschiedene Arten von Intelligenz entwickelt hatten. Eine war verknüpft mit großen, leistungsstarken Gehirnen wie beim Menschen und erinnerte an Supercomputer. Eine andere Form von Intelligenz war dagegen verteilt wie in Millionen miteinander verbundenen Rechnern. Obwohl jeder einzelne nur eine begrenzte Kapazität besaß, erreichte ihre Zusammenarbeit eine beachtliche Komplexität. Auf diese Weise konnten Bienen, Ameisen und Pflanzen zugleich Individuen und Teile eines größeren Ganzen sein.

Ich dachte an meine Begegnungen mit einzelnen Bienen und Ameisen und an ihre fortschrittlichen Staaten. Dann verglich ich sie mit Pflanzen. Dass auch sie Individuen waren, sah man in kleinen Details, die jede Blume einzigartig machten. Andererseits bedeutet »Individuum« im Grunde »unteilbar«, und man kann Gras schneiden und Ableger von Geranien nehmen, ohne dass sie sterben. Bäume können dadurch, dass man sie beschneidet, sogar gestärkt werden.

Aber es gab eine Erklärung. Pflanzen sind anders aufgebaut als wir. Bei uns führt es sofort zum Tod, geköpft zu werden, während geköpfte Insekten kurze Zeit überleben können und Pflanzen gar keinen Kopf haben. Für sie, die ständig von anderen gefressen werden und nicht fliehen können, wäre es fatal, alles Lebenswichtige an derselben Stelle zu haben, deshalb sind ihre Sinne verteilt. Es sind keine Augen, Nasen und Münder wie bei uns, aber Sinneszellen in den Blättern fangen Licht auf und tastende Wurzeln spüren, wo es in der Erde Wasser und Nährstoffe gibt. Sie können außerdem den Weg dorthin finden und bilden mehr Wurzeln, um aufzunehmen, was sie benötigen. Spüren sie schädliche Stoffe wie Blei oder Kadmium, entziehen sie sich ihnen.

Über der Erde bewegen die Pflanzen sich genauso viel. Wenn man alle zwanzig Sekunden eine Aufnahme von Blumen macht und die Bilder zu einem Film zusammenfügt, sieht man, wie wild entschlossen sie sich aus dem Erdreich hochkämpfen. Sie folgen dem Lauf der Sonne in kleinen, rasenden Spiralen, während sie sich gerade hochstrecken und nur nachts entspannen. Kletterpflanzen suchen zudem den Weg zu einer Stütze und greifen nach ihr. Stellt man eine Harke neben Geißblattpflanzen, finden diese den Weg zu ihr. Die Fleisch fressenden Pflanzen, die ihre Nahrung aus Insekten beziehen, erkennen sogar deren Berührung, um sich daraufhin schnell um sie schließen zu können.

Vielleicht nehmen Pflanzen auch Laute wahr. Man hat in Wurzelspitzen eine Art Klicken gehört, das vermutlich entsteht, sobald Zellwände während ihres Wachstums platzen, und wenn dieses Klicken von anderen Wurzeln aufgefangen werden kann, würde dies ein Mysterium erklären. Eine einzige Pflanze kann Millionen Wurzelspitzen haben, aber sie verheddern sich niemals ineinander. Irgendwie müssen sie also die Lage aller anderen erfassen. Das erinnerte mich daran, wie jeder einzelne Vogel und Fisch im Schwarm über seine Nachbarn Bescheid weiß, so dass sie niemals zusammenstoßen. Jedenfalls sammelten Pflanzen in den Wurzeln offenbar Informationen wie in einer Art Gehirn. Und genau das hatte Demokrit geglaubt.

Die bloße Möglichkeit, dass Wurzeln auf Laute reagieren konnten, spornte zu weiteren Experimenten an. Mancuso ließ in einem Weinberg eine Musikanlage installieren. Nach fünf Jahren konnte man festhalten, dass die Weinranken, die sich nahe der Musik befunden hatten, besser gewachsen waren als andere. Die Trauben reiften früher und hatten mehr Geschmack und Farbe, und als zusätzlicher Pluspunkt schien die Musik Schadinsekten zu verwirren, so dass die Winzer den Einsatz von Bekämpfungsmitteln verringern konnten. Entscheidend war für die Weinranken jedoch nicht die Melodie, sondern die Klangfrequenz. Bestimmte Intervalle im Bassregister schienen das Wachstum zu begünstigen, während höhere Frequenzen hemmend waren.

Einen weiteren Beleg für die Theorie lieferte ein japanisches Lebensmittelunternehmen, denn dort hatte man festgestellt, dass Pilze zu Trommelklängen besser wuchsen. Australische Forscher griffen den Faden auf – sie fanden heraus, dass Weizen auf eine Art Klopfen mit einer Frequenz von 220 Hertz reagierte, weil die Wurzelspitzen sich dorthin orientierten. Wurden Organismen womöglich von Vibrationen beeinflusst? Mancusos Erkenntnissen nach zu urteilen, konnten Pflanzen so wie viele Tiere das elektromagnetische Feld der Erde wahrnehmen. Die Wurzeln von Kressepflanzen orientierten sich gern daran.

Immer neue Fragen ergaben sich. Konnte die Sensibilität der Pflanzen sogar als eine Art von Gefühlen gedeutet werden? Winzern zufolge wurde geernteter Wein manchmal auf eine verblüffende Weise gestört. Es passierte zweimal im Jahr, zunächst während der Blüte der Weinranken und danach während der Weinlese. Dann trübten sich junge Weine für ein paar Tage ein, obwohl sie in Fässern oder Flaschen weit vom Ort der Ernte gelagert wurden. War es ein bleibender, vererbter Lebensrhythmus oder eine Sympathieäußerung? Wenn Pflanzen eine Form von Bewusstsein besaßen, war es nicht abwegig, die Frage nach ihren Gefühlen zu stellen.

***

Fragen dieser Art veranlassten uns, über all das nachzudenken, was auf dem Tisch der Veranda stand. Konnten auch Wein und Weizen ihre Umgebung spüren, gab es denn wirklich überall eine Wahrnehmung? Saßen wir mitten in einem vibrierenden Netz aus Empfindungen von Pflanzen und Tieren? War das ein Kennzeichen des Lebens?

Die energiegeladenen Kinder waren eine Weile Versteckenspielend unsichtbar gewesen, aber so langsam wurde es Zeit für sie, ins Bett zu kommen. Ihre Väter hatten eine Sommertradition aufgegriffen, die meine Schwester und ich früher gehabt hatten, und machten eine Woche gemeinsam ohne ihre Frauen Urlaub. Da sowohl die Kinder als auch die Väter im Sommerhaus schlafen sollten, wurde dort eine Weile geräumt, während meine Schwester etwas Zeit mit den kleinsten verbrachte.

Ich selbst machte einen abendlichen Rundgang auf dem Grundstück. Was ging eigentlich in all den prall mit Saft gefüllten Stämmen, expansiven Ästen und tastenden Wurzelsystemen vor? Unter meinen Füßen kommunizierten Baumwurzeln bestimmt genauso wie Ameisen, und wie sie wurden auch die Bäume von ihren Kontakten gestärkt. Gemeinsam konnten sie Wälder als eine Art Superorganismen bilden.

Das ließ sich vielleicht auch über unsere Kulturen und Gesellschaften sagen, aber die Pflanzen hatten einen einfühlsameren Kontakt zur Erde, da sie buchstäblich in ihr lebten. Was das anging, hatte Professor Mancuso einen zeittypischen Trost zu bieten. Er glaubte, dass eine Zukunftstechnologie die Pflanzen zu unseren Dolmetschern machen konnte, die uns über die Luft- und Bodenqualität, Giftwolken oder bevorstehende Erdbeben informierten. Gemeinsam konnten sie ein *greenternet* werden.

Jedenfalls hatte sich herausgestellt, dass sie ziemlich viel von der Welt um sie herum wahrnahmen. Sie reagierten auf Licht, Klangvibrationen und Chemie und waren ständig in Bewegung. Dass sie in meinen Augen stillzustehen schienen, lag daran, dass mein Sehvermögen und Gehirn die Zeit anders deuteten. Pflanzen lebten einfach in einem anderen Zeitrhythmus, einer anderen Sinneswelt und Kommunikation, aber deshalb konnte ich meine eigenen Maßstäbe und Ausdrucksweisen beim besten Willen nicht zur allgemeinen Norm erheben.

***

Andererseits hatte alles, was lebte, im tiefsten Inneren eine verwandte Kommunikation. Sie befand sich auf der Zellebene, und dort schienen Tier- und Pflanzenwelt sich fast zu begegnen. Tierzellen ähnelten tatsächlich den Pflanzenzellen am äußeren Ende der Wurzeltriebe.

Das entdeckte Darwin, als er Pflanzenwurzeln mit den Gehirnen von Regenwürmern verglich. Ein großer Teil seiner Forschung galt gerade der Botanik und den Regenwürmern, obwohl man über Letzteres lange Zeit lieber den Mantel des Schweigens breitete. Es war schon schlimm genug, dass unsere Vorfahren ihm zufolge Affen waren, und hätte man begriffen, dass unser Stammbaum auch Würmer einschloss, hätte er sich unmöglich gemacht. Zu allem Überfluss war er der Auffassung, dass sie eine gewisse Intelligenz besaßen. Also wurde seine Forschung zu ihnen bis in die dreißiger Jahre des vorigen Jahrhunderts verschwiegen, als sie vom amerikanischen Erfinder des Stahlpflugs herangezogen wurde.

Es war nichts Neues, dass Regenwürmer den Erdboden bearbeiten. Im alten Ägypten verbot Kleopatra ihre Ausfuhr, denn ohne die Würmer wäre das Niltal niemals fruchtbar genug gewesen, um eine blühende Zivilisation hervorzubringen. Strebsame Würmer können innerhalb eines Jahrzehnts eine zehn Zentimeter dicke Erdschicht so umwälzen, dass sie gelüftet wird und neue Nahrung erhält.

Darwins Interesse galt allerdings nicht den landwirtschaftlichen Talenten der Würmer. Ihn beschäftigten die Parallelen zu Pflanzen. Sie waren ihm aufgefallen, als er versuchte, ihre Sinne zu verstehen. Ihr Sehvermögen testete er, indem er Kerzen neben sie stellte, und das Gehör untersuchte er, indem er ihnen Instrumente vorspielte. Weder Fagott noch Spielzeugflöte ließen sie reagieren, und als er sie anschrie, zeigte auch das keine Wirkung. Wenn er sie in einem Krug voller Erde auf das Klavier stellte, geschah dagegen etwas. Die Töne ließen sie in den Humus hinabkriechen. Wie die Pflanzen konnten sie also Vibrationen in der Erde wahrnehmen. Trugen die Schwingungen des Klangs sogar eine Kommunikation? Auch sie selbst stießen nämlich schwach, aber regelmäßig Töne aus.

Als ihr Geruchssinn an der Reihe war, interessierten sie sich weder für Parfüms noch für Tabakrauch. Dagegen reagierten sie auf den Geruch ihrer Lieblingsnahrung, wodurch Darwin außerdem ermitteln konnte, was sie am liebsten fraßen. Sie kosteten ihre Nahrung genau wie wir und fanden, dass Blätter von einer Vogelkirsche besser schmeckten als Haselstrauchlaub. Kohl, Möhren, Sellerie und Meerrettich mochten sie ebenfalls, Kräuter wie Salbei, Thymian und Minze rührten sie dagegen kaum an.

Als er seine Vergleiche zusammenfasste, war die Nähe zu Pflanzen auffällig. Weil sie in der Erde lebten, hatten sie zudem ähnliche Sinne. Wie Pflanzen haben Würmer einen besonderen Tastsinn und wie sie besitzen sie Lichtsinneszellen statt Augen. Genau wie Pflanzen können Würmer die Chemie der Erde ohne die Hilfe von Geschmacksknospen oder Nasen beurteilen, und wie Pflanzen bestehen sie aus mehreren Segmenten, die ohneeinander auskommen können. Auch wenn Würmer, im Unterschied zu Gras, nicht von Vieh gegrast werden, gibt es doch zahlreiche Tiere, die sie fressen, von Dachsen bis zu Vögeln, ja, manchmal auch bis hin zu Fischen. Es reicht also nicht, dass Regenwürmer sich zahlreich vermehren. Sie müssen auch einen Teil ihres Körpers verlieren können, ohne zu sterben. Im Namen der Wissenschaft sind die Ärmsten fast vierzigmal geteilt worden, ehe sie aufgaben.

Am wichtigsten sind für sie die Vorderteile. Wie Wurzelspitzen haben sie zum einen die Kraft, sich durch die Erde zu bohren, zum anderen die Fähigkeit, Alarmpheromone zu verströmen. Die Würmer sondern sie an unangenehmen Stellen ab, die sie in Zukunft meiden wollen, aber manchmal auch, wenn sie auf einen Angelhaken gespießt werden. Es ist schon vorgekommen, dass Fische, die das merkten, so abgeschreckt wurden, dass sie nicht anbissen.

Natürlich unterscheiden sich die Würmer trotz allem von Pflanzen. So wird ihr rotes Blut von fünf Herzen durch den Körper gepumpt, auch wenn diese eher verdickte Adern mit Muskelklappen sind. Sie haben außerdem ein Gehirn und obwohl es nur ein vergrößerter Nervenknoten ist, funktioniert es so gut, dass sie Entschlüsse fassen, sich orientieren und neue Dinge lernen können. Sie wählen sorgsam unter den Blättern aus, die sie fressen, und wenn die Nahrung in ihre Erdgänge hinuntergezogen werden soll, testen sie verschiedene Lösungen, um die effektivste zu finden. Ihre glatten Körper können sich mit Hilfe kleiner Borsten in der Erde abstoßen, und wenn die Blätter auf die bestmögliche Art zusammengerollt und hinuntergezogen worden sind, verschließen sie die Öffnungen, um sich vor morgendlichen Vögeln zu schützen.

Es stellte sich mit anderen Worten heraus, dass diese nackten, kleinen Därme komplexer waren, als man geahnt hatte. Im zwanzigsten Jahrhundert erkannte man zudem, dass ihre Nutzung in der Volksmedizin durchaus ihre Berechtigung hatte. Sie konnten für Schwangerschaftstests benutzt werden und enthielten eine fiebersenkende Substanz, ihre Chemie war also alles andere als banal. Am interessantesten war jedoch letztlich die Ähnlichkeit mit den Wurzelspitzen der Pflanzen, weil sich daraus eine größere Frage ergab. Wie scharf waren eigentlich die Grenzen, die der biologischen Systematik zugrunde lagen? Pflanzen und Tiere gingen schließlich auf einen gemeinsamen Ursprung zurück und manche Organismen schienen fast schon mit einem Bein in jedem der beiden Reiche zu stehen.

***

Als die Kinder ins Bett gebracht wurden, kam es zu einem kleinen Zwischenfall. An einem der Etagenbetten wurde eine belebte Ameisenstraße entdeckt. Die Reaktionen waren gemischt. Ein Kind wollte fasziniert alles über Ameisen erfahren, die anderen wollten sie dagegen möglichst schnell loswerden. Ich verstand beide Lager. Fürs Erste konnte ich jedenfalls eine der Ameisendosen heraussuchen, die *Anticimex* mir geschickt hatte. Sie mussten irgendwo im Tischlerschuppen liegen.

Dort hatte ich auch noch etwas anderes gesehen, was die Kinder interessieren könnte. Auf dem morschen Hackklotz lag eines Tages ein gelbes Kissen. Im ersten Moment dachte ich, es wäre etwas, das der Fuchs dorthin gelegt hatte, aber als ich näher heranging, erwies es sich als ein Schleimpilz. Es fiel einem nicht schwer zu verstehen, warum er auch Hexenbutter genannt wurde. Der Schleimpilz konnte sich fortbewegen. Eigentlich bewegen Pilze sich überirdisch nicht, weshalb manche Biologen Schleimpilze zum Tierreich zählen wollten. Darauf reagierten andere Biologen empört, da Schleimpilze ihrer Ansicht nach zum Pflanzenreich gehörten, da sie Sporen verbreiteten.

Keiner der streitenden Biologen hatte recht. Schleimpilze sind weder Tiere noch Pflanzen noch Pilze. Sie sind eher Amöben, da sie aus einer einzigen Zelle bestehen. Aber auch einzelne Zellen können zu vielem fähig sein. Sie sind in der Lage, sich gegenseitig zu erkennen, miteinander zu kommunizieren und sich an andere zu erinnern, und wenn sie wie Schleimpilze keine Zellwände haben, können sie sich zu einer einzigen Zelle mit vielen Kernen vereinen. Während die Kerne hin und her strömen, bewegt sich der gesamte Zellklumpen, und während dieser Bewegungen löst er gierig alle Bakterien auf, die er findet. Der Schleimpilz frisst. Es ist verständlich, dass er die Systematiker verwirrt hat.

Als ich jetzt nach der Hexenbutter sah, war sie vom Hackklotz verschwunden, und ein träger Zellklumpen war für Kinder vielleicht auch gar nicht so spannend. Aber der Forschung hatten Schleimpilze etwas aufgezeigt, das für die Entwicklung des Lebens wichtig war. Die vielen Kerne illustrierten, was passieren kann, wenn einzellige Organismen anfangen zusammenzuarbeiten. Als Schleimpilze in Labyrinthen getestet wurden, bewiesen sie ein bemerkenswertes Gedächtnis. Wie die Ameisen erinnerten sie sich anhand der Duftspuren, die sie hinterließen, aber im

Gegensatz zu ihnen wollten sie nicht zu ihren eigenen Spuren zurückfinden. Wenn sie ihren eigenen Duft wahrnahmen, schlugen sie im Gegenteil einen anderen Weg ein, damit sie abgefressene Bereiche vermieden. Trotzdem erhielten die Forscher dadurch einen Anhaltspunkt, denn ein solches äußeres Gedächtnis bildete wahrscheinlich den ersten Schritt zu einem inneren Gedächtnis.

Man konnte das wohl kaum primitiv oder dürftig nennen, denn unsere eigenen äußeren Erinnerungen bildeten die Eckpfeiler der Kultur. Ich selbst hatte gerade beim Memoryspiel der Familie verloren, bewegte mich aber ziemlich gewandt unter äußeren Erinnerungen wie Büchern. Die Schleimpilze zeigten ja gerade, dass äußere Erinnerungen eine wesentliche Rolle im Leben gespielt hatten, auch wenn sie keine festgeschriebene Form besessen hatten.

In meinen Augen sagte die Hexenbutter außerdem nicht nur etwas über die Entwicklung des Gedächtnisses. Sie bewies auch etwas, das Pflanzen betraf. Selbst Organismen ohne Augen, Gehirn und Nervensystem konnten sich in ihrer Umgebung orientieren, und sich erinnern.

* * *

Als ich eine Ameisendose gefunden hatte, blieb ich noch einen Moment vor dem Sommerhaus stehen. Das Geißblatt hatte gerade begonnen, seinen Duft zu verströmen, und er wallte genauso üppig hervor wie die Blüten. Bald würden Dämmerungsfalter raschelnd zwischen den Nektarhöhlen der entfalteten Blütenblätter schwärmen.

Der Duft bildete die Essenz einer Sommernacht und rief halb vergessene Erinnerungen an andere Abende wach, an denen ich die Pflanzen in Felsspalten hatte klettern sehen. Es verbargen sich ja nicht nur bei Ameisen und Hexenbutter Erinnerungen in Düften. Meine Schwester konnte sich noch an den Augenblick erinnern, als unsere Mutter ihr eine Waldhyazinthe gezeigt hatte, während sie sich zu ihrem Duft vorbeugte: »Riech mal!« Damit öffnete sich die Waldlichtung zu einer kleinen Welt, die noch ein halbes Jahrhundert später lebendig war.

Eigentlich war es erstaunlich, dass körperlose Düfte fähig waren, etwas Totes und Aufgelöstes von Neuem aufleben zu lassen. Marcel Proust hatte mit Hilfe eines süßen kleinen Gebäckstücks die Erinnerungen eines ganzen Lebens entwirrt. Dass der Geruchssinn bei Demenz verblasst, spricht Bände, denn obwohl Düfte so flüchtig sind wie der Augenblick, können sie Momente und Orte aufscheinen lassen, die man seit Langem verlassen hat. Weil sie uns über Millionen Jahre hinweg durch das Leben lotsten, hatten wir wie alle Wirbeltiere zwei Nasenlöcher bekommen, um herausfinden zu können, woher Gerüche kamen. Als wir mit Hilfe von Namen Karten über das zeichneten, was wir gesehen hatten, war das nicht mehr so wichtig, woraufhin die Düfte in eine anonymere Schattenwelt abglitten.

Zur blinden und tauben Helen Keller sprach ihre Welt allerdings noch. Sie konnte anhand ihrer Lage Landschaften aus Wiesen, Ställen und Kiefernwäldchen genauso sicher beschreiben, als hätte sie diese gesehen. Auch die Menschen, denen sie begegnete, wurden durch ihre Düfte charakterisiert, ähnlich wie andere ihre Freunde an der Stimme wiedererkennen. Sie merkte, ob sie aus dem Garten oder der Küche kamen, und ein besonders intensiver Duft ging für sie von Menschen aus, die große Vitalität besaßen.

Genauso wichtig war der Geruchssinn für Kaspar Hauser, der in seiner Kindheit in einem dunklen Raum gefangen gewesen war. Schloss er die Augen, konnte er allein anhand des subtilen Dufts der Blätter Obstbäume unterscheiden. Dagegen war er lange allen Eindrücken hilflos ausgeliefert, die unter Menschen auf ihn einstürmten.

Gehörten die schwebenden Moleküle von Düften zu den ursprünglichsten Ausdrucksformen des Lebens? Wie die Pheromone des Tierreichs lieferten sie eine unvermittelte Lebensessenz, und das war über Millionen Jahre hinweg entscheidend gewesen. Durch den Duft fanden Neugeborene zur Milch der Mutter, und es war der Geruch, der uns vor verdorbenen Lebensmitteln warnte. Schon von fern konnte ein Duft auch von anderen erzählen. War es ein Raubtier, was sich dort näherte, eine mögliche Beute oder ein denkbarer Partner? Um jedes Wesen erschufen hunderttausende organische Moleküle eine einmalige Signatur.

Wenn Düfte die Artgrenzen überschreiten, werden sie weniger klar gedeutet. Ein aromatischer Nadelwaldduft missfällt Mikroben meist, da er Terpene enthält und aus dem gleichen Grund verabscheuen Zecken, Motten und Läuse Lavendelduft. Wir haben dagegen die gleiche Auffassung von Wohlgeruch wie Bienen. Deshalb leihen wir uns Düfte von Blumen, ähnlich wie die Schmetterlinge, die einen Partner anlocken, indem sie riechen wie Rosen. Parfüms sind seit tausenden Jahren aus Blütenblättern, Fruchtschalen, Samen und Blättern, ja, sogar aus Wurzeln und Rinde erschaffen worden. Ihre ätherischen Essenzen lassen sich kombinieren wie die Klänge in der Musik, weshalb sie Kopfnoten, Herznoten und Basisnoten genannt werden. Ein Parfümeur des neunzehnten Jahrhunderts stellte aus ihnen eine ganze Tonleiter zusammen, bei der *d* für Veilchen, *e* für Akazie, *f* für Tuberose, *g* für Orangenblüte, *a* für frisch gemähtes Heu, *h* für Eberraute und *c* für Kampfer stand. Andere Blütendüfte konnten andere Tonleitern bilden, denn in der Welt der Düfte gibt es genauso viele Variationen wie in der Musik.

Die Kopfnoten erreichen als Erste die Nase und verfliegen am schnellsten. Die Herznoten erstrecken sich von Jasmin und Rosen bis zu den getrockneten Knospen von Gewürznelken. Unter den Basisnoten kann getrocknetes Eichenmoos nach Meeresstrand und regennassem Wald riechen. Aber die klassische Basisnote ist Sandelholz. Ihm wird nachgesagt, gleichzeitig beruhigend und erotisch anregend zu sein, denn Holzessenzen sind warm.

Es gibt auch animalische Basisnoten wie Ambra, diese mystische Essenz, der man früher einen ebenso hohen Wert zusprach wie Gold und Sklaven. Es behält seinen Duft jahrelang und kommt aus dem Innersten des Lebens im Meer. Einst bettete es Stücke von Tintenfischknochen im Magen des Pottwals ein.

Vage oder üppig, mild oder anregend – die Düfte der Parfüms werden aus allen Richtungen geholt, in denen das Leben brodelt und strömt. Wie das Leben und die

Musik verändern sie sich und verklingen sachte, und dennoch hat ihre stille, intensive Anrede uns immer begleitet. Ganz zu Anfang war der Geruchssinn bei uns nur ein Gewebeknoten am äußeren Ende einer Nervenfaser, aber im Laufe der Zeit wuchs er zu einem Gehirn. Einst glichen unsere Gehirnhälften also Knospen an einem Geruchsstiel, so ähnlich wie eine sprießende Blume. Man hat sogar formuliert, Gedanken seien dadurch entstanden, dass wir Düfte wahrgenommen hätten. Aber Gedanken gehören wohl kaum zur Sphäre des Geruchssinns. Seine Wurzel liegt im uralten limbischen System, das auch Gefühlsgehirn genannt wird, die Anknüpfungspunkte der Düfte sind also emotional.

Genau wie Gefühle lassen auch sie sich nur schwer beschreiben. Denn wie kann man einen Duft greifbar machen? Der römische Schriftsteller Lukrez glaubte, der Geruchssinn unterscheide die Form von Duftpartikeln. In den sechziger Jahren des vorigen Jahrhunderts kam eine ähnliche Theorie auf, in der es hieß, die Moleküle der Blütendüfte seien keilförmig, die des Moschusdufts scheiben- und die des Kampferdufts kugelförmig. Aber weder die Formen von Duftmolekülen noch chemische Formeln haben es leichter gemacht, Essenzen in Worte zu fassen. Parfümeure, die tausende Düfte unterscheiden, werden hilflos, wenn sie von ihnen erzählen sollen. Düfte gehören zu den Sprachen, die von keiner Grammatik gezähmt worden sind. Es geht bei ihnen um eine schwebende Chemie, verbreitet von Winden, Feuchtigkeit und Hitze, nahe am Hier und Jetzt und dem Leben der Erde.

Kann die Wurzel des Geruchssinns im Gefühlsgehirn

auch erklären, warum seit jeher so viel durch Blumen gesagt wurde? Sträuße hat man auf alles von Geburtstagstischen bis zu Gräbern gestellt, und für verliebte Paare gibt es sogar Blumensprachführer, die darüber aufklären, welche Gefühle verschiedene Arten in sich bergen. Das war eine Erfindung der Viktorianer, die ungern darüber sprachen, was Blumen und Bienen da trieben, aber verdeutlichten, wie Blumen dabei helfen durften, Gefühle auszudrücken.

Und es ging nicht nur um Gefühle. Auch wenn unsere Augen Millionen Farbnuancen wahrnehmen, können wir nur über die Handvoll sprechen, die einen Namen bekommen hat, und so haben uns auch dabei Blumen beigestanden. Die Farbe von Rosen ergab Rosa, und die Frucht des Apfelsinenbaums ergab Orange; von Veilchen stammte Violett, und der französische Name für Flieder ergab Lila. Die graublaue Farbe der Flachsblüte wird auf Französisch Flachsgrau genannt, *gris de lin*, woraus auf Schwedisch *gredelin* wurde, was die Farbpalette sofort aufhellte, denn der Ton wurde früher Braun genannt.

Im Grunde sprechen sowohl Farben als auch Düfte genauso intensiv zu uns wie zu den Bienen, aber über sie zu sprechen, ist etwas anderes, und noch schwieriger ist es, ihnen Leben einzuhauchen. Auf toten Pflanzen sind Worte weitergetragen worden. In Ägypten geschah es auf getrocknetem Papyrusgras, im Norden dagegen auf Stäbchen aus Buchenholz. Als Zeichen in sie geritzt wurden, entstand ein neues Wort, »Buchstabe«, und seither sind Milliarden Buchstaben auf Papier aus zermahlenen Bäumen geschrieben worden. Gemeinsam mussten sie etwas Größeres erschaffen, so wie die Bienen Honig aus Blüten herstellen, denn das Ergebnis soll eine Essenz des Lebens ergeben, die es auch in der Zukunft geben soll.

War das der Punkt, an dem Literatur und Biologie einander berührten? »Kultur« bedeutet »Anpflanzung«. Und natürlich können Ideen von anderen befruchtet werden wie Pflanzen und mit neuen Zweigen gepfropft werden wie Obstbäume. Kunterbunte Sätze können gejätet werden wie Beete, um einen organischeren Rhythmus zu erhalten, und Wörter können in andere Länder verpflanzt werden oder neue Hybride ergeben. Viele können sich in blühenden Assoziationen verzweigen und gemeinsam einer geschriebenen Welt Duft und Schatten verleihen.

Wenn ich es recht bedachte, gab es zwischen Literatur und Gartenkunst tatsächlich viele Berührungspunkte. Niemand kann sich mit der Natur messen, aber man konnte wie sie den Wörtern, Sätzen, Gedanken Zeit und Sorgfalt widmen. Ich verstand also nicht nur die Handwerker des Hauses. Ich fühlte auch mit dem Gärtner.

***

Die Urlaubstage mit der Familie waren intensiv in ihrer Zeitlosigkeit, und im Nachhinein war es tatsächlich, als wäre die Zeit in ein Samenkorn gepackt worden, aufgeladen mit der Kraft zu wachsen. Die Erinnerungen können sich ja wie die Vegetation weit erstrecken, es würde sie also auch dann noch geben, wenn alles, worum es in ihnen ging, verschwunden war.

Auf unserem Grundstück hatten die jüngeren Generationen weiter Urlaub gemacht, während ich woanders gewesen war. Als ich zurückkam, um mich mit dem Gärtner zu treffen, wuchsen zwischen blauen Beeren im Wald Schatten. Aber es gab auch eine größere Veränderung. Während der sommerlichen Dürre waren in der Nachbarschaft Brunnen versiegt, und auf unserem Grundstück waren fast alle Birken verdorrt. Sie hatten schon im August ihr Laub verloren, und die Blätter würden niemals wiederkehren.

Ich erinnerte mich an die Beschreibung von Yggdrasils Schicksal in der Edda und war verstimmt. Dort hatte sich der Lindwurm Nidhöggr nach und nach immer tiefer in seine Wurzel hineingefressen, und in Mimirs Brunnen begann das Wasser, das die zweite Wurzel nährte, zu faulen. Am Ende gab es nur noch die dritte Wurzel, an der die Nornen spannen, zwirnten und den Faden des Lebens kappten. Sie waren besorgt, als sie die Blätter an den Ästen gelb werden sahen, aber die Menschen Midgards lebten weiter wie eh und je, bis der Baum am Ende von einem Sturm gefällt wurde und das Wasser heranrauschte. Die Götter hatten die Weltenesche einem Weltenbrand überlassen, der den Himmel rot leuchten ließ.

Als ich um das Haus ging, sah ich, dass die Birke an der Hausecke die Trockenheit trotz allem überlebt hatte, vermutlich, weil ihre Wurzeln tief genug reichten. Sie hatte sicher gespürt, was den anderen Birken auf dem Grundstück zugestoßen war, weil sie bestimmt verwandt waren und die Bäume miteinander kommunizierten. Auf der anderen Seite des Hauses stand das trockene Skelett der Schwesterbirke als trauriger Blickfang an der Tür. Dort hatte ich im ersten Frühjahr einen baumelnden Nistkasten aufgehängt. Der Baum war immer voller Vögel gewesen, und im Juni hatte ich gesehen, wie ein Sperber in den Zweigschwall eintauchte, um sich eine Blaumeise zu greifen, so mühelos, als hätte er eine Frucht gepflückt. Es schmerzte, das zu sehen, aber der Baum hieß alle Vögel willkommen.

Und konnte nicht die üppigste Blüte auch die Ahnung vermitteln, dass das Leben den Tod in sich birgt? Ein Bestandteil des Fliederdufts im Frühling war eine organische Verbindung, Indol, die bei Fäulnis gebildet wird. Die gleiche Doppelung besaß das Sternsystem der Doldenblütler im Sommer. Einerseits gab es Petersilie, Pastinaken, Kümmel und Kerbel, die für Geschmack und Heilung stehen, andererseits aber auch Schierling, Wasserschierling; schleichendes Gift. Sie alle gehörten derselben Familie an und unterschieden sich nur durch kleine Merkmale in Stamm, Blatt, Frucht und Wurzel, Blütezeit und Standort. Zwischen Leben und Tod gab es eine eigentümliche Verbindung wie bei den rechten und linken Maschen beim Stricken. Die Hälfte aller Arten im Wald lebte von toten Bäumen, und die Pflanzen erhielten ihre Nahrung durch die Zersetzung, die Erde erschaffen hatte. Dennoch waren die Bestandteile immer da. Sie waren Zeichen dafür, dass die Fruchtbarkeit der Erde in einem Zusammenspiel von allem entstanden war, das gelebt hatte.

Als ich das tote Laub auf dem Boden zusammengeharkt hatte und zum Kompost brachte, kam es mir fast so vor, als wäre er die brodelndste Ecke des Grundstücks. Unten in der Muttererde gab es eine ebenso variationsreiche Landschaft, wie ich sie um mich herum sah. Dort vermengten sich Pollen mit zermahlenem Fels, Bakterien und unzähligen anderen kleinen Organismen. Irgendwo in den Wäldern aus Pilzmyzelien hatten Springschwänze ihre Liebesgärten. Irgendwo fand ein Käfer sein Mittagessen, fraß ein Hundertfüßer eine Assel. Es war ein wimmelndes, häufig namenloses Leben, denn nur ein Bruchteil aller Arten des Erdreichs sind bekannt. Dennoch waren sie es, die gemeinsam die Muttererde hervorgebracht hatten. Die alten Griechen betrachteten die Erde als ein Element, aber sie war ein fließendes Gemeinschaftswerk von Wasser, Luft, Partikeln und unzähligen Miniaturleben.

Ich hob einen Spatenstich vom Komposthaufen ab und betrachtete ihn. Darin gab es mit Sicherheit ein paar Millionen Bakterien, hunderttausend mikroskopisch kleine Würmer und vielleicht zwanzigtausend Milben unter diversen Pilzen und Algen. Diese Milliarden Vielfraße würden alles Verwelkte in die Nahrung der Vegetation verwandeln. Sie fraßen und tranken wie bei einem gigantischen Bankett. Hefepilze, die uns Bier und Wein, Käse und Brot bescherten, wandelten jetzt den Zucker der Blattreste in Alkohol um, den Bakterien verschlangen, um an andere Essigsäure abzugeben. Es war eine Verbrennung, so stark wie die Flamme des Lichts, und sie brachte alles dazu, sich zu drehen wie die Erde selbst, wodurch das Ende einer Geschichte zum Anfang einer anderen werden konnte.

Als ich im Kompost wühlte, ritzte ich mich an der Hand ein wenig auf, und ich ging sicherheitshalber hinein und wusch die Wunde aus. Bakterien sind tückisch. Weil ihre unzähligen Arten die Welt unter sich aufgeteilt haben, können sie, die Pflanzen nähren, in unserem Körper fatale Folgen zeitigen.

Es passiert so viel Eigenartiges unter Mikroben. Nicht genug, dass unterschiedliche Böden ihren ganz eigenen Bestand von ihnen haben können. Sie alle führen außerdem einen stillen Krieg gegen Pilze, die zu ihrer Verteidigung über eine Art antibiotische Waffe verfügen. Ohne etwas vom Krieg zwischen Bakterien und Pilzen zu wissen, bedeckte man im alten Ägypten offenbar Wunden mit einem Brei aus Schimmelpilzen, möglicherweise hatte man also gesehen, dass dies wirkte. Als der Zusammenhang im zwanzigsten Jahrhundert feststand, war auch das dem Zufall geschuldet. Alexander Fleming vergaß eine Schale mit Bakterien in seinem warmen Labor, und als er sie okkupiert von Schimmelpilzen vorfand, erkannte er den Zusammenhang.

Als Kind war ich ein Schlachtfeld für den Krieg von Bakterien und Pilzen gewesen. Ein übereifriger Arzt hatte meine wiederkehrenden Infektionen durch massive Dosen Antibiotika ein für alle Mal auskurieren wollen. Er meinte, dies werde sämtliche Bakterien ausmerzen, was teilweise wohl auch gelang. Doch plötzlich war ich unbeschreiblich müde und so gut wie gegen alles allergisch. Wir hatten damals Hunde, und die Waldspaziergänge mit ihnen entwickelten sich zu einer Qual, denn ich hatte das Gefühl, weder Tiere noch Pflanzen zu vertragen. Andererseits wollte ich auch nicht in einer sterilen Umgebung leben, so dass meine Mutter mit mir schließlich zu einem Naturheilpraktiker ging, durch dessen Behandlung die Allergien abklangen. Vielleicht wurde das Gleichgewicht zwischen Pilzen und Bakterien wiederhergestellt, als ich stärker wurde. Ich erinnere mich, dass die Kur unter anderem Pollendragees enthielt.

Man begriff erst später, dass sämtliche Bakterien des Körpers ebenso viel wiegen wie das Gehirn und auf ihre Art genauso wichtig sind wie dieses. Einige Arten trainieren das Immunsystem, andere bilden Enzyme oder Vitamine und setzen Nährstoffe frei, einige halten auf der Haut fremde Bakterien in Schach und manche senden Signalsubstanzen an das Gehirn, wo sie eine Rolle bei Depressionen, Autismus und ADHS spielen können. Wir beherbergen ein ganzes Ökosystem aus Bakterien, und alle werden in den richtigen Bereichen und Proportionen gebraucht. Ginge man bloß nach unseren Milliarden Bakterienzellen, könnten wir beinahe ihnen zugeordnet werden.

Und sie sind nicht nur viele, sondern besitzen auch eine unglaubliche Lebenskraft. Eine Bakterie, die zweihundertfünfzig Millionen Jahre in einem Salzkristall eingeschlossen gelegen hatte, erwachte durch etwas Feuchtigkeit und begann unverzüglich, sich zu vermehren. Vermehrung ist für Bakterien ein Kinderspiel. Da sie sich alle zwanzig Minuten teilen, multiplizieren sie sich genauso unaufhörlich, wie sie sterben. Sie bewegen sich mühelos zu Nährstoffen und spüren Veränderungen in Licht, Temperatur, Chemie und Magnetfeld. Untereinander können sie außerdem sowohl Moleküle als auch DNA austauschen und wie Ameisen große Netzwerke erschaffen. Man findet sie in allen Lebewesen der Erde, denn es gibt gute Gründe dafür, dass wir zusammenleben können. Wir haben einen gemeinsamen Ursprung in unserer ozeanischen Vergangenheit.

***

Die frühe Rolle von Bakterien in der Evolution wurde erst spät entdeckt. Die junge Biologin Lynn Margulis hatte in den sechziger Jahren eine Hypothese zu ihrer Bedeutung vorgestellt, aber damals sah man in ihr nur eine bizarre Rebellin. Sie wandte sich nämlich dagegen, wie die Entwicklungslehre normalerweise interpretiert wurde. Die Evolution wurde gemeinhin als ein Kampf beschrieben, aber ihrer Ansicht nach ging es eher um Ergänzungen als um Konkurrenz. Die natürliche Auslese mochte zwar aussortieren, konnte aber nichts Neues erschaffen. Dazu war hingegen ein Zusammenspiel fähig, denn es war ergiebiger zu addieren, als abzuziehen. Außerdem fand man die Überlebenden in erster Linie unter denen, die sich an ihre Umwelt angepasst hatten, und diese bestand aus anderen Lebewesen. Man war schlicht abhängig voneinander. Die Erde hatte wohl kaum acht Millionen Arten hervorgebracht, weil eine von ihnen begünstigt wurde.

Dass Zoologen die Entwicklung mit Tieren illustrierten, erschien Margulis ebenfalls irreführend. Die Tierwelt wurde erst spät zu einem Teil des Lebens, deshalb ging sie zu den ersten Zellen des Urmeeres zurück. Schon dort erahnte sie eine Symbiose. Ihre Hypothese lautete, dass Bakterien irgendwann seit Anbeginn des Lebens in andere Zellen eindrangen, wo sie zu einer Art Kraftzentren wurden. Wahrscheinlich hatte sich das Leben so in all seiner Vielfalt entwickeln können. Mit der Zeit sollte ihre Theorie von Genstudien bestätigt und sie selbst daraufhin als eine der zentralen Forscherinnen der modernen Biologie bezeichnet werden.

Es dauerte jedoch, bis sie Zuspruch bekam. Bakterien

im Stammbaum zu haben, war noch schlimmer, als von den Affen abzustammen, und der Artikel, in dem sie ihre These vertrat, wurde von fünfzehn wissenschaftlichen Zeitschriften nachdrücklich abgelehnt. Trotzdem setzte sie ihre Forschung unverdrossen fort.

So war ihr beispielsweise aufgefallen, dass Bakterien Gase produzierten, und sie ahnte, dass dies Einfluss auf die Atmosphäre gehabt hatte. Da sie mit dem Astrophysiker Carl Sagan verheiratet war, wusste sie, dass mikroskopische und astronomische Perspektiven in Einklang gebracht werden können. Und sie wusste, dass ihre Theorien auch von dem Biochemiker James Lovelock vertreten wurden, der für die NASA gearbeitet hatte.

Lovelock hatte die Atmosphäre der Erde mit der auf Mars und Venus verglichen und war auf Grund der Unterschiede zu einer entscheidenden Schlussfolgerung gekommen: Der Ursprung der Erdatmosphäre war biologisch. Offenbar war sie von den lebenden Organismen der Erde erschaffen worden, die sie immer noch zu regulieren schienen. Die Atmosphäre – die man Himmel genannt hatte – war genau wie Muttererde eine Schöpfung von allem, was auf der Erde gelebt hatte, und war deshalb einzigartig.

In gewisser Weise war es leichter geworden, die Erde aus dem Weltraum zu sehen als aus einer begrenzten Bodenperspektive. Die ersten Astronauten staunten über unsere blaugrün schimmernde kleine Perle. Sie sahen, wie ungehindert Regen und Winde sich um sie bewegten, denn es gab keine Grenzen, nur Übergänge wie zwischen Berg und Tal.

Als Margulis und Lovelock ihre Erkenntnisse zusammenführten, griffen die allerkleinsten und die allergrößten Perspektiven ineinander, und das war befruchtend. Sie entdeckten ein Zusammenwirken, das sich mit ständigen Rückkoppelungen von den Zellen bis zur Atmosphäre erstreckte. Es glich einem Gewebe, in dem Pflanzen, Tiere, Pilze und Mikroorganismen abhängig voneinander waren. Die Entwicklung war keine Leiter zu etwas Höherem, und das Neueste war nicht lebensfähiger als das Älteste. Die Bakterien, die als Erstes auf der Bildfläche erschienen waren, würden zweifellos alles andere überleben.

Und wie sollte die Hypothese nun genannt werden? Lovelock machte häufig lange Spaziergänge mit seinem nächsten Nachbarn, dem Schriftsteller William Golding. Er sollte später den Nobelpreis für Literatur bekommen, aber in seiner Jugend hatte er auch Naturwissenschaften studiert. Als Lovelock ihm von der These erzählte, die in Zusammenarbeit mit Margulis Gestalt annahm, war Golding begeistert. Konnte man sie nicht nach der alten Erdgöttin Gaia benennen? Auf Griechisch wurde sie auch Ge genannt, was man in »Geologie« und »Geographie« wiederfand. Es spielte sicher auch eine Rolle, dass Golding als Romancier daran gewöhnt war, dass eine Hauptperson die Handlung vorantrieb. In der griechischen Götterwelt war Gaia die Göttin der Erde, Mütterlichkeit und Fruchtbarkeit und weil Göttinnen leicht menschliche Züge bekamen, würde dies zum Verständnis beitragen können. Lovelock, der einen Hang zur Romantik hatte, übernahm Goldings Vorschlag und die Gaia-Hypothese bekam ihren Namen.

Lynn Margulis war damit allerdings nie zufrieden. Die Göttin Gaia war eine Metapher, die falsche Assoziationen heraufbeschwor. Es ging bei der Hypothese gerade nicht um eine einzelne Kraft, sondern ganz im Gegenteil um ein bewegliches Zusammenspiel zwischen sämtlichen Organismen der Erde, von Bakterien zu Pflanzen und Tieren. Man wollte nur zu gern menschliche Züge hinter dem erkennen, was das Leben auf der Erde steuerte, aber die These handelte vom Gegenteil.

Margulis' Skepsis erwies sich als berechtigt. Durch den Namen der alten Göttin wurde die Gaia-Hypothese mit okkulten New-Age-Fantasien assoziiert. Sie wurde außerdem als ein weibliches Prinzip gedeutet, und im gleichen Geist wurde Margulis selbst daraufhin als eine ungehorsame Mutter der Wissenschaft bezeichnet, sozusagen als eine moderne Gaia. Der Kernpunkt der These – die Verbindung zwischen allen Lebewesen der Erde – sollte stattdessen mit einem anderen Begriff verknüpft werden. Aristoteles verglich die Zusammenhänge der Erde ja mit einem gemeinsamen Haushalt, und das griechische Wort für Haus ergab die Bezeichnung Ökologie. Im neunzehnten Jahrhundert wurde diese von dem Biologen Ernst Haeckel aufgegriffen und in der neuerwachten Umweltbewegung der sechziger Jahre allgemeiner benutzt.

Lovelocks und Margulis' Theorie wurde mit der Zeit in den meisten wissenschaftlichen Kreisen unterstützt, wobei der Name Gaia allerdings sorgsam vermieden wurde. Stattdessen sprach man nun lieber von Geophysiologie oder *earth system science*, und das Zusammenwirken der Erde wurde mit einem technischen Bild illustriert: Sie wird mit einem Netzwerk aus verbundenen Computern verglichen. So hatte ja auch Stefano Mancuso die gekoppelte Intelligenz von Pflanzen und Ameisen erklärt. Im Großen wie im Kleinen – alles bestand aus Netzwerken.

***

Als ich am Kompost fertig war, setzte ich mich auf die Veranda und dachte über die verschiedenen Bilder für das Zusammenspiel auf der Erde nach. Ein Netz vermittelte sowohl Stärke als auch Verletzlichkeit, da jede Masche wichtig war. Das war etwas mehr als ein roter Faden, denn in der Erde werden Fäden zu einem Myzel wie dem unter den Bäumen. Und als ich die Birke an der Hausecke sah, dachte ich, dass auch der alte Weltenbaum ein treffendes Symbol war. Im Unterschied zu Göttinnen, Häusern und Computern war er etwas irdisch Lebendiges. Die Rinde der Birke war runzelig wie alte Haut, und dennoch wusste ich, dass die Knospen des Frühjahrs schon in den Ästen bereitlagen. Allen gemeinsam war der Stamm, obwohl der Baum ein genetisches Mosaik mit Kaskaden von Möglichkeiten war. Er lebte gerade durch seine Vielfalt. Jedes Teil war auf seine Weise vollendet, denn auch wenn sich das Leben verschwenderisch gibt, ist nichts sinnlos.

Der Stammbaum, den ich im Sommer für die Jüngsten gezeichnet hatte, galt der Familie. Aber wo verlief die Grenze zu allen anderen? In einem weitaus größeren Stammbaum hatten Forscher inzwischen den kleinsten gemeinsamen Nenner für alles Leben auf der Erde gefunden. Es war eine weitläufige Versammlung, die sich von Mikroben zu Pflanzen und Tieren erstreckte. Man nannte den Ursprung LUCA, was für *Last Universal Common Ances-*

tor stand. Möglicherweise war LUCA an mehreren Orten entstanden, aber es war auf jeden Fall eine Urzelle.

Ich ließ den Blick über die Birke, die Blaumeisen und den glitzernden Sund im Hintergrund schweifen. Wenn LUCA Nachkommen in allem Lebenden hatte, mussten die Zellen in meinem Körper mit denen in anderen verwandt sein, überall auf unserem Grundstück gab es also Verwandte. Auch wenn wir uns nicht ähnelten, war unser tiefstes Inneres uns allen gemeinsam.

Ich fand es unfassbar, dass die Zellen so unterschiedliche Organismen gebildet hatten, aber das Geheimnis lag natürlich in dem genetischen Alphabet, das ständig neue Welten erschuf, ähnlich wie Buchstaben und Bücher es tun. Eine Million Gene in mir waren der Beweis dafür. Eins von ihnen enthielt den Bauplan für mein Nervensystem, und einen solchen gab es auch bei Insekten und Würmern. Und mehr als das. Ich hatte auch Gene gemeinsam mit Bäumen und Lilien.

Natürlich beherbergte das Grundstück nur eine kleine Auswahl aller Lebewesen auf der Erde. Einen größeren Überblick hatte ich mir in einem naturhistorischen Museum verschafft, das erklärte, es präsentiere einen Ausschnitt aus der ganzen Spannweite des Lebens. Es begann mit dem Big Bang, mächtig an die Kuppel des Filmsaals projiziert, und als sich alle Grundstoffe gebildet hatten, entfaltete sich ein wimmelnder Sternenhimmel. Die neugeborene Erde wurde herangezoomt, lodernd von Vulkanausbrüchen unter Meteoritenschauern. Anschließend folgten der glutroten Erde die lavaschwarze und die frostweiße Erde, ehe die grüne Erde das Leben gedeihen ließ.

Ich setzte meinen Weg durch Säle voller Mineralien fort, gemustert von der Zeit oder zu Edelsteinen zusammengepresst. Ich sah die Abdrücke von Fossilien inmitten der Schalen von Tintenfischen und der Schädel von Urahnen. Ich kam an Karawanen von Tieren vorbei, die ausgestorben oder nur gestorben waren. Bei einem ausdruckslos starrenden Dachs eilte ich in einen Raum, in dem Schmetterlinge wie verschwundene Augenblicke festgenadelt worden waren. Unter ihnen waren Käfer, formiert zu schimmernden Armeen, und in anderen Vitrinen leuchteten die Gefieder von Vögeln, bewahrt mit Hilfe von Arsen. Ein berühmtes Herbarium gab unter seinen trockenen Raritäten nach.

Aber etwas fehlte in diesen Sälen und Vitrinen. Es war das Leben, das sich stetig weiterstreckt, um sich zu ernähren, zu paaren, zu kommunizieren, zu jagen oder zu fliehen, alles in einem innigen Verhältnis zu Erde, Wasser und Himmel und zueinander. Es war ein niemals endendes Zusammenspiel, das alles leben ließ, unersättlich in seinem Hunger nach Leben und nach noch mehr Leben. Die Wände, die man zwischen verschiedene Arten stellte, hatten zwei Seiten, die zusammengehörten. Ich wusste jetzt, dass die Wände des Hauses, in dem ich schlafen würde, mit Ameisen und Bienen gefüttert waren, und die Decke war auf die gleiche Weise ein Vogelfußboden, wie der Fußboden zu einer Decke für Füchse werden konnte.

***

Dennoch blieb eine Frage: Wie wurde dieses lebendige Ganze zusammengehalten? Ich dachte daran, wie Myriaden von Punkten in pointillistischer Kunst Figuren bilden können wie die Pixel auf einem Bildschirm. Je mehr Punkte, desto schärfer das Bild, jeder Punkt kann also zu Nuancen und Details beitragen.

Sie alle in einer Erzählung zu vereinen, war nicht möglich, und in einer Geschichte wird ja alles aus einer einzigen Richtung betrachtet. Im Gewimmel des Lebens war das nicht so. In einem Malkurs lernte ich jedoch, wie die Perspektive Tiefe durch den Goldenen Schnitt erhielt, den die Renaissance betonte. Erstaunlicherweise schien sich das in der Natur widerzuspiegeln. Der Schriftsteller Peter Nilson erkannte die Proportionen des Goldenen Schnitts in den Strukturen von Schnecken, Zapfen und Sonnenrosen, gehorchten Natur und Kunst also ähnlichen Gesetzen?

Als Astronom fand Nilson sogar Berührungspunkte zwischen den Formen des Universums und der Musik. Die vibrierenden Bewegungen der Uratome setzten sich durch den Kosmos fort und konnten in Computern zu einem sogenannten Funkelrauschen werden. Es wurde nicht nur in entlegenen Sternsystemen, sondern auch im Rauschen der Wasserläufe und Winde unserer Erde, in Naturkatastrophen und den Schwankungen der Börsenkurse entdeckt.

Auch zwischen Lebewesen gab es verwandte Klangmuster. Spielte man den Gesang eines Gibbonaffens mit doppelter Geschwindigkeit ab, klang er wie Vogelgesang, und spielte man ihn langsamer, ähnelte er Walgesang. Druckte man die Tonkurve aus, ergab sich ein gemeinsames Muster, ungefähr so, wie ein Zweig einem Baum gleicht. Das Andersartige lag in der Tonleiter und im Tempo.

Und etwas von dem, was trennte, wurde ausgerechnet

vom Tempo kompensiert. Eine Biene ist fähig, in einer Sekunde hundertmal schnellere Bewegungen wahrzunehmen, als ich sehen kann. Auch andere kleinere Tiere mit schnellerem Stoffwechsel nehmen mehr von der Welt in sich auf als größere. In Kleinvögeln und Mäusen ticken die Herzschläge sechshundertmal in der Minute, als wären sie flatternde Blätter im Wind. In Walen, die dafür viel länger leben, erfolgen die Herzschläge hundertmal langsamer, so dass es bei kleinen wie großen in einem Leben gleich viele geben kann.

Ließen sie sich als Taktarten verstehen? Wenn Insekten sich in Sechzehntelnoten bewegten und Rehe in Viertelnoten, füllte das Trotten des Dachses eine ganze Note. Sie alle waren unterwegs wie in einer strömenden Musik mit unendlichen Variationen. Unter ihnen lag ein gemeinsamer Orgelpunkt im Magnetfeld des Erdkerns. Es fluktuierte zwischen acht- und sechzehnmal pro Sekunde. Den gleichen Rhythmus hatte mein Gehirn im Ruhezustand. Ein schwindelerregender Gedanke. Waren wir etwa genauso gestimmt wie die Erde?

Daraufhin fiel mir die Aufnahme der NASA von der elektromagnetischen Vibration der Erde ein. Verwandelt in Klänge wurde daraus eine brausende Harmonie ohne Anfang oder Ende. War alles Leben des Planeten Teil dieses Rauschens? Der Biochemiker Jesper Hoffmeyer nannte die gesamte Sphäre von Kommunikationen der Erde die Semiosphäre und wie eine biologische Sprachlehre enthielt sie Millionen Ausdrucksweisen. Da waren Düfte, Farben und Formen; chemische Signale, Berührungen und Bewegungen; Wellen aller Art und elektrische Felder, kurzum

Lebenszeichen. Da waren die Modulationen der Amsel, die Quinte der Kohlmeise und das Flügelsirren der Insekten. Da waren die Walgesänge und verschiedenen Laute der Fische zwischen dem Trommeln der Mollusken. Da waren heulende Paarungslaute, das perlende Schnauben der Fuchsmütter, das Grummeln der Dachse, die Gesänge der Waldmäuse im Ultraschallbereich und die schwachen Töne der Regenwürmer.

Im tiefsten Inneren jedes Lebewesens lagen zudem still vibrierende Akkorde der Gene. Sie waren mit einer Musik verglichen worden, die auf einem Instrument mit vier Tönen gespielt wurde. Ein Gen konnte hundert Akkorde enthalten, und gemeinsam mit anderen variierten sie die alten Themen zu immer neuen Klängen. Sie hörten niemals auf, denn das Leben war eine stets unvollendete Symphonie.

* * *

Die Luft war spätsommerklar und leicht. Für die Zugvögel wurde es allmählich Zeit aufzubrechen. Sie waren sicher schon dabei, ihren mageren Reiseproviant zu speichern, ehe sie die Landschaften der Erde unter sich wechseln sahen.

Ich träumte nicht mehr davon, sie zu begleiten. Die gesättigte Luft, die sie trug, existierte auch hier. Sie enthielt tausende Düfte, Vibrationen von Flügelschlägen und Millionen vergangener Atemzüge. In ihr gab es sogar verstreute Teile vom Leben der Erde, denn in den Molekülen der Luft fanden sich Spuren von Hunderten verschiedener Algen, vierzigtausend Pilzsporen und Pollen von zehntausend Pflanzen. Zwischen ihnen schwebten außerdem mikroskopisch kleine Partikel von Salz, Asche, Lehm und Topas, als hätte die ganze Welt sich in der grenzenlosen Luft sammeln wollen. Auch ich trug zu ihr bei, denn Stunde um Stunde lösten sich eine Million winziger Hautpartikel von mir, viele von ihnen mit irgendeinem unsichtbaren Passagier.

Nichts davon nahmen meine Sinne wahr. Sogar die Nervenzellen, die in meinem Gehirn eine Welt errichteten, waren mir unbekannt. Sie waren so viele, wie es Sterne in der Milchstraße gab, so dass alles, was ich auffasste, in ihren maßlosen Verästelungen Platz fand. Wenn ich etwas dachte, wurde es dort im selben Moment wiedererschaffen, und wenn anderes meine Aufmerksamkeit auf sich zog, lebte es im Verborgenen weiter, wie alles rund um das Haus dies tat, wenn ich den Blick abwandte.

Dennoch nahm ich nur einen Bruchteil von allem um mich herum wahr. In Gedanken verglich ich meine Sinne mit den sensiblen Sinnen anderer Lebewesen. Füchse können die Borsten eines Regenwurms durch das Gras streichen hören, und tastende Pflanzenwurzeln vernehmen die vage Chemie der Erde. Aale fangen einen Fingerhut von einer Essenz auf, die in einem See verteilt wurde, während Delfine mit Hilfe des Echolots die Natur von etwas erfassen können, das hunderte Meter entfernt ist. Die Gehirne der Zugvögel enthalten Kompass, Wetterradar und GPS, und eine männliche Mücke riecht den Duft einer weiblichen noch aus mehreren Kilometern Entfernung. Ameisen erschaffen die Infrastruktur eines ganzen Staats durch Düfte.

Und wie viel nehmen Bienen wahr? Auf ihren weitläufigen inneren Karten ist jede Blüte mit dem Zeitpunkt eingezeichnet, an dem sie sich öffnet sowie mit der Flugzeit dorthin.

Man stelle sich vor, all diese spezialisierten Sinne könnten zusammengeführt werden. Was würden sie dann zeigen? Waren wir tatsächlich Teile eines Bilds oder von Musik? Sie konnte in einem Strom erschaffen werden, der seine Form aus dem erhielt, was ihn füllte, und vielleicht erhielt das Leben ja so ein Zentrum im kleinsten Getier und Halm.

Lief ich hier sogar herum und liebte das Leben durch all die Formen, in die es sich gekleidet hatte? Auf der Erde blühten noch die Fetthennen. Ein Stiel war umgeknickt, und ich stellte ihn zwischen ein paar Zweige in einem Krug auf den Verandatisch. Sofort kam eine Spätsommerhummel, um nach Nektar zu suchen. Flügelsirren und Blätterrauschen hüllten mich in den Klang des Lebendigen. Dann wurde die Westwand von einem Ast der Birke berührt, und als ich aufblickte, hatte sich gerade ein Eichhörnchen gemütlich auf dem Baum hingelegt. Seinem schmalen Schwanz nach zu urteilen, gehörte es der neuen Generation an, die das Grundstück bald übernehmen würde. Schläfrig betrachtete es mich und schloss dann eine Weile die Augen. Auf der Erde gab es tausend Arten, die ich niemals gesehen hatte, und tausend Sprachen, die ich nicht beherrschte, aber es gab auf ihr auch wortlose Begegnungen, wie jetzt. Ich war glücklich.

Ratatöskr, dachte ich. Bleib hier. Wir müssen auf den Baum achtgeben.

Literatur

Die unzähligen Fakten der Welt können sagenhafter sein als jede Fiktion. In einem Buch mit tausenden Informationen aus hunderten Quellen sind alle wichtig. Würde im Text auf sie hingewiesen, wäre dieses Buch jedoch eine wissenschaftliche Abhandlung, kein literarischer Essay. Stattdessen sind die Quellen zu sämtlichen Fakten, die ich referiere, im folgenden Literaturverzeichnis angegeben. Mein großer Dank gilt den unzähligen Forschern, die hinter ihnen stehen.

N.B.

In die Natur

Barnes, Jonathan, *Aristotle. A Very Short Introduction*, Oxford 2000.

Burton, Nina, *Gutenberggalaxens nova. En essäberättelse om Erasmus av Rotterdam, humanismen och 1500-talets medierevolution*, Stockholm 2016.

Farrington, Benjamin, *Die Wissenschaft der Griechen und ihre Bedeutung für uns (Von Thales bis Aristoteles)*, Wien 1947.

Leroi, Armand Marie, *Die Lagune oder wie Aristoteles die Naturwissenschaften erfand*, Darmstadt 2017.

Das blaue Dach

Ackerman, Jennifer, *Die Genies der Lüfte. Die erstaunlichen Talente der Vögel*, Reinbek bei Hamburg 2017.

Alderton, David, *Animal Grief. How Animals Mourn*, Poundbury 2011.

Bach, Richard, *Die Möwe Jonathan*, Berlin 1970.

Barnes, Simon, *The Meaning of Birds*, London 2016.

Bastock, Margaret, *Das Liebeswerben der Tiere. Eine zoologische Untersuchung*, Stuttgart 1969.
Bright, Michael, *Intelligence in animals*, New York 1994.
Burkhardt, Dietrich (Hg.), *Signale in der Tierwelt. Vom Vorsprung der Natur*, München 1966.
Burton, Nina, *Den hundrade poeten. Tendenser i fem decenniers poesi*, Stockholm 1988.
Caras, Roger, *Privatleben der Tiere. Verhaltensforschung in Bildern*, Freiburg im Breisgau 1977.
Chaline, Eric, *50 Tiere, die unsere Welt veränderten*, Bern 2014.
Edberg, Rolf, *Spillran av ett moln*, Stockholm 1966/68.
Fridell, Staffan & Svanberg, Ingvar, *Däggdjur i svensk folklig tradition*, Stockholm 2007.
Graebner, Karl-Erich, *Natur. Reich der tausend Wunder*, Gütersloh 1971.
Gorman, Gerard, *Woodpeckers*, London 2018.
Griffin, Donald R, *Animal Minds*, Chicago 1992.
Hagberg, Knut, *Svenskt djurliv i mark och hävd*, Stockholm 1950.
Haupt, Lyanda Lynn, *Mozart's Starling*, New York 2017.
Ingelf, Jarl, *Sjukvård i djurvärlden*, Stockholm 2002.
Isaacson, Walter, *Leonardo da Vinci. Die Biographie*, Berlin 2018.
King, Doreen, *Squirrels in your garden*, London 1997.
Linsenmair, Karl-Eduard, *Wie die Alten sungen. Warum singen die Vögel?*, Stuttgart 1968.
Lorenz, Konrad, *Er redete mit dem Vieh, den Vögeln und den Fischen*, Wien 1951.
-*Das Jahr der Graugans*, München 1979.
Lagerlöf, Selma, *Nils Holgerssons wunderbare Reise durch Schweden. Mit einem Nachwort von Thomas Steinfeld*, Berlin 2014.
Leroi, Armand Marie, *Die Lagune oder wie Aristoteles die Naturwissenschaften erfand*, Darmstadt 2017.
Marend, Mart, *Vingkraft*, Klintehamn 2012.
Meijer, Eva, *Die Sprachen der Tiere*, Berlin 2018.
Milne, Lorus J. und Margery, *Die Sinneswelt der Tiere und Menschen. Fragen, Ergebnisse und Ausblicke der vergleichenden Sinnesphysiologie. Für Wissenschaftler und Naturfreunde*, Hamburg 1963.
Nilson, Peter, *Sternenwege. Ein Buch über den Kosmos*, Marburg 1993.
Robbins, Jim, *The Wonder of Birds*, London 2018.
Rosen, Björn von, *Samtal med en nötväcka*, Stockholm 1993.

Rosenberg, Erik, *Fåglar i Sverige*, Stockholm 1967.
Rådbo, Marie, *Ögon känsliga för stjärnor. En bok om rymden*, Stockholm 2008.
Safina, Carl, *Die Intelligenz der Tiere. Wie Tiere fühlen und denken*, München 2017.
Sax, Boria, *Crow*, London 2017.
Taylor, Marianne: *401 Amazing Animal Facts*, London 2010.
Tinbergen, Nikolaas, *Tiere und ihr Verhalten*, Reinbek bei Hamburg 1976.
Ulfstrand, Staffan, *Flugsnapparnas vita fläckar. Forskningsnytt från djurens liv i svensk natur*, Stockholm 2000.
-*Fågelgrannar*, med Sven-Olof Ahlgren, Stockholm 2015.
Wallin, Nils L., *Biomusicology. Neurophysiological, Neuropsychological and Evolutionary Perspectives on the Origins and Purposes of Music*, New York 1992.
Watson, Lyall, *Der unbewußte Mensch*, Frankfurt am Main 1979.
- *Geheimes Wissen. Das Natürliche des Übernatürlichen*, Frankfurt am Main 1976.
Wickler, Wolfgang, *Sind wir Sünder? Naturgesetze der Ehe*, München 1969.
Wills, Simon, *A History of Birds*, Barnsley 2017.
Wohlleben, Peter, *Das Seelenleben der Tiere. Liebe, Trauer, Mitgefühl – erstaunliche Einblicke in eine verborgene Welt*, München 2016.
Zänkert, Adolf, *Das große Wandern. Die Reisen der Tiere*, Stuttgart 1958.

Artikel:

Bounter, David och Shah, Shailee, A Noble Vision of Gulls, Summer 2016 issue of Living Bird Magazine.
Burton, Nina, Den sagolika verklighetens genre, De Nios litterära kalender 2007, Stockholm 2007.
Denbaum, Philip, Kråkor, Dagens Nyheter, 8.2.2018.
Ekstrand, Lena, Därför är kråkfåglar så smarta, Göteborgs Posten, 18.12.2016.
Olkowicz, Seweryn, u.a., Birds have primate-like number of neurons in the forebrain, Proceedings of the National Academy of Sciences 13. Juni 2016.
Snaprud, Per, Så hittar fåglarna, Dagens Nyheter, 11.5.2002.
Svahn, Clas, 2,9 miljarder fåglar har försvunnit i Nordamerika på 50 år, Dagens Nyheter 19.9.2018.

Symposium der Kungliga Fysiografiska sällskapet 14.9.2017 Palaestra et Odeon, Lund, *The Thinking Animal – are other animals intelligent?*
Bugnyar, Thomas, *Testing bird brains. Raven politics.*
Emery, Nathan, *Bird brains make brainy birds.*
Roth, Gerard, *What makes an intelligent brain intelligent?*

http://classics.mit.edu/Aristotle/history_anim.mb.txt
https://www.natursidan.se/nyheter/talgoxar-som-attackerar-smafaglar-utspritt-fenomen-som-dokumenterats-länge
https://www.svt.se/nyheter/lokalt/skane/talgoxen-utmanar-schimpansen
https://fof.se/tidning/2015/6/artikel/var-smarta-smafagel
https://djurfabriken.se/kycklingfabriken

Flügelsirren an der Tür

Ackerman, Jennifer, *Die Genies der Lüfte. Die erstaunlichen Talente der Vögel*, Reinbek bei Hamburg 2017.
Bergengren, Göran, *Meningen med bin*, Stockholm 2018.
Boston, David H., *Beehive Paintings from Slovenia*, London 1984.
Bright, Michael, *Intelligence in Animals*, New York 1994.
Burkhardt, Dietrich (Hg.), *Signale in der Tierwelt. Vom Vorsprung der Natur*, München 1966
Caras, Roger, *Privatleben der Tiere. Verhaltensforschung in Bildern*, Freiburg im Breisgau 1977.
Carson, Rachel, *Der stumme Frühling*, München 1963.
Casta, Stefan & Faberger, Maj, *Das kleine Hummelbuch*, Frankfurt am Main 2017.
Chaline, Eric, *50 Tiere, die unsere Welt veränderten*, Bern 2014.
Comont, Richard, *Bumblebees*, London 2017.
Dröscher, Vitus B., *Magie der Sinne im Tierreich. Neue Forschungen*, München 1966.
Goulson, Dave, *Und sie fliegt doch. Eine kurze Geschichte der Hummel*, München 2014
-*Wenn der Nagekäfer zweimal klopft. Das geheime Leben der Insekten*, München 2016.
-*Die seltensten Bienen der Welt. Ein Reisebericht*, München 2017.
Graebner, Karl-Erich, *Natur. Reich der tausend Wunder*, Gütersloh 1971.
Griffin, Donald R, *Animal Minds*, Chicago 1992.

Hanson, Thor, *Buzz. The Nature and Necessity of Bees*, N.Y. & London 2018.
Hansson, Åke, *Biet och bisamhället, i Landskap för människor och bin*, Stockholm 1981.
Klinting, Lars, *Mein kleines Insektenbuch*, Hamburg 1992.
Lindroth, Carl H., *Myran Emma*, Stockholm 1948.
-*Från insekternas värld*, Stockholm 1963.
Lloyd, Christopher, *The Story of the World in 100 Species*, London 2016.
Meijer, Eva, *Die Sprachen der Tiere*, Berlin 2018.
Milne, Lorus J. und Margery, *Die Sinneswelt der Tiere und Menschen. Fragen, Ergebnisse und Ausblicke der vergleichenden Sinnesphysiologie. Für Wissenschaftler und Naturfreunde*, Hamburg 1963.
Möller, Lotte, *Wie Bienen und Menschen zueinanderfanden. Ein Streifzug durch Jahrhunderte und Jahreszeiten*, München 2019.
Mossberg, Bo & Cederberg, Björn, *Humlor i Sverige. 40 arter att älska och förundras över*, Stockholm 2012.
Munz, Tania, *Der Tanz der Bienen. Karl von Frisch und die Entdeckung der Bienensprache*, Wien 2018.
Nielsen, Anker, *Insekternas sinnesorgan*, Stockholm 1969.
Russell, Peter, *Der menschliche Computer*, München 1982.
Safina, Carl, *Die Intelligenz der Tiere. Wie Tiere fühlen und denken*, München 2017.
Sverdrup-Thygeson, Anne, *Libelle, Marienkäfer & Co. Die faszinierende Welt der Insekten und was sie für unser Überleben bedeuten*, München 2019.
Thomas, Lewis, *Das Leben überlebt. Geheimnis der Zellen*, Köln 1976.
Tinbergen, Nikolaas, *Tiere und ihr Verhalten*, Reinbek bei Hamburg 1976.
Watson, Lyall, *Geheimes Wissen. Das Natürliche des Übernatürlichen*, Frankfurt am Main 1976.
Wohlleben, Peter, *Das Seelenleben der Tiere. Liebe, Trauer, Mitgefühl – erstaunliche Einblicke in eine verborgene Welt*, München 2016.

Artikel:

Aktuellt i korthet. Särbegåvad. Att bin kan räkna … Sveriges Natur 4/2018.
Humlan känner igen ditt ansikte, Allt om vetenskap 17.8.2007.
Humlor - smartare än du tror, TT, Aftonbladet 24.2.2017.
Jones, Evelyn, Därför kan vi inte leva utan insekterna, Dagens Nyheter, 16.3.2019.

Nordström, Andreas, Kärleken till humlan hänger på håret, Expressen 10.3.2011.
Ottosson, Mats, Lycklig av bin, Sveriges Natur 1/05.
Pejrud, Nils, Humlor och blommor – en elektrisk kärlekshistoria, svt.se/nyheter/vetenskap, 21.2.2013.
Studie visar att insekter har ett medvetande, TT, Dagens Nyheter 19.4.2016.
Undseth, Michelle, TT, Insekter har medvetande, SVT vetenskap 18.4.2016.

Symposium der Kungliga Fysiografiska sällskapet 14.9.2017 Palaestra et Odeum, Lund, *The Thinking Animal – are other animals intelligent?*
Chittka, Lars, *Are insects intelligent?*

https://natgeo.se/djur/insekter/vin-kan-också-bli-ledsna
https://svenskhonungsforadling.se/honung/honungsskolan
https://www.biodlarna.se/bin-och-biodling/biodlingens-produkter/honung
https://meinhoney.com/news/the-researchers-found-that-a-honeybee-has-the-same-amount-of-hairs-as-a-squirrel-3-million
the-same-amount-of-hairs-as-a-squirrel-3-million
https://www.bumblebeeconservation.org/bee-faqs/bumblebee-predators/
https://tv.nrk.no/serie/insekter-og-musikk

Die Ameisenwand

Bright, Michael, *Intelligence in Animals*, New York 1994.
Burton, Nina, *Det splittrade alfabetet. Tankar om tecken och tystnad mellan naturvetenskap, teknik och poesi*, Stockholm 1998.
-*Det som muser viskat. Sju frågor och hundra svar om skapande och kreativitet*, Stockholm 2002.
Caras, Roger, *Privatleben der Tiere. Verhaltensforschung in Bildern*, Freiburg im Breisgau 1977.
Dröscher, Vitus B., *Magie der Sinne im Tierreich. Neue Forschungen*, München 1966.
Goulson, Dave, *Wenn der Nagekäfer zweimal klopft. Das geheime Leben der Insekten*, München 2016.
Graebner, Karl-Erich, *Natur. Reich der tausend Wunder*, Gütersloh 1971.

Griffin, Donald R, *Animal Minds*, Chicago 1992.
Hölldobler, Bert & Wilson, Edward, *Der Superorganismus. Der Erfolg von Ameisen, Bienen, Wespen und Termiten*, Berlin 2010.
Ingelf, Jarl, *Sjukvård i djurvärlden*, Stockholm 2002.
Johnson, Steven, *Emergence. The connected lives of ants, brains, cities, and software*, New York 2001 & 2004.
Lindroth, Carl H., *Från insekternas värld*, Stockholm 1962.
Lindroth, Carl H. & Nilsson, Lennart, *Myror*, Stockholm 1959.
Martinson, Harry, *Vinden på marken*, Stockholm 1964.
Maeterlinck, Maurice, *Das Leben der Bienen*, Leipzig 1901.
Maeterlinck, Maurice, *Das Leben der Ameisen*, Stuttgart 1930.
Milne, Lorus J. und Margery, *Die Sinneswelt der Tiere und Menschen. Fragen, Ergebnisse und Ausblicke der vergleichenden Sinnesphysiologie. Für Wissenschaftler und Naturfreunde*, Hamburg 1963.
Nielsen, Anker, *Insekternas sinnesorgan* Stockholm 1969.
Russell, Peter, *Der menschliche Computer*, München 1982.
Safina, Carl, *Die Intelligenz der Tiere. Wie Tiere fühlen und denken*, München 2017.
Sverdrup-Thygeson, Anne, *Libelle, Marienkäfer & Co. Die faszinierende Welt der Insekten und was sie für unser Überleben bedeuten*, München 2019.
Taylor, Marianne, *401 Amazing Animal Facts*, London 2010.
Thomas, Lewis, *Das Leben überlebt. Geheimnis der Zellen*, Köln 1976.
Wilson, E.O., *Biologie als Schicksal. Die soziobiologischen Grundlagen menschlichen Verhaltens*, Frankfurt am Main 1980.
Wilson, E.O., *Ameisenroman*, München 2011.
Wohlleben, Peter, *Das geheime Netzwerk der Natur. Wie Bäume Wolken machen und Regenwürmer Wildschweine steuern*, München 2017.

Artikel:

Exploderande myror, Svenska Dagbladet, 9.7.2018.
Johansson, Roland, Vägbygget som inte behöver planeras, Svenska Dagbladet 9.2.2019.
Myror kan räkna, Allt om vetenskap Nr. 6-2011.
Rosengren, Izabella, Kyssens korta historia, forskning.se, 14.2.2017.
Thyr, Håkan, Myror mäter med pi, Ny Teknik 2000.
Wallerius, Anders, Prat med myror blir möjligt, Ny Teknik 20-08.

Verandablick zum Wasser

Ackerman, Diane, *The Human Age. The World Shaped by Us*, New York 2014.
Beerling, David, *The Emerald Planet*, New York 2007.
Black, Maggie, *Wasser ist Leben*, Zürich 2004.
Bright, Michael, *Intelligence in Animals*, New York 1994.
Burkhardt, Dietrich (Hg.), *Signale in der Tierwelt. Vom Vorsprung der Natur*, München 1966
Burton, Nina, *Flodernas bok. Ett äventyr genom livet, tiden och tre europeiska flöden*, Stockholm 2012.
Capra, Fritjof, *Lebensnetz. Ein neues Verständnis der lebendigen Welt*, Darmstadt 1996.
Caras, Roger, *Privatleben der Tiere. Verhaltensforschung in Bildern*, Freiburg im Breisgau 1977.
Carson, Rachel L., *Geheimnisse des Meeres*, München 1952.
Chaline, Eric, *50 Tiere, die unsere Welt veränderten*, Bern 2014.
Davis, K.S. & Day, J.A., *Vatten, vetenskapens spegel*, övers. Leif Björk, Stockholm 1961.
Day, Trevor, *Sardine*, London 2018.
Dröscher, Vitus B., *Magie der Sinne im Tierreich. Neue Forschungen*, München 1966.
Edberg, Rolf, *Droppar av vatten, droppar av liv*, Höganäs 1984.
-Årsbarn med Plejaderna, Stockholm 1987.
Ellervik, Ulf, *Ursprung. Berättelser om livets början, och dess framti*d, Stockholm 2016.
Evans, Idrisyn Oliver, *Die Erde*, Stuttgart 1972.
Graebner, Karl-Erich, *Natur. Reich der tausend Wunder*, Gütersloh 1971.
Harari, Yuval Noah, *Eine kurze Geschichte der Menschheit*, München 2013.
Harari, Yuval Noah, *Homo Deus. Eine Geschichte von Morgen*, München 2017.
Henderson, Caspar, *Wahre Monster. Ein unglaubliches Bestiarium*, Berlin 2014.
Isaacson, Walter, *Leonardo da Vinci. Die Biografie*, Berlin 2018.
Kallenberg, Lena & Falk, Bisse, *Urtidsboken. Från jordens födelse till dinosauriernas undergång*, Stockholm 1996.
Kuberski, Philip, *Chaosmos*, New York 1994.
Lloyd, Christopher, *The Story of the World in 100 Species*, London 2016.

Meijer, Eva, *Die Sprachen der Tiere*, Berlin 2018.
Melville, Herman, *Moby Dick oder Der Wal*, München 2001.
Meulengracht-Madsen, Jens, *Fiskarnas beteende*, Stockholm 1969
Milne, Lorus J. und Margery, *Die Sinneswelt der Tiere und Menschen. Fragen, Ergebnisse und Ausblicke der vergleichenden Sinnesphysiologie. Für Wissenschaftler und Naturfreunde*, Hamburg 1963.
Nicol, Stephen, *The Curious Life of Krill. A Conservation Story from the Bottom of the World*, Washington 2018.
Nilson, Peter, *Sternenwege. Ein Buch über den Kosmos*, Marburg 1993.
Philbrick, Nathaniel, *Im Herzen der See. Die letzte Fahrt des Walfängers Essex*, München 2000.
Russell, Peter, *Der menschliche Computer*, München 1982.
Safina, Carl, *Die Intelligenz der Tiere. Wie Tiere fühlen und denken*, München 2017.
Sagan, Carl, *Die Drachen von Eden. Das Wunder der menschlichen Intelligenz*, München 1978.
Sörlin, Sverker, *Antropocen. En essä om människans tidsålder*, Stockholm 2017.
Teschke, Holger, *Heringe*, Berlin 2014.
Thomas, Lewis, *Das Leben überlebt. Geheimnis der Zellen*, Köln 1976.
Tinbergen, Nikolaas, *Tiere und ihr Verhalten*, Reinbek bei Hamburg 1976.
Waal, Frans de, *Are We Smart Enough to Know How Smart Animals Are?* New York 2016.
Watson, Lyall, *Der unbewußte Mensch*, Frankfurt am Main 1979.
Watson, Lyall, *Heaven's Breath. A Natural History of the Wind*, London 1984.
Watson, Lyall, *The Water Planet. A Celebration of the Wonder of Water*, New York 1988.
Wege, Karla, *Das Wetter*, Stuttgart 1992.
Welland, Michael, *Sand. The never-ending story*, Berkeley 2009.
Wilson, E.O., *Biologie als Schicksal. Die soziobiologischen Grundlagen menschlichen Verhaltens*, Frankfurt am Main 1980.
Wilson, E.O., *Die Hälfte der Erde. Ein Planet kämpft um sein Leben*, München 2016.
Wohlleben, Peter, *Das Seelenleben der Tiere. Liebe, Trauer, Mitgefühl – erstaunliche Einblicke in eine verborgene Welt*, München 2016.
Zänkert, Adolf, *Das große Wandern. Die Reisen der Tiere*, Stuttgart 1958.

Artikel:

Backman, Maria, Tyst, vi störs! Sveriges Natur 5/2017.

-Känner med vän, Sveriges Natur 1/2020.

Bertilsson, Cecilia, Utan öron, inga ljud, Sveriges Natur 2/2004.

Britton, Sven, Cellerna dör för nästan, Dagens Nyheter 28.3.1995.

Brusewitz, Martin, Alger, hajp eller hopp? Sveriges Natur 2/18.

Djur i rymden, Dagens Nyheter 6.2.2013.

Djuret som lurar evolutionen, Forskning och Framsteg 20.4.2019.

Högselius, Per, Spår i sand berättar om jordens historia, Svenska Dagbladet 14.4.2011.

Kerpner, Joachim, Vattnet på väg att ta slut i 17 länder, Aftonbladet 7.8.2019.

Livet uppstod i en vattenpöl, Illustrerad vetenskap 20.4.2019.

Schjærff Engelbrecht, Nønne/TT, 33 storstäder hotas av vattenbrist, Svenska Dagbladet 7.8.2019.

Thorman, Staffan, Att leva i vatten, ur utställningskatalogen Vatten. Myt. Konst. Teknik. Vetenskap, Lövstabruk 1991.

Symposium der Kungliga Fysiografiska sällskapet 14.9.2017 Palaestra et Odeum, Lund, *The Thinking Animal – are other animals intelligent?*

Mather, Jennifer, Mind in the water.

https://blueplanetsociety.org/2015/03/the-importance-of-plankton/

https://www.forskning.se/2017/09/18/fiskhonor-gillar-hanar-som-sjunger/

https://octopusworlds.com/octopus-intelligence

https://svt.se/nyheter/inrikes/odlad-lax-full-av-forbjudet-bekampningsmedel

https://tonyasumaa.wordpress.com/2013/09/30/varlden-konsumerar-143-miljarder-liter-olja-per-dag/

Die Kraft der Wildnis

Almqvist, Carl Jonas Love, *Ausgewählte Erzählungen*, Bochum 1979.

Angulo, Jaime de, *Indian Tales*, München 1984.

Baker, Nick, *Wild leben! Unser Weg zurück zur Natur*, Darmstadt 2018.

Barkham, Patrick, *Badgerlands. The Twilight World of Britain's Most Enigmatic Animal*, London 2013.

Bonniers stora verk om jordens djur, Stockholm 1996.

Dröscher, Vitus B., *Magie der Sinne im Tierreich. Neue Forschungen*, München 1966.
Dugatin, Lee Alan & Trut, Lyudmila, *Füchse zähmen. Domestikation im Zeitraffer*, Berlin 2017.
Fridell, Staffan & Svanberg, Ingvar, *Däggdjur i svensk folklig tradition*, Stockholm 2007.
Graebner, Karl-Erich, *Natur. Reich der tausend Wunder*, Gütersloh 1971.
Grahame, Kenneth, *Wind in den Weiden*, München 2004.
Hagberg, Knut, *Svenskt djurliv i mark och hävd*, Stockholm 1950
Handberg, Peter, *Jag ville leva på djupet*, Stockholm 2017.
Heintzenberg, Felix, *Nordiska nätter. Djurliv mellan skymning och gryning*, Lund 2013.
Ingelf, Jarl, *Sjukvård i djurvärlden*, Stockholm 2002.
Lindström, Erik, *Lär känna rödräven*, Stockholm 1987.
Lowen, James, *Badgers*, London 2016.
Meijer, Eva, *Die Sprachen der Tiere*, Berlin 2018.
Milne, Lorus J. und Margery, *Die Sinneswelt der Tiere und Menschen. Fragen, Ergebnisse und Ausblicke der vergleichenden Sinnesphysiologie. Für Wissenschaftler und Naturfreunde*, Hamburg 1963.
Safina, Carl, *Die Intelligenz der Tiere. Wie Tiere fühlen und denken*, München 2017.
Saint-Exupéry, Antoine de, *Der kleine Prinz*, Düsseldorf 2014.
Thomas, Chris D., *Inheritors of the Earth. How Nature Is Thriving in an Age of Extinction*, New York 2017.
Thoreau, Henry David, *Tagebuch I-V*, Berlin 2016–2022.
Unwin, Mike, *Foxes*, London 2015.
Waal, Frans de, *Are We Smart Enough to Know How Smart Animals Are*? New York 2016.
Wohlleben, Peter, *Das Seelenleben der Tiere. Liebe, Trauer, Mitgefühl – erstaunliche Einblicke in eine verborgene Welt*, München 2016.

Artikel:

Anthropologists discover earliest cemetery in Middle East, Science Daily 2 feb 2011.
Burton, Nina & Ekner, Reidar, Indianerna i USA. Ett reportage, Ord & Bild Nr. 1 1976.

Ekdahl, Åke, Mickel. Naturens egen supervinnare, Dagens Nyheter 13.4.2002.
Engström, Mia, "Vi är ekologiska analfabeter", intervju med professor Carl Folke, Svenska Dagbladet 8.4.2014.
Flores, Juan, Bläckfisk som byter färg i sömnen förtrollar, Dagens Nyheter 29.9.2019.
Herzberg, Nathaniel, *L'homme pousse les animaux à une vie nocturne*, Le Monde, 2 juni 2018.
Snaprud, Per, Möss och människor nästan lika som bär, Dagens Nyheter 5.12.2002.
Walker, Matthew, Sömngåtan, Svenska Dagbladet 3.7.2018.
800 000 kostar deppiga hundar, Dagens Nyheter 26.1.2018.

https://www.livescience.com/11713-prehistoric-cemetery-reveals-man-fox-pals.html
https//:www.natursidan.se/nyheter/vilda-djur-utgor-bara-4-av-alla-daggdjur-resten-ar-boskap-och-människor
https://www.newscientist.com/article/2116583-there-are-five-times-more-urban-foxes-in-england-than-we-thought
https://www.sciencedaily.com/realeases/2011/02/110202132609.htm

Der Hofbaum

Ackerman, Diane, *Die schöne Welt der Sinne*, Hamburg 2002.
Aftel, Mandy, *Die Kunst der Alchimisten. Alles* über *Parfum*, Berlin 2004.
Andrews, Michael, *The Life that lives on man*, New York 1977.
Beerling, David, *The emerald planet*, New York 2007.
Buch, Walter, *Der Regenwurm im Garten*, Stuttgart 1986.
Burton, Nina, *Den nya kvinnostaden. Pionjärer och glömda kvinnor under tvåtusen år,* Stockholm 2005.
Capra, Fritjof, *Lebensnetz. Ein neues Verständnis der lebendigen Welt*, Darmstadt 1996.
Carson, Rachel, *Der stumme Frühling*, München 1963.
Cook, Roger, *The Tree of Life. Image for the Cosmos*, London 1974.
Dennet, Daniel C., *Von den Bakterien zu Bach – und zurück. Die Evolution des Geistes*, Berlin 2018.
Dillard, Annie, *Außer der Zeit*, München 2001.
Edberg, Rolf, *Vid trädets fot*, Stockholm 1971.

Graebner, Karl-Erich, *Natur. Reich der tausend Wunder*, Gütersloh 1971.
Greenfield, Susan A., *Reiseführer Gehirn*, Heidelberg 1999.
Hansson, Gunnar D, *Idegransöarna*, Stockholm 1994.
Harari, Yuval Noah, *Homo Deus. Eine Geschichte von Morgen*, München 2017.
Haupt, Lyanda Lynn, *Mozart's Starling*, New York 2017.
Henrikson, Alf & Lindahl, Edward, *Asken Yggdrasil. En gammal gudomlig historia*, Stockholm 1973.
Hjort, Harriet, *Blomstervandringar*, Stockholm 1970.
Hoffmeyer, Jesper, *En snegl* på *vejen, Betydningens naturhistorie,* Kopenhagen 1995.
Jahren, Hope *Blattgeflüster. Die wunderbare Welt der Pflanzen. Aus dem Leben einer leidenschaftlichen Forscherin*, München 2016.
King, Janine u.a., *Scents*, London 1993.
Kvant, Christel, *Trädets tid*, Stockholm 2011.
Laws, Bill, *Zwiebel, Safran, Fingerhut. 50 Pflanzen, die unsere Welt verändert haben*, Hildesheim 2012.
Lloyd, Christopher, *The Story of the World in 100 Species*, London 2016.
Lovelock, James, *Unsere Erde wird überleben. Gaia – eine optimistische Ökologie*, München 1982.
Maeterlinck, Maurice, *Die Intelligenz der Blumen*, Jena 1911.
Mancuso, Stefano & Viola, Alessandra, *Die Intelligenz der Pflanzen*, München 2015.
Nilson, Peter, *Sternenwege. Ein Buch über den Kosmos*, Marburg 1993.
Nilson, Peter, *Ljuden från kosmos*, Stockholm 2000.
Nissen, T. Vincents, *Mikroorganismerna omkring oss*, Stockholm 1972.
Nordström, Henrik, *Gräs*, Stockholm 1990.
Stigsdotter, Marit & Hertzberg, Bertil, *Björk. Trädet, människan och naturen*, Stockholm 2013.
Taylor, Marianne, *401 Amazing Animal Facts*, London 2010.
Thomas, Chris D., *Inheritors of the Earth. How Nature is Thriving in an Age of Extinction*, New York 2017.
Thomas, Lewis, *Das Leben überlebt. Geheimnis der Zellen*, Köln 1976.
Tompkins, Peter & Bird, Christopher, *Das geheime Leben der Pflanzen. Pflanzen als Lebewesen mit Charakter und Seele und ihre Reaktion in den physischen und emotionalen Beziehungen zum Menschen*, Bern 1974.
Watson, Lyall, *Geheimes Wissen. Das Natürliche des Übernatürlichen*, Frankfurt am Main 1976.

Watson, Lyall, *Heaven's Breath. A Natural History of the Wind*, London 1984.
Watson, Lyall *Der Duft der Verführung. Das unbewusste Riechen und die Macht der Lockstoffe*, Frankfurt am Main 2001.
Went, Frits Warmolt, *Die Pflanzen*, Reinbek bei Hamburg 1976.
Wilson, Edward O., *Die Hälfte der Erde. Ein Planet kämpft um sein Leben*, München 2016.
Wohlleben, Peter, *Das geheime Leben der Bäume. Was sie fühlen, wie sie kommunizieren – die Entdeckung einer verborgenen Welt*, München 2015.
Wohlleben, Peter, *Das Seelenleben der Tiere. Liebe, Trauer, Mitgefühl – erstaunliche Einblicke in eine verborgene Welt*, München 2016.
Yong, Ed, *Winzige Gefährten. Wie Mikroben uns eine umfassende Ansicht vom Leben vermitteln*, München 2018.

Artikel:

Ajanki, Tord, Fattig munk blev genetikens fader, Populär historia 1/1998.
Bojs, Karin, Världens äldsta bacill kan förökas, Dagens Nyheter 19.10.2000.
-Du är mer bakterie än människa, Dagens Nyheter 17.1.2012.
Dahlgren, Eva F., Bakterier som släcker solen, Dagens Nyheter 31.10.1999.
Ennart, Henrik, Bajsbanken kan bli framtidens föryngringskur, Svenska Dagbladet 12.2.2017.
Forskare: så dog urtidsmänniskan Lucy, TT, Expressen 29.8.2016.
Fredrikzon, Johan, Fotot som blev hela mänsklighetens selfie, Svenska Dagbladet 16.9.2017.
Gyllander, Roland, Bakterien outrotlig, Dagens Nyheter 23.10.1994.
Johansson, Roland, Antalet arter på jorden är lagbundet, Svenska Dagbladet 20.12.2012.
Majsplantor pratar med varandra under jord, TT, Aftonbladet 4.5.2018.
Mathlein, Anders, Kaffets symbolvärde en smakrik historia, Svenska Dagbladet 14.10.2011.
Niklasson, Sten, Bakterierna behöver oss – därför finns vi, Svenska Dagbladet 24.1.2013.
Rydén, Rolf, Träd och människor – myt och verklighet, Naturvetaren Nr. 5 & 11 2002.
Sempler, Kajanders, Munken och ärtorna avslöjade ärftlighet, Ny Teknik 17.6.2017.
Snaprud, Per, En formel för medvetandet, Forskning & Framsteg 1/2017.
Spross, Åke, Bakterier ofta bättre än sitt rykte, Apoteket 3/00.

https://earthobservatory.nasa.gov/features/Lawn
https://grist.org/article/lawns-are-the-no-1-agricultural-crop-in-america-they-need-to-die/
https://www.earthwormwatch.org/blogs/darwins-worms
https://www.forskning.se/2017/07/14/bakterier-visar-flockbeteende/
https://www.forskning.se/2018/08/01/livet-i-jorden-ett-konstant-krig-om-naring/
https://www.forskning.se/2017/12/05/livet-under-markytan-i-direktsandning/
https://www.forskning.se/2017/09/28/vaxter-taligare-i-symbios-med-svamp
https://www.forskning.se/2017/02/15/hoppstjartarnas-mangfald-har-sin-forklaring
https//www.slu.se/ew-nyheter/2019/1/trangsel-far-majsen-att-aktivera-forsvaret-och-doftsignaler-far-plantor-pa-hall-att-gora-likadant
https://www.svt.se/nyheter/vetenskap/8-7-miljoner-arter-pa-jorden

Die Originalausgabe erschien 2020 unter dem Titel
»Livets tunna väggar« bei Albert Bonniers Förlag, Stockholm.

MIX
Papier | Fördert gute Waldnutzung
FSC® C014889

Penguin Random House Verlagsgruppe FSC® N001967

1. Auflage

Neumarkter Straße 28, 81673 München
Published in the German language by arrangement
with Bonnier Rights, Stockholm, Sweden
Covergestaltung: semper smile, München,
nach einem Entwurf von Harper Collins UK
unter Verwendung einer Coverillustration von Tom Haugomat
Autorinnenfoto: © Caroline Andersson Renaud
Satz: Uhl + Massopust, Aalen
Druck und Einband: Friedrich Pustet, Regensburg
Printed in Germany
ISBN 978-3-442-76234-7

www.btb-verlag.de
www.facebook.com/penguinbuecher